# 新时代生态文明建设：中国路径与实践

张修玉　施晨逸　刘煜杰　刘艳青　庄长伟 / 主编

中国环境出版集团 · 北京

图书在版编目（CIP）数据

新时代生态文明建设：中国路径与实践 / 张修玉等主编 . —北京：中国环境出版集团，2022.3

ISBN 978-7-5111-4954-1

Ⅰ. ①新… Ⅱ. ①张… Ⅲ. ①生态环境建设—研究—中国 Ⅳ. ① X321.2

中国版本图书馆 CIP 数据核字（2021）第 219073 号

出 版 人　武德凯
责任编辑　易　萌
责任校对　任　丽
装帧设计　彭　杉

出版发行　中国环境出版集团
（100062 北京市东城区广渠门内大街 16 号）
网　　址：http://www.cesp.com.cn
电子邮箱：bjgl@cesp.com.cn
联系电话：010-67112765（编辑管理部）
010-67112739（第三分社）
发行热线：010-67125803，010-67113405（传真）

印　　刷　北京市联华印刷厂
经　　销　各地新华书店
版　　次　2022 年 3 月第 1 版
印　　次　2022 年 3 月第 1 次印刷
开　　本　787 × 1092　1/16
印　　张　18.25
字　　数　255 千字
定　　价　75.00 元

# 参编人员

| | | | | |
|---|---|---|---|---|
| 张修玉 | 施晨逸 | 刘煜杰 | 刘艳青 | 庄长伟 |
| 俞　海 | 张　强 | 林　震 | 李俊杰 | 解恒志 |
| 张兴正 | 邹逸飞 | 马洪亮 | 盛勇华 | 杨超琼 |
| 陈胜兴 | 张建安 | 徐自成 | 张　超 | 刘　颖 |
| 林青霞 | 宣立军 | 林龙圳 | 贺鹏飞 | 李悦江 |
| 张　嫦 | 杨　率 | 汪中洋 | 植江瑜 | 裴金铃 |
| 李　丹 | 范中亚 | 萧洁儿 | 杨敏玲 | 李超群 |
| 郭　静 | 罗千里 | 张　进 | 肖敏志 | 杨子仪 |
| 曾　东 | 冯裕欣 | 胡习邦 | 韩　瑜 | 郑子琪 |
| 马秀玲 | 曹　君 | 腾飞达 | 孔玲玲 | 谢紫霞 |
| 关晓彤 | 田岱雯 | 侯青青 | | |

# 目录

Contents

## 上篇 理论政策篇

## 下篇
## 路径实践篇

# 上篇

# 理论政策篇

# 第1章

# 习近平生态文明思想与“绿水青山就是金山银山”理念的内涵

## 1.1　习近平生态文明思想的内涵

习近平总书记传承中华民族传统文化、顺应时代潮流和人民意愿，站在坚持和发展中国特色社会主义、实现中华民族伟大复兴中国梦的战略高度，深刻回答了为什么建设生态文明、建设什么样的生态文明、怎样建设生态文明等重大理念和实践问题，系统形成了习近平生态文明思想，有力指导生态文明建设和生态环境保护取得历史性成就、发生历史性变革。习近平生态文明思想是新时代“生态治国　文明理政”的科学指引，深刻领会习近平生态文明思想对牢固树立社会主义生态文明观具有重要的指导意义与现实意义。

（1）生态兴则文明兴、生态衰则文明衰的深邃历史观

生态文明建设是中华民族永续发展的根本大计。无论从世界还是从中华民族的文明历史看，生态环境的变化直接影响文明的兴衰演替。必须坚持节约资源和保护环境的基本国策，坚定走生产发展、生活富裕、生态良好的文明发展道路，为中华民族永续发展留下根基，为子孙后代留下天蓝、地绿、水净的美好家园。

（2）人与自然和谐共生的科学自然观

人与自然是生命共同体。人类只有遵循自然规律才能有效防止在开发利用自然上走弯路，人类对大自然的伤害最终会伤及人类自身，这是无法抗拒的规律。必须坚持节约优先、保护优先、自然恢复为主的方针，像保护眼睛一样保护生态环境，像对待生命一样对待生态环境，推动形成人与自然和谐发展的现代化建设新格局，还自然以宁静、和谐、美丽。

（3）绿水青山就是金山银山的绿色发展观

保护生态环境就是保护生产力，改善生态环境就是发展生产力。绿水青山既是自然财富、生态财富，又是社会财富、经济财富。保护生态就是保护自然价值和增值自然资本，就是保护经济社会发展潜力和后劲。必须树立和贯彻新发展理念，平衡处理好发展与保护的关系，推动形成绿色发展方式和生活方式，努力实现经济社会发展和生态环境保护协同共进。

（4）良好生态环境是最普惠的民生福祉的基本民生观

环境就是民生，青山就是美丽，蓝天也是幸福。随着我国社会生产力水平明显提高和人民生活显著改善，人民群众期盼享有更优美的环境。必须坚持以人民为中心的发展思想，坚持生态惠民、生态利民、生态为民，着力解决损害群众健康的突出环境问题，还老百姓蓝天白云、繁星闪烁，清水绿岸、鱼翔浅底，鸟语花香、田园风光。

（5）山水林田湖草是生命共同体的整体系统观

生态是统一的自然系统，是相互依存、紧密联系的有机链条。人的命脉在田，田的命脉在水，水的命脉在山，山的命脉在土，土的命脉在林和草。必须按照生态系统的整体性、系统性及内在规律，统筹考虑自然生态各要素、山上山下、地上地下、陆地海洋以及流域上下游，进行整体保护、宏观管控、综合治理，全方位、全地域、全过程开展生态文明建设，增强生态系统循环能力，维护生态平衡。

（6）用最严格制度保护生态环境的严密法治观

在生态环境保护问题上，就是不能越雷池一步，否则就应该受到惩罚。必须按照源头严防、过程严管、后果严惩的思路，构建产权清晰、多元参与、激励约束并重、系统完整的生态文明制度体系，建立有效约束开发行为和促进绿色发展、循环发展、低碳发展的生态文明法律体系，让制度成为刚性的约束和不可触碰的高压线。

（7）全社会共同建设美丽中国的全民行动观

美丽中国是人民群众共同参与共同建设共同享有的事业。必须加强生态文明宣传教育，强化公民环境意识，推动形成简约适度、绿色低碳、文明健康的生活方式和消费模式，促使人们从意识向意愿转变，从抱怨向行动转变，以行动促进认识提升，知行合一，把建设美丽中国转化为全民自觉行动。

（8）共谋全球生态文明建设之路的共赢全球观

人类是命运共同体，建设绿色家园是人类的共同梦想。生态危机、环境危机成为全球挑战，没有哪个国家可以置身事外，独善其身。必须深度参与全球环境治理，形成世界环境保护和可持续发展的解决方案，引导应对气候变化国际合作，推动构筑尊崇自然、绿色发展的生态体系，保护好人类赖以生存的地球家园。

## 1.2 “绿水青山就是金山银山”的内涵

党的十九大报告明确提出，“建设生态文明是中华民族永续发展的千年大计。必须树立和践行绿水青山就是金山银山的理念，坚持节约资源和保护环境的基本国策，像对待生命一样对待生态环境”。“绿水青山就是金山银山理念”作为生态文明建设的指导思想，揭示了“绿水青山”与“金山银山”之间三个发展阶段的问题，剖析了环境与经济在演进过程中的相互关系，阐明了人类社会发展的基本规律。

（1）“绿水青山就是金山银山”理念的“新时代观”

20世纪新自由主义创导的世界经济一体化在为发达国家营造全球市场、转移低端制造业的过程中，也将人类对自然资源的利用及对生态环境的污染与破坏推入了全球性阶段。现实经验证明，实现工业化的过程没有一例能幸免于污染，发达国家依靠转移低端产业才根治了污染，后发展中国家已无处可转移。全球生态环境不足以支撑传统模式的经济社会发展，必须以新的视角审视我们的经济社会，建立生态环境新秩序，才能支撑人类的持续发展。《关于加快推进生态文明建设的意见》《生态文明体制改革总体方案》《关于设立统一规范的国家生态文明试验区的意见》《生态文明建设目标评价考核办法》与《关于构建现代环境治理体系的指导意见》等国家制度顶层设计明确提出以“绿水青山就是金山银山”理念为指导思想，紧紧围绕建设美丽中国深化生态文明体制改革，加快探索建立生态文明制度建设的“四梁八柱”，推动形成人与自然和谐发展的现代化建设新格局。

从时代进步的格局来看，“绿水青山就是金山银山”理念是马克思主义中国化的最新理念成果，是人类为保护和建设美好生态环境而取得的物质成果、精神成果和制度成果的总和。“绿水青山就是金山银山”理念的提出与发展，是中国共产党人以马克思列宁主义、毛泽东思想为指导，以历史唯物论全面深入剖析人类发展历史的基本规律；以邓小平理念和“三个代表”重要思想为破解新难题的指导，深入贯彻落实科学发展观，坚持实事求是，面对现实、面向未来，坚持与时俱进，以理念创新解决发展中的环境短板、突出难题的重大决策。虽然当今世界存在着不同利益群体、不同宗教信仰、不同意识形态与不同社会制度，但“绿水青山就是金山银山”理念会让我们和平共处，理性选择我们共同的未来。把“绿水青山就是金山银山”理念融入“一带一路”，能把多方优势和潜能充分发挥出来，让生态文明建设成果更多更公平惠及各国人民，最终打造人类利益共同体和命运共同体。

（2）“绿水青山就是金山银山”理念的“新系统观”

党的十八大报告创造性地提出了“五位一体”的总体布局，党的十九大报告要求“加快生态文明体制改革”，这意味着中国特色社会主义建设将从局部现代化到实现全面现代化。将“绿水青山就是金山银山”理念系统观点作为生态文明指导思想贯穿到经济、社会、政治与文化各方面与全过程，明确突出生态文明在“五位一体”中的地位，坚持不懈地加以推进，是我们党根据社会主义现代化建设的实践经验与战略构想作出的总体部署，也是新时期“生态治国，文明理政”道路上的战略选择。党的十八届五中全会提出的“创新、协调、绿色、开放、共享”的发展理念，是新时期生态文明建设的五大路径，更是“绿水青山就是金山银山”理念全球思维的系统发展。“绿水青山就是金山银山”理念的系统联系观，是对中国特色社会主义理念体系的完善与发展，适应了新时期我国改革开放和社会主义现代化建设进入关键时期的客观要求，体现了广大人民群众的根本利益，反映了我们党在执政道路上对社会主义建设规律的新认识。

“天生物有时，地生财有限，而人之欲无极，以有时有限奉无极之欲，而法制不生期间，则必物殄而财乏用。”要实现“绿水青山”，必须要以“绿水青山就是金山银山”理念为指导，着力构建生态文明建设六大体系。一是坚持统一布局，构建科学优化合理的生态空间体系；二是坚持转型升级，发展绿色低碳循环的生态经济体系；三是坚持标本兼治，维护清洁安全稳定的生态环境体系；四是坚持规划先行，建设优美舒适宜居的生态人居体系；五是坚持以文化人，培育和谐文明多元的生态文化体系；六是坚持城乡统筹，健全高效民主完善的生态制度体系。“生态空间体系、生态经济体系、生态环境体系、生态人居体系、生态文化体系与生态制度体系”相互联系、相互支撑，其中，生态空间是“局”——优化布局；生态经济是“基”——实现基础；生态环境是“目”——实质目标；生态制度是“纲”——行为规范；生态文化是“常”——道德载体；生态人居是“用”——人天共享。

（3）“绿水青山就是金山银山”理念的“新矛盾观”

正确处理好生态环境保护和发展的关系，是实现可持续发展的内在要求，也是推进现代化建设的重大原则。“绿水青山”和“金山银山”决不是对立的，关键在人、在思路。保护生态环境就是保护生产力，改善生态环境就是发展生产力。在实践中对“绿水青山”和“金山银山”之间关系的认识经过了三个阶段：第一个阶段是一味索取资源，不考虑或者很少考虑生态环境承载能力，用“绿水青山”去换“金山银山”。第二个阶段是经济发展和资源匮乏、环境恶化之间的矛盾开始激化，人们开始意识到环境是我们生存发展的根本，要留得青山在，才能有柴烧，这个阶段既要获得“金山银山”，但是也要保住“绿水青山”。第三个阶段是认识到“绿水青山”可以源源不断地带来“金山银山”，生态优势变成经济优势，“绿水青山”本身就是“金山银山”。让“绿水青山”充分发挥经济社会效益，不是要把它破坏了，而是要把它保护得更好，这样才能因地制宜地选择好发展产业，切实做到经济效益、社会效益、生态效益同步提升，实现百姓富、生态美的有机统一。

“绿水青山就是金山银山”理念深刻阐述了人与自然对立统一的关系，回答了什么是生态文明、怎样建设生态文明的一系列重大理念和实践问题，标志着我们党对人类社会发展规律、社会主义建设规律、共产党执政规律的认识达到了一个新高度。“绿水青山就是金山银山”揭示了生态环境价值的本来面貌，反映了要尊重自然规律，采用集约、高效、循环、可持续的利用方式开发利用自然资源、环境容量和生态要素。良好生态环境是人和社会持续发展的根本基础，蓝天白云、青山绿水是长远发展的最大本钱。“绿水青山就是金山银山”理念科学论断，蕴含着对人类文明发展经验教训的历史总结，针对资源约束趋紧、环境污染严重、生态系统退化等问题，为生态文明建设提出了方针原则，做出了战略决策，明确了顶层设计，厘清了发展思路，指明了前进方向，体现了对人类发展意义的深刻思考，彰显了当代中国共产党人高度的文明自觉和生态自觉。从这个意义上说，“绿水青山就是金山银山”理念是社会主义生态文明观的指导思想与理念基础，是辩证唯物主义的发展与升华。

（4）“绿水青山就是金山银山”理念的“新生态观”

马克思主义生态观的核心是人与自然和谐相处，它不仅明确了人在自然界中所扮演的角色，而且还深刻地阐明了人与自然的本质关系和实现形式。从哲学意义上来看，人类源自自然、对抗自然、驾驭自然，最终必然会融合回归自然。人类与自然之间的关系贯穿人类由必然王国走向自由王国的全过程，人与自然的关系经历了采猎文明时代，农耕文明时代，工业文明时代。显然，通过长时期的历史演变，人们发现“绿水青山”才是生态文明的终极福祉。“绿水青山就是金山银山”是人与自然双重价值的体现，有着丰富的哲学内涵和实践价值，不仅对中国走“生产发展、生活富裕、生态良好”的可持续发展道路有着重要的指导作用，而且对马克思主义生态观的发展与实践也具有重要且深远的意义。

在人类历史发展过程中，工业文明使人类掌握了强大的科学力量和先进工具，迫使自然界竭尽其能地为人类服务。然而，工业文明在为人类创造巨大财富的同时也将人类对自然资源的利用及对生态环境的污染与破坏推入了灾难性阶段，环境恶化与生态退化日渐突出，现代工业革命正在把人类带上一条自我毁灭的不归路。“超越现代工业文明，走向后现代生态文明”，是目前西方后现代主义所追求的终极社会福祉，他们提出创造“绿色低碳的生活环境、健康祥和的社会环境、自由持续的发展环境”，这与“绿水青山就是金山银山”理念崇尚的“天人合一”道德观，“人与自然和谐平等”价值观，“以资源为基础适度消费”发展观不谋而合。“绿水青山就是金山银山”理念指明了实现发展和保护内在统一、相互促进和协调共生的方法论，是指导中国实现中华民族绿色崛起的重要思想理念。加强“绿水青山就是金山银山”理念自然生态观的宣传，使“绿水青山就是金山银山”理念成为新常态社会的信仰与追求，这不仅会改善全球的生态环境质量，还会给人类社会发展带来新的福祉。

（5）“绿水青山就是金山银山”理念的“新发展观”

“绿水青山就是金山银山”理念与科学发展观是一脉相承的理念体系。环境也是生产力，破坏环境就是破坏生产力，保护环境就是保护生产力，改善环境就是发展生产力。“绿水青山”指的是良好的生态环境与自然资源资产，“金山银山”指的是经济发展与物质财富，“绿水青山就是金山银山”理念的本质就是指环境与经济的协调发展。“生态兴则文明兴，生态衰则文明衰。”

“绿水青山就是金山银山”理念的重要思想是“五位一体”总体布局与“四个全面”战略布局的重要理念支撑。全面建成小康社会，就要妥善处理好环境与经济协调发展的关系，实现区域、城乡、群体之间的公平和谐。党的十九大报告明确提出，一是要推进绿色发展，二是要着力解决突出环境问题，三是要加大生态系统保护力度，四是要改革生态环境监管体制。我们必须要树立和践行“绿水青山就是金山银山”的发展理念，坚持节约资源和保护环境的基本国策，像对待生命一样对待生态环境，统筹“山水林田湖草沙”系统治理，实行最严格的生态环境保护制度，形成绿色发展方式和生活方式，坚定走生产发展、生活富裕、生态良好的文明发展道路，建设美丽中国，为人民创造良好的生产生活环境，为全球生态安全作出贡献。“绿水青山就是金山银山”发展理念深入人心，中国如火如荼的生态文明实践正引起国际社会的广泛关注，也昭示着“绿水青山就是金山银山”理念将引领生态文明建设新时代的美丽中国的愿景。

# 第2章

# “绿水青山就是金山银山”理念引领绿色发展

## 2.1 经济与环境双向发展

1978年，中国开始实行对内改革、对外开放的政策，加快了我国的经济的发展，1989年《中华人民共和国环境保护法》（以下简称《环境保护法》）通过，环境保护迈向法制轨道；1978—1992年，经济增长加速，环境问题开始显现；1992—2012年，经济的高速发展给生态环境带来了巨大压力；2012年以后，经济发展进入新常态，环境保护与经济发展协同并进。2013年发表的《2012年中国人权事业的进展》白皮书，首次将生态文明建设写入人权保障，提出将坚持树立尊重自然、顺应自然、保护自然的生态文明理念。2013年，环境保护部发布了《关于印发〈国家生态文明建设试点示范区指标（试行）〉的通知》，随后，国家发展改革委会同财政部、国土资源部、水利部、农业部、国家林业局联合发布了《关于印发国家生态文明先行示范区建设方案（试行）的通知》，明确提出将在全国范围内选择有代表性的100个地区开展国家生态文明先行示范区建设。2015年1月1日新《环境保护法》正式施行，涉及监督管理、保护和改善环境、防治污染和其他公害等内容，被称为“史上最严”的《环境保护法》。

2015年《中共中央　国务院关于加快推进生态文明建设的意见》与

《生态文明体制改革总体方案》的审议通过；2016 年《关于设立统一规范的国家生态文明试验区的意见》出台；2018 年《中共中央　国务院关于全面加强生态环境保护　坚决打好污染防治攻坚战的意见》印发；2019 年，党的十九届四中全会通过《中共中央关于坚持和完善中国特色社会主义制度、推进国家治理体系和治理能力现代化若干重大问题的决定》，实行最严格的生态环境保护制度，加快建立健全国土空间规划和用途统筹协调管控制度，完善绿色生产和消费的法律制度和政策导向；全面建立资源高效利用制度，实行资源总量管理和全面节约制度，健全资源节约集约循环利用政策体系，普遍实行垃圾分类和资源化利用制度，健全海洋资源开发保护制度，加快建立自然资源统一调查、评价、监测制度，健全自然资源监管体制。健全生态保护和修复制度，构建以国家公园为主体的自然保护地体系；严明生态环境保护责任制度，落实中央生态环境保护督察制度，健全生态环境监测和评价制度。2020 年，中共中央办公厅、国务院办公厅印发了《关于构建现代环境治理体系的指导意见》，一是健全环境治理领导责任体系，二是健全环境治理企业责任体系，三是健全环境治理全民行动体系，四是健全环境治理监管体系，五是健全环境治理市场体系，六是健全环境治理信用体系，七是健全环境治理法律法规政策体系。

改革开放 40 多年来，环境与经济发展的关系从“环境保护让位于经济发展”向“绿水青山就是金山银山”转变。从起初的环境保护服从、服务于经济发展到环境保护得到重视和加强，但仍滞后于经济发展，再到环境保护得到前所未有的重视，逐步融入经济发展，这是绿色发展认识上的重大飞跃、理念上的重大创新、实践上的重大举措，树立了人类绿色发展的里程碑，开启了中华民族永续发展的新征程，对建设美丽中国与推动实现中华民族伟大复兴，具有重大的现实意义和深远的历史意义。

## 2.2 “绿水青山就是金山银山”理念安吉源起

在中国经济高速增长期间，许多资源型城市发展成为经济大城，随之而来的是环境污染和生态破坏事件的高发、多发。浙江省在连续 20 多年的经济高速增长中，也面临着巨大的资源与环境压力。2003 年 7 月，时任浙江省委书记的习近平同志把“进一步发挥浙江的生态优势，创建生态省，打造‘绿色浙江’”，作为“八八战略”的重要一条正式提出。2005 年 8 月，习近平同志在安吉县余村考察调研时，对余村关停矿山、水泥厂，探寻绿色发展新模式的做法给予了高度评价，并首次提出了“绿水青山就是金山银山”的科学论断。并在同年的“之江新语”专栏文章《绿水青山就是金山银山》道：“我们追求人与自然的和谐，经济与社会的和谐，通俗地讲，就是既要绿水青山，又要金山银山。”

从 2005 年开始，浙江大地全面铺开“绿水青山就是金山银山”建设，十多年时间，浙江 GDP 总量从 1.3 万亿元迈进 6.4 万亿元，居民人均纯收入增长 3 倍，农村居民人均纯收入全国率先破万元。同时，浙江生态环境状况指数常年位列全国前三，实现了“既富也美”的和谐发展。浙江省绿色发展的生动实践让我们看见“绿水青山就是金山银山”论断的重要性和正确性，“绿水青山就是金山银山”理念不仅在安吉生根发芽，更是在浙江大地上迅速生根发芽、开花结果。“绿水青山就是金山银山”建设的成功，印证了“保护生态环境就是保护生产力、改善生态环境就是发展生产力”的道理，揭示了生态环境作为生产力内在属性的重要地位，指明了生态环境是经济社会可持续发展的动力要素和重要抓手。

## 2.3 “绿水青山就是金山银山”理念引领绿色发展

党的十八大以来，治国理政新思想一直致力于寻求如何正确处理好人与人、人与自然、人与社会的关系，如何正确处理好生态环境保护和社会发展的关系，如何平衡好生态环境、经济利益、民生福祉三者之间的关系。

2013 年，习近平总书记提出“宁要绿水青山，不要金山银山”，清楚表明当经济利益与生态环境发生冲突矛盾时，必须毫不犹豫的把保护生态环境放在首位，绝不能再走以牺牲生态环境为代价去换取一时的经济增长，以牺牲后代人的幸福为代价换取当代人的所谓“富足”，“先污染后治理”，用“绿水青山”去换“金山银山”的老路。2015 年 5 月，中共中央、国务院印发了《中共中央　国务院关于加快推进生态文明建设的意见》（以下简称《意见》），对生态文明建设作出了全面部署，《意见》通篇贯穿了“绿水青山就是金山银山”的理念。“坚持绿水青山就是金山银山”正式写入党中央文件，“绿水青山就是金山银山”理念成为治国理政的基本方略和重要国策。

2016 年 5 月，以“绿水青山就是金山银山”为导向的《绿水青山就是金山银山：中国生态文明战略与行动》被联合国环境规划署认定为“为世界可持续发展”提供的“中国方案”。同年 12 月，习近平总书记对生态文明建设作出重要指示，要求各地区各部门切实贯彻发展新理念，树立“绿水青山就是金山银山”的强烈意识。2017 年环境保护部授牌全国 13 个地区为第一批“绿水青山就是金山银山”实践创新基地，作为我国探索“绿水青山就是金山银山”实践路径典型做法和经验的重要载体，为全国其他地区推进生态文明建设树立了标杆样板，具有重要的示范引领作用；同年 10 月，习近平总书记在党的十九大报告中指出“生态文明建设功在当代，利在千秋。我们要牢固树立社会主义生态文明观，推动形成人与自然和谐发展现代化建设格局”。“绿水青山就是金山银山”是社会主义生态文明观的核心价值理念；同月“增强绿水青山就是金山银山的意识”通过审议写入党章。

2018 年全国生态环境保护大会召开，“绿水青山就是金山银山”被列为习近平生态文明思想六项原则之一，同年 6 月，中共中央、国务院印发了《中共中央　国务院关于全面加强生态环境保护　坚决打好污染防治攻坚战的意见》，将“坚持绿水青山就是金山银山”作为习近平总书记生态文明思想的重要组成部分写入其中；同年 12 月，生态环境部命名北京市延庆区等 16 个地区为第二批“绿水青山就是金山银山”实践创新基地，为全国各地区提升生态产品供给水平和保障能力，创新生态价值实现的体制机制，打造绿色惠民、绿色共享品牌提供了更多的试点示范。2019 年十三届全国人大二次会议举行的记者会上时任生态环境部部长李干杰同志表示开展“绿水青山就是金山银山”实践创新基地建设，通过试点示范，努力探索以生态优先、绿色发展为导向的高质量发展新路子，形成在全国可推广、可复制的模式。全国各个地区“绿水青山就是金山银山”实践创新基地建设实施方案、实践创新基地建设管理规程纷纷印发实施，成为生态文明建设的生动实践，同年 11 月，北京市门头沟区等 23 个地区被命名为第三批“绿水青山就是金山银山”实践创新基地，授牌命名数量不断增多，深刻展现了生态文明建设广泛深入开展，“绿水青山就是金山银山”实践创新基地建设的成功性。

2020 年，中共中央办公厅、国务院办公厅印发了《关于构建现代环境治理体系的指导意见》，对健全环境治理领导责任体系、健全环境治理企业责任体系、健全环境治理全民行动体系、健全环境治理监管体系、健全环境治理市场体系、健全环境治理信用体系、健全环境治理法律法规政策体系提出了要求。

# 第3章

# 绿色发展与“绿水青山就是金山银山”指数评估体系

## 3.1 绿色发展的内涵

1989年，英国环境经济学家皮尔斯在《绿色经济的蓝图》中首次提出了“绿色经济”的概念，之后“绿色发展”“绿色新政”等概念也相继被提出。绿色发展建立在“资源能源合理利用，经济社会适度发展，损耗补偿相互平衡，人与自然和谐相处”的基础上，绿色发展不仅强调生态环境与经济发展的协同增效，更强调以生态环境作为经济增长的新资本和新动力，是彻底颠覆传统的环境与经济相对立观念的一种全新的发展模式。

2011年，《国民经济和社会发展的第十二个五年规划纲要》中提出，要持续推进并解决那些严重制约经济社会中长期发展的重大问题，积极寻找和破解转变经济发展方式的路径和方向，制订切实可行的举措以改善宏观经济环境，持续推进产业结构优化调整，实现国民经济与社会发展的绿色转型。2012年，党的十八大报告中提出要把资源消耗、环境损害、生态效益纳入经济社会发展评价体系，明确提出构建包括生态文明在内的“五位一体”的总体布局，进一步奠定了绿色经济和绿色转型的发展方向。2016年习近平总书记在推动长江经济带发展座谈会上强调“走生态优先绿色发展之路”，创造性地把生态优先和绿色发展结合起来，明确将生态效益、生态资本和生态规律置于首位，有助于在新常态下凝聚发展转型的共识，弥补生态欠账，以生态环境保护倒逼发展方式向绿色化转型。

加快城市绿色转型，减少资源能源消耗和温室气体排放不仅是各国需要共同面对的挑战，还将成为转变经济发展方式和培育发展节能环保等新兴绿色产业的动力，势必成为新一轮科技革命孕育的突破点。国际上许多知名城市均重视城市绿色转型，将环境资源作为社会经济发展的内在要素，把实现经济、社会和环境的可持续发展作为绿色发展的目标，进而实现城市经济活动过程和结果的“绿色化”“生态化”。

建设生态文明需要加快城市绿色发展。改变违背生态文明要求的传统经济增长方式、资源消耗模式和环境污染问题，加快绿色发展就是要以生态文明建设为目标和重要方向，以尽可能少的资源、能源投入和消耗，碳排放和环境污染为代价，实现城市的绿色发展、循环发展、低碳发展。因此城市绿色发展是建设生态文明的必然要求和重要支撑。城市绿色发展倡导的是一场生态革命，是涉及城市技术、经济、社会、文化领域的深刻革命，是由工业文明走向生态文明，由工业经济转向生态经济，由工业社会走向生态社会，由工业化发展模式转向绿色化、低碳化、生态化、宜居化的城市发展模式。

## 3.2 国外绿色发展综述

### 3.2.1 美国的绿色发展

美国提出“绿色新政”，旨在大力发展清洁能源，美国是世界上最早开展绿色保护的国家之一。1980 年，美国国会以保护环境责任为明确目标颁布了《综合环境反应、赔偿和责任法》（又称《超级基金法》）；政府也积极地进行绿色采购，1991 年，美国发布的总统令规定政府机关必须优先采购绿色产品，接着先后制订实施了采购再生品计划、能源之星计划、生态产品法案、环境友好产品采购计划等一系列绿色采购计划，美国国家环境保护局 1999 年又公布了《环境友好型产品采购指南》，进一步规范了政府的绿色采购行为，有较完善的法律保障，还有详尽的“绿色采购清单”。为了应对气候变化，2007 年，美国先后通过了《气候安全法案》《低碳经济法案》《全球变暖法案》《气候责任法案》《全球变暖污染控制法案》以及《气候责任和创新法案》等一系列相互配合的重要法案。

在美国“绿色经济”发展方面，绿色金融、绿色保险、绿色能源等都得到了大力发展。在 1980 年颁布的《超级基金法》（CERCLA）中，指出“谁污染，谁治理”，由企业引起的环境破坏及污染责任必须由企业自行承担治理责任，银行等金融机构在进行放贷时必须高度关注和评估放贷企业的环境破坏风险，并予以防范，以金融放贷的形式来约束企业生产中的污染行为，以达到保护环境的目的；在绿色保险方面，美国积极创新，走在世界的前列。在绿色能源方面，2009 年美国推出“绿色新政”，推出了近 8 000 亿美元的经济复兴计划来促进美国经济的增长，其中 1/8 的资金用于清洁能源的直接投资及鼓励清洁能源发展的减税政策，重点包括发展高效电池、智能电网、碳储存和碳捕获、可再生能源（如风能和太阳能）等，以推动美国减少对石油和天然气等石化能源的依赖。美国政府加强对能源和环境领域的科研投入与总体部署，基本战略是利用科学技术的优势，扩大替代能源的使用，减少化石能源消耗和碳化物的排放。

美国政府还注重对相关的大学、国家实验室等研究机构的投资，为绿色发展提供知识和技术支撑。2009 年美国政府预计总拨款 4 400 万美元用于投资大学、国家实验室等的研究，成立能源前沿研究中心，促进核能技术的升级，并拨款 7.9 亿美元来推动下一代生物燃料的发展。汽车制造业是美国的重要产业，为了减少对成品油的依赖和保护环境节约资源，美国提供了绿色汽车计划，计划将约 1 500 亿美元用于 10 年间机动车行业节能性产品的再造与替代开发，重点打造无污染的混合型机动车。美国还在建筑节能改造方面有所作为，包括大规模改造政府办公楼，推动全国的学校节能设施升级，并对全国公共建筑进行节能改造，以实现能源节约。另外，美国的农业发展也遵循绿色发展之道，在推销绿色生物能源的过程中，农业的发展和支持无疑是最关键的。因此美国不仅加大了对农业绿色发展和农业环境保护的投入，还对农业使用的有机化肥和农药进行了开发研究，不断废除不达标的产品，使用更加安全的农业产品，并开发本身具有抗病虫害和高产量的农业品种，以进一步达到减少有毒农业产品使用的目的。

### 3.2.2　欧洲的绿色发展

欧洲是推进“绿色经济”的先导者，其环境保护经过几十年的发展，取得了丰硕的成果。绿色经济发展模式是欧盟实施范围最广的经济模式，它将环境污染治理、环保产业发展、新能源的开发利用和节能减排都纳入绿色发展的框架。欧盟在推进“绿色经济”的过程中，强调绿色发展多领域的协调与整合，2009 年，正式启动欧盟区域范围内的整体绿色经济发展计划，将投资 1 050 亿欧元支持绿色发展计划在各欧盟成员国的推行，其中用来帮助欧盟各国执行欧盟环保法规、研究创新改善废弃物的处理技术，预算费用分别为 540 亿欧元和 280 亿欧元，以此来促进欧盟绿色就业和经济增长，使欧盟的绿色产业发展具有国际先进水平和全球竞争力。由于经济的带动，欧盟绿色消费也蔚然成风，消费者更喜欢购买贴有绿色标志的商品，在整个欧洲市场约有 40% 的人喜欢购买绿色环保产品，绿色消费需求成为拉动绿色产业发展的动力。在欧洲的绿色经济发展中，英国（脱欧前）、德国和法国发挥着主导作用。

英国的绿色发展主要包括绿色能源、绿色制造和绿色生活方式三个方面，其中居于绿色经济政策首位的是绿色能源。英国于 2009 年颁布《英国低碳转型计划》和《可再生能源战略》，明确要求英国政府要将碳排放管理规划放在政府预算框架内，标志着英国成为世界上第一个特别设立碳排放预算的国家。英国政府计划到 2020 年，其能源供应中可再生能源的供应比例要达到 15%，包括对以煤炭为主的火电进行清洁生产和绿色改造，还要大力发展风电等其他清洁电力，以达到全国 40% 的电力来自于绿色能源领域的目标。绿色制造主要是指英国政府通过支持研发新的绿色技术来推动绿色制造业的发展。为了确保英国在碳捕获、清洁煤等新技术领域始终处于优势地位，英国政府从政策和资金方面向低碳产业倾斜，并不断地提高新生产汽车的二氧化碳排放标准，要求在2007年的基础上二氧化碳的排放量平均降低40%。最后是在全国范围内推行绿色低碳节能的生活方式，用家庭补偿金来鼓励民众主动改造房屋中的落后耗能设备，以安装清洁能源设备为替代，另外还倡导绿色消费，鼓励人们购买绿色环保产品。

德国是最先推行环保标识的国家。1978年德国推出绿色产品，上面标注着图案为“蓝色天使”（Blue Angel）的“绿色”标志。迄今为止，德国批准使用的“绿色”标志已覆盖60多个门类共4 300多种产品。德国在1994年颁布了《循环经济和废物处置法》，后来又颁布一系列的相关法律，要求企业和居民对资源实行综合回收利用，减少环境污染，保护生态环境。在世界经济危机的背景下，德国在2009—2010年推行的两项经济刺激计划总计1 050亿欧元，绿色投资的重点为建筑节能和提高汽车能效。从发展绿色经济的宏观战略来看，德国绿色经济的发展重点是可再生能源和工业的生态化转型。德国的《可再生能源法》于2009年生效，其目标是使可再生能源电力在2020年达到总电力的30%。同年6月，德国又颁布了一份旨在促进德国生态工业政策发展、推动德国经济现代化的战略文件，它包含6个方面的内容：严格执行环保政策；制订各行业能源有效利用战略；扩大可再生能源使用范围；可持续利用生物质能；改革和创新汽车业，生产绿色汽车；采取措施进行环保教育和资格认证。为了顺利走上绿色经济的发展道路，实现经济的转轨，德国不仅重视加强与欧盟绿色经济政策的协调和对外国际合作，还对内增加了国家在绿色经济发展方面的投入，大力推进环保技术创新，并鼓励个人在环保方面进行投资，希望通过筹集资金来建立环保和创新基金，以补充国家的资金投入。全国政府机关由上而下调整采购政策，主要集中于对绿色环保产品特别是能源利用率高的产品进行采购，以带动绿色产业的发展。作为工业大国，世界各国对德国在节能、环保、新能源等领域的技术有很高的认同度。德国同时也是国际绿色信贷政策的主要发起国之一，经过多年来的发展德国绿色信贷政策已成熟完善，体系健全完备，成效显著。主要表现在政府和各种政策性银行能够为环保和节能项目提供低管理成本的贴息贷款，政府在这个过程中通过制定贴息及相关的管理办法来规范绿色信贷行为，保证各类贷款项目都通过公开、透明的招标形式开展。

法国的绿色经济政策的重点是清洁能源和绿色交通。2007 年，法国通过组织“Grenelle 环境论坛”来应对全球气候变暖带来的环境和经济挑战，该论坛积极致力于发展可持续经济并使其具有竞争力。在能源领域，法国除了继续保持在核电能源中的领先地位外，还大力发展可再生能源，于 2008 年公布了一系列旨在发展可再生能源的计划，该计划包括 50 项措施，涵盖了生物能源、风能、地热能、太阳能以及水力发电等多个领域，到 2020 年可再生能源占能源消耗量的 23%。除了大力发展可再生能源，法国政府还投入巨资用于研发清洁能源汽车和“低碳汽车”，通过节能减排措施推动产业发展。同时，由于核能一直是法国能源政策的支柱，也是法国绿色经济的一个重点，法律强调将把开发核能与发展可再生能源放在同等重要的地位，新可再生能源计划的实施将增加大量的就业岗位，到 2020 年能创造 20 万 ~ 30 万个就业岗位。

### 3.2.3 日本的绿色发展

日本高度重视节能减排，主导建设低碳社会。20 世纪 70 年代，日本因排烟和排水等环境污染问题引发了大范围的疾病，且受地理环境等自然条件的制约，全球气候变暖对日本的影响远大于世界上的其他发达国家。因此日本各届政府都非常重视宣传节能减排，主导建设低碳社会和大力保护环境。90 年代，日本就开始了保护环境、减少污染、节约资源的循环经济政策实践，并于 2000 年颁布《推进循环型社会形成基本法》，正式确立了发展循环经济、构建循环社会的目标。2007 年 6 月，日本内阁会议审议通过了《21 世纪环境立国战略》，这个战略报告系统地阐述了日本中长期环境政策的发展目标，即建立低碳社会，并宣布在建立低碳社会的基础上，建立与环境保护相协调的美丽家园。同年还发布了《环境白皮书》和《环境和循环型社会白皮书》，报告指出日本政府必须对全球变暖具有强烈的危机感，需要立即制订相关政策予以应对，同时还强调要促进绿色技术开发创新，促使日本支柱产业——汽车制造业进入电动驱动阶段，大量投资研究高性能蓄电池，并把当前已经取得的成果和技术运用到生产、生活的各个方面。

2008 年，日本政府通过“低碳社会行动计划”，提出研究提高家用太阳能的效率，计划在未来几年内使其发电系统的成本降低一半，并争取到 2030 年，使风能、太阳能、水能、生物质能和地热能等的发电量达到日本总用电量的 20%。2009 年，日本政府公布了《绿色经济与社会变革》政策草案，旨在强调通过启动补贴节能家电的环保点数制度来达到削减温室气体排放的目的，并在社会大力倡导绿色消费行为，使其成为社会主流消费意识。而对于如何监督企业执行国家的节能环保标准方面，日本实行的是自上而下的四级管理模式，上到首相，下到各县的经济产业局，形成了一套完整的监督管理链条。在日本政府的税收优惠政策下，日本企业争相将发展绿色技术视为企业的核心竞争力，重视节能技术的创新和能源节约，与此同时，日本政府大力支持绿色发展，大量采购节能新产品，并对企业使用节约能源的设备进行补贴，一般补贴设备成本的 1/3，补贴上限为 2 亿日元。

## 3.3 国内绿色发展

经过四十多年的快速发展，中国的经济建设创造了“中国奇迹”，然而我们也必须要面对一个在发展中遇到的难题：如何协调好人口、经济与生态环境、自然资源之间的矛盾。中国共产党始终直面问题，积极探索，推进生态文明建设的脚步从未停歇。在党的十六大、十七大报告中创造性地提出了“坚护生产发展、生活富裕、生态良好的文明发展道路”。党的十八大报告进一步提出要“着力推进绿色发展、循环发展、低碳发展”，且首次提出了“建设美丽中国”的历史命题。

党的十九大把“坚持人与自然和谐共生”作为新时代坚持和发展中国特色社会主义的基本方略。报告提出，到 2035 年生态环境根本好转，美丽中国建设目标基本实现，到 21 世纪中叶把我国建成富强、民主、文明、和谐、美丽的社会主义现代化强国。习近平总书记指出，“坚持人与自然和谐共生。建设生态文明是中华民族永续发展的千年大计，必须树立和践行绿水青山就是金山银山的理念，坚持节约资源和保护环境的基本国策，像对待生命一样对待生态环境，统筹山水林田湖草系统治理，实行最严格的生态环境保护制度，形成绿色发展方式和生活方式，坚定走生产发展、生活富裕、生态良好的文明发展道路，建设美丽中国，为人民创造良好生产生活环境，为全球生态安全作出贡献。”经过不懈地努力，我国无论是在顶层设计、政策制度安排，还是在各项事业具体实践上均已取得了一定的成绩。

2019 年，中共中央、国务院发布《关于全面加强生态环境保护 坚决打好污染防治攻坚战的意见》，同年，党的十九届四中全会审议通过了《中共中央关于坚持和完善中国特色社会主义制度 推进国家治理体系和治理能力现代化若干重大问题的决定》，实行最严格的生态环境保护制度，特别是加快建立健全国土空间规划和用途统筹协调管控制度，完善绿色生产和消费的法律制度和政策导向；全面建立资源高效利用制度，树立节约集约循环利用的资源观，强化约束性指标管理，构建市场导向的绿色技术创新体系，完善资源循环利用制度，倡导合理消费，力戒奢侈浪费；健全生态保护和修复制度，尤其是构建以国家公园为主体的自然保护地体系；严明生态环境保护责任制度，特别是落实中央生态环境保护督察制度，健全生态环境监测和评价制度。

政治生态的好坏事关党内建设、社会风气、国家事业发展大局，我们党始终追求营造风清气正的政治生态，在政治体制改革、民主法治建设、民生型政府构建、政商关系净化、公权力运行监督等方面进行了诸多思想理念和实践上的创新，为实现绿色政治生态常态化、阳光化积累了宝贵经验。

随着现代生活和消费方式的变化，我国在文化建设方面逐步向绿色化转型，在政府、社会、个人层面都刮起了一股持续强劲的绿色旋风，具体表现在三个方面：一是政府在培育全社会绿色观念文化、绿色生活价值观等方面不断加强官方宣传和引导；二是绿色生活团体和机构快速发展，积极搭建绿色生活平台、民众自发组织绿色文化活动、倡导绿色交通出行；三是公民绿色消费需求不断增长，在衣、食、住、行等方面更主动选择绿色生活方式。

我国各地结合地方特点高度重视资源节约型和环境友好型社会建设并取得了初步的成效，工作机制体制不断完善和创新，地方发展方式优化转变和城镇绿色化加快推进，如武汉城市圈“两型社会”建设综合配套改革试验区的率先试点、住建部与地方合作共建低碳生态试点城（镇）、湖南省和浙江省开展绿色城镇化建设等。在发展过程中更突出了“人民”的主体性，为更好地实现人民对美好家园的期盼奠定了基础，也为在全国范围内推广生态社会实践提供了经验借鉴。

习近平总书记提出：“良好的生态环境是最公平的公共产品，是最普惠的民生福祉。”党和国家高度关注事关人民群众的基本生存权、发展权的自然环境问题，相应采取了一系列的措施，努力提升人民的幸福指数。中共中央办公厅、国务院办公厅印发了《关于构建现代环境治理体系的指导意见》，对建立健全环境治理的领导责任体系、企业责任体系、全民行动体系、监管体系、市场体系、信用体系、法律法规政策体系提出了要求。

2016 年 12 月 24 日，以“新常态下绿色发展问题”为主题的“2016 中国绿色发展指数报告发布会”在北京举行，正式发布《2016 中国绿色发展指数报告——区域比较》（以下简称《报告》）。《报告》测算了我国 30 个省（区、市）和 100 个城市的绿色发展指数排名，并推出各地区的“绿色体检表”、城市绿色发展公众满意度问卷调查等内容。《报告》总负责人关成华发布了《2016 中国绿色发展指数报告》的最新研究成果。《报告》认为，中国绿色发展已经取得了较大的进步，但也面临着诸多挑战与问题。

自 2010 年起，“中国绿色发展指数”系列报告开始发布，2016 年《报告》在指标体系、测度方法及研究内容上进行了丰富及完善，体现出综合性、创新性和多角度的特点。《报告》以经济增长绿化度、资源环境承载潜力、政府政策支持度为一级指标，省际层面下设 9 个二级指标和 62 个三级指标，城市层面下设 9 个二级指标和 45 个三级指标，对中国 30 个省（区、市）及 100 个城市的绿色发展水平进行了全面测度。《报告》得出的主要结论有：

（1）中国省际绿色发展指数测算结果

2016 年中国省际绿色发展指数测算结果显示，30 个省（区、市）中，绿色发展水平排名前 10 位的分别为：北京、上海、浙江、天津、内蒙古、福建、江苏、广东、黑龙江和海南；山西、甘肃和河南排名最后 3 位；有 17 个省份的绿色发展水平低于全国平均水平。

从区域分布来看，东部省份绿色发展优势依旧明显，尤其是经济增长绿化度明显优于其他三个地区；西部省份资源环境潜力有一定优势，有效拉动了该地区绿色发展水平的提升；东北三省进步明显，中部地区绿色发展水平仍有待提高。

（2）中国 100 个城市绿色发展指数测算结果

2016 年城市绿色发展指数测算结果显示，100 个测评城市中，绿色发展水平排名前 10 位的城市分别为：海口、深圳、克拉玛依、长沙、青岛、北海、广州、湛江、北京和苏州；位于后5位的城市分别为：阳泉、金昌、西宁、荆州和鞍山；有59个城市的绿色发展水平低于平均水平。

从区域分布来看，东部城市绿色发展优势依旧明显，总体水平变化不大；西部城市资源环境承载潜力优势进一步凸显，绿色发展水平稳步提高；中部和东北地区城市绿色发展水平相对较低，未来仍有较大提升空间。

（3）2010—2015年中国绿色发展指数纵向测评

整体而言，2010—2015年，中国各省（区、市）的绿色发展指数基本呈现稳定上升走势，至2015年，30个省（区、市）的绿色发展指数均高于2010年水平。30个省（区、市）绿色发展指数测算结果显示，以6年平均值衡量，绿色发展水平排名前10位的分别为：北京、上海、天津、浙江、广东、福建、青海、江苏、山东和海南；宁夏、河南和甘肃排名最后3位。

纵向测评的四大研究结论是：第一，中国各省（区、市）的绿色发展水平在不断提升，绿色发展前景良好；第二，中国绿色发展水平体现出明显的省际差异，东部省（区、市）水平最高，西部省（区、市）水平居中，中部和东北地区省（区、市）水平相对较弱；第三，大多数地区绿色发展的增长水平与绝对水平呈现反向关系，有利于缩小省际差异，但一些省（区、市）仍要警惕低水平陷阱；第四，中国各省（区、市）绿色发展水平的提升主要依靠经济增长绿化度和政府政策支持度的拉动，资源环境承载潜力有恶化趋势。

（4）城市绿色发展公众满意度问卷调查结果

《报告》对中国38个城市绿色发展进行了公众满意度问卷调查。城市绿色发展公众满意度问卷调查旨在了解居民对所居住城市环境、基础设施、政府绿色行动的综合评价。

问卷结果显示，2016年中国重点城市绿色发展公众满意度为0.147，连续三年提升。满意度排名前10位的城市分别为：克拉玛依、厦门、银川、西宁、青岛、海口、珠海、宁波、乌鲁木齐和苏州；排名后5位的城市分别为：长沙、广州、呼和浩特、北京和郑州。

从公众满意度构成要素来看，与 2015 年相比，居民对城市基础设施的满意度仍然最高，与上年持平；对城市环境的满意度较高，且较上年有所提高；对政府绿色行动总体仍不满意，但不满意程度有所下降。

## 3.3.1 中国绿色发展指标体系

由国家发展改革委中国发展网、北京市博士爱心基金会组成的《2015 中国发展指数报告》课题组深入领会“五大发展”理念，编制了系统的中国发展指数体系，绿色发展指数为其中之一。中国绿色指标体系是通过计算绿色总指数来反映我国绿色总体发展情况，通过计算分领域指数充分体现我国在城府政策支持度、经济增长绿化度和资本环境承载潜力三个领域的发展情况，最终反映构成绿色能力各方面的具体发展情况。根据《2014 中国统计年鉴》得出 2015 年中国绿色发展指标体系。根据现有统计制度规定的调差参量和数据可靠性，课题组选取了 3 项二级指标和 96 项三级指标（表 3-1）。

表 3-1 中国绿色发展指标体系框架

| 二级指标 | 三级指标 | 权重 |
|---|---|---|
| 政府政策支持度 | 工业污染治理完成投资 | 1/96 |
| | 环境污染治理投资总额 | 1/96 |
| | 治理噪声投资 | 1/96 |
| | 当年完成环保验收项目投资 | 1/96 |
| | 环境污染治理投资总额占国内生产总值比重 | 1/96 |
| | 生态保护和环境治理业投资额 | 1/96 |
| | 工业固体废物综合利用率 | 1/96 |
| | 城市污水处理率 | 1/96 |
| | 国家重点基础研究发展计划（“973”计划）中央财政拨款资源环境项目 | 1/96 |
| | 自然保护区面积 | 1/96 |

续表

| 二级指标 | 三级指标 | 权重 |
| --- | --- | --- |
| 经济增长绿化度 | 第一产业劳动生产率 | 1/96 |
| | 土地产出率 | 1/96 |
| | 第二产业劳动生产率 | 1/96 |
| | 节灌率 | 1/96 |
| | 造林总面积 | 1/96 |
| | 人均地区生产总值 | 1/96 |
| | 单位地区生产总值能耗 | 1/96 |
| | 第二产业劳动生产率 | 1/96 |
| | 工业固体废料综合利用率 | 1/96 |
| | 第三产业劳动生产率 | 1/96 |
| | 第三产业增加值比重 | 1/96 |
| | 人均城镇生活消费用电 | 1/96 |
| | 有效灌溉面积占耕地面积比重 | 1/96 |
| | 规模以上增加值比重 | 1/96 |
| 资源环境承载潜力 | 人均水资源量 | 1/96 |
| | 湿地面积 | 1/96 |
| | 森林覆盖率 | 1/96 |
| | 自然保护区面积占辖区面积比重 | 1/96 |
| | 湿地面积占国土面积比重 | 1/96 |
| | 单位耕地面积农药使用量 | 1/96 |
| | 单位耕地面积化肥施用量 | 1/96 |
| | 平均每人生活消费能源 | 1/96 |
| | 人均二氧化碳排放量 | 1/96 |
| | 单位土地面积二氧化硫排放量 | 1/96 |
| | 人均氮氧化物排放量 | 1/96 |
| | 人均公路交通氮氧化物排放量 | 1/96 |
| | 人均氨氮排放量 | 1/96 |
| | 人均化学需氧量排放量 | 1/96 |

资料来源：易昌良 .2015 中国发展指数报告［M］. 北京：经济科学出版社，2016.

### 3.3.2 中国省际绿色发展指数

《2013 中国绿色发展指数报告—区域比较》（以下简称《指数报告》）由北京师范大学科学发展观与经济可持续研究基地、西南财经大学绿色经济与经济可持续发展研究基地、国家统计局中国经济景气监测中心三家单位联合编制。《指数报告》中包括中国省际绿色发展指数与中国城市绿色发展指数，二者分别对中国 30 个省（市、区）及 38 个大型城市的绿色发展进行评价与测度并进行排名。中国省际绿色发展指数的数值由三个一级指标值即经济增长绿化度（30%）、资源与环境承载力（45%）、政府政策支持度（25%）合成（表 3-2）。

表 3-2 中国省际绿色发展指数指标体系

| 一级指标 | 二级指标 | 三级指标 |
| --- | --- | --- |
| 经济增长绿化度（30%） | 绿色增长效率指标 | 1. 人均地区生产总值 |
| | | 2. 单位地区生产总能耗 |
| | | 3. 非化石能源消费量占能源消费量的比重 |
| | | 4. 单位地区生产总值二氧化碳排放量 |
| | | 5. 单位地区生产总值二氧化硫排放量 |
| | | 6. 单位地区生产总值化学需氧量排放量 |
| | | 7. 单位地区生产总值氮氧化物排放量 |
| | | 8. 单位地区生产总值氨氮排放量 |
| | | 9. 人均城镇生活消费用电 |
| | 第一产业指标 | 10. 第一产业劳动生产率 |
| | | 11. 土地产出率 |
| | | 12. 节灌率 |
| | | 13. 有效灌溉面积占耕地面积比重 |
| | 第二产业指标 | 14. 第二产业劳动生产率 |
| | | 15. 单位工业增加值能耗 |
| | | 16. 规模以上单位工业增加值能耗 |

续表

| 一级指标 | 二级指标 | 三级指标 |
| --- | --- | --- |
| 经济增长绿化度（30%） | 第二产业指标 | 17. 工业固体废物综合利用率 |
| | | 18. 工业用水重复利用率 |
| | | 19. 六大高载能行业产值占工业总产值比重 |
| | 第三产业指标 | 20. 第三产业劳动生产率 |
| | | 21. 第三产业增加值比重 |
| | | 22. 第三产业从业人员比重 |
| 资源与环境承载力（45%） | 资源丰裕与生态保护指标 | 23. 人均水资源量 |
| | | 24. 人均森林面积 |
| | | 25. 森林覆盖率 |
| | | 26. 自然保护区面积占辖区面积比重 |
| | | 27. 湿地面积占国土面积比重 |
| | | 28. 人均活立木总蓄积量 |
| | 环境压力与气候变化指标 | 29. 单位土地面积二氧化碳排放量 |
| | | 30. 人均二氧化碳排放量 |
| | | 31. 单位土地面积二氧化硫排放量 |
| | | 32. 人均二氧化硫排放量 |
| | | 33. 单位土地面积化学需氧量排放量 |
| | | 34. 人均化学需氧量排放量 |
| | | 35. 单位土地面积氮氧化物排放量 |
| | | 36. 人均氮氧化物排放量 |
| | | 37. 单位土地面积氨氮排放量 |
| | | 38. 人均氨氮排放量 |
| | | 39. 单位耕地面积化肥施用量 |
| | | 40. 单位耕地面积农药使用量 |
| | | 41. 人均公路交通氮氧化物排放量 |

续表

| 一级指标 | 二级指标 | 三级指标 |
|---|---|---|
| 政府政策支持度（25%） | 绿色投资指标 | 42. 环境保护支出占财政支出比重 |
| | | 43. 环境污染治理投资占地区生产总值比重 |
| | | 44. 农村人均改水、改厕的政府投资 |
| | | 45. 单位耕地面积退耕还林投资完成额 |
| | | 46. 科教文卫支出占财政支出比重 |
| | 基础设施指标 | 47. 城市人均绿地面积 |
| | | 48. 城市用水普及率 |
| | | 49. 城市污水处理率 |
| | | 50. 城市生活垃圾无害化处理率 |
| | | 51. 城市每万人拥有公交车辆 |
| | | 52. 人均城市公共交通运营线路网长度 |
| | | 53. 农村累计已改水受益人口占农村总人口比重 |
| | | 54. 建成区绿化覆盖率 |
| | 环境治理指标 | 55. 人均当年新增造林面积 |
| | | 56. 工业二氧化硫去除率 |
| | | 57. 工业废水化学需氧量去除率 |
| | | 58. 工业氮氧化物去除率 |
| | | 59. 工业废水氨氮去除率 |
| | | 60. 突发环境事件次数 |

资料来源：《2013 中国绿色发展指数报告—区域比较》。

### 3.3.3 中国绿色发展指数

2015 年发布的中国绿色发展指数指标体系由 3 个一级指标、9 个二级指标和 44 个三级指标组成（表 3-3）。

表 3-3　中国绿色发展指数指标体系

| 一级指标 | 二级指标 | 三级指标 |
| --- | --- | --- |
| 经济增长绿化度 | 绿色增长效率指标 | 1. 人均地区生产总值 |
| | | 2. 单位地区生产总能耗 |
| | | 3. 人均城镇生活消费用电 |
| | | 4. 单位地区生产总值二氧化碳排放量 |
| | | 5. 单位地区生产总值二氧化硫排放量 |
| | | 6. 单位地区生产总值化学需氧量排放量 |
| | | 7. 单位地区生产总值氮氧化物排放量 |
| | | 8. 单位地区生产总值氨氮排放量 |
| | 第一产业指标 | 9. 第一产业劳动生产率 |
| | 第二产业指标 | 10. 第二产业劳动生产率 |
| | | 11. 单位工业增加值能耗 |
| | | 12. 单位工业价值能耗 |
| | | 13. 工业固体废物综合利用率 |
| | | 14. 工业用水重复利用率 |
| | 第三产业指标 | 15. 第三产业劳动生产率 |
| | | 16. 第三产业增加值比重 |
| | | 17. 第三产业从业人员比重 |
| 资源与环境承载力 | 资源丰裕与生态保护指标 | 18. 人均水资源量 |
| | 环境压力与气候变化指标 | 19. 单位土地面积二氧化氮排放量 |
| | | 20. 人均二氧化氮排放量 |
| | | 21. 单位土地面积二氧化硫排放量 |
| | | 22. 人均二氧化硫排放量 |
| | | 23. 单位土地面积化学需氧量排放量 |
| | | 24. 人均化学需氧量排放量 |
| | | 25. 单位土地面积氮氧化物排放量 |
| | | 26. 人均氮氧化物排放量 |

续表

| 一级指标 | 二级指标 | 三级指标 |
| --- | --- | --- |
| 资源与环境承载力 | 环境压力与气候变化指标 | 27. 单位土地面积氨氮排放量 |
| | | 28. 人均氨氮排放量 |
| | | 29. 空气质量达到二级以上天数占全年比重 |
| | | 30. 首要污染物可吸入颗粒物天数占全年比重 |
| | | 31. 可吸入细颗粒物（$PM_{2.5}$）浓度年均值 |
| 政府政策支持度 | 绿色投资指标 | 32. 环境保护支出占财政支出比重 |
| | | 33. 城市环境基础设施建设投资占全市固定资产投资比重 |
| | | 34. 科教文卫支出占财政支出比重 |
| | 基础设施指标 | 35. 城市人均绿地面积 |
| | | 36. 建成区绿化覆盖率 |
| | | 37. 城市用水普及率 |
| | | 38. 城市生活污水处理率 |
| | | 39. 生活垃圾无害化处理率 |
| | | 40. 每万人拥有公交车辆 |
| | 环境治理指标 | 41. 工业二氧化硫去除率 |
| | | 42. 工业废水化学需氧量去除率 |
| | | 43. 工业氮氧化物去除率 |
| | | 44. 工业废水氨氮去除率 |

### 3.3.4 中国县级绿色发展指数

2016 年 9 月 23 日，浙江省台州市仙居县举行专题发布会，发布仙居绿色化发展指标体系。据悉，这是全国首个县级综合性绿色化发展指标体系。整个指标体系由绿色经济、绿色社会、绿色环境、绿色机制 4 个一级指标、18 个二级指标和 29 个三级指标构成，体现以发展水平提升为目标、以生态环境改善为保障、以全民参与为特色、以治理能力建设为突破的评价导向；具体指标的评价根据国内外标准和现状，以及相关基础研究成果，结合县域绿色化发展实际要求，合理设定各指标权重和目标值，以目标完成率作为量化评价结果（表 3-4）。

表 3-4　仙居绿色化发展指标体系

| 一级指标 | 二级指标 | 三级指标 | 单位 |
|---|---|---|---|
| 绿色经济 | 居民人均可支配收入增速 | 居民人均可支配收入增速 | % |
| | 绿色产业增加值占 GDP 比例 | 生态循环农业增加值占比 | % |
| | | 绿色工业增加值占比 | % |
| | | 服务业增加值占比 | % |
| | 单位建设用地产出效益 | 单位建设用地产出效益 | 亿元 /$km^2$ |
| | 单位生产总值资源消耗 | 单位生产总值能耗 | t 标准煤 / 万元 |
| | | 单位生产总值水耗 | t/ 万元 |
| | 单位生产总值污染物排放 | 单位生产总值化学需氧量排放量 | kg/ 万元 |
| | | 单位生产总值氨氮排放量 | kg/ 万元 |
| | | 单位生产总值二氧化硫排放量 | kg/ 万元 |
| | | 单位生产总值氮氧化物排放量 | kg/ 万元 |
| 绿色社会 | 新建绿色建筑比例 | 新建绿色建筑比例 | % |
| | 绿色出行比例 | 绿色出行比例 | % |
| | 政府绿色采购比例 | 政府绿色采购比例 | % |
| | 城乡垃圾分类收集覆盖率 | 城区垃圾分类收集覆盖率 | % |
| | | 乡镇村垃圾分类收集覆盖率 | % |
| 绿色环境 | 水环境质量 | 水环境功能区达标率 | % |
| | | 地表Ⅲ类以上水体占比 | % |
| | 大气环境质量 | 空气质量优良天数比例 | % |
| | 森林覆盖率和蓄积量 | 森林覆盖率 | % |
| | | 每公顷森林蓄积量 | $m^3$ |
| | 自然湿地保护率 | 自然湿地保护率 | % |

续表

| 一级指标 | 二级指标 | 三级指标 | 单位 |
|---|---|---|---|
| 绿色环境 | 城乡污水处理率 | 城镇污水处理率 | % |
| | | 农村生活污水处理率 | % |
| 绿色机制 | 生态文明建设和绿色化发展工作占党政实绩考核的比例 | 生态文明建设和绿色化发展工作占党政实绩考核的比例 | % |
| | 生态环保投入和转移支付 | 生态环保投入年增长率 | % |
| | | 生态补偿转移支付年增长率 | % |
| | 绿色单位创建率 | 绿色单位创建率 | % |
| | 公众对绿色化发展的满意度 | 公众对绿色化发展的满意度 | % |

### 3.3.5 “绿水青山就是金山银山”指数评估指标体系

生态环境部在创建“绿水青山就是金山银山”实践创新基地评选过程中，提出了“绿水青山就是金山银山”指数评估指标体系，“绿水青山就是金山银山”指数是量化反映绿水青山就是金山银山建设水平，表征区域生态环境资产状况、绿水青山向金山银山转化程度、保障程度，服务“绿水青山就是金山银山”基地管理的综合性指数。“绿水青山就是金山银山”指数作为“绿水青山就是金山银山”基地后评估和动态管理的重要参考依据，主要从构筑绿水青山、推动绿水青山向金山银山转化、建立长效机制 3 方面开展。“绿水青山就是金山银山”指数相关指标及指标目标值不作为“绿水青山就是金山银山”基地遴选的门槛，而是用于引导“绿水青山就是金山银山”基地明确建设目标、重点任务和建设方向。生态环境部另行发布《“绿水青山就是金山银山”指数评估技术导则》，具体明确“绿水青山就是金山银山”指数评估方法、指标权重、等级划分等，规范引导“绿水青山就是金山银山”基地评估管理（表 3-5）。

表 3-5 “绿水青山就是金山银山”指数评估指标

| 目标层 | 任务层 | 指标层 | | 指标目标值 |
|---|---|---|---|---|
| | | 序号 | 指标 | |
| 构筑绿水青山 | 环境质量 | 1 | 环境空气质量优良天数比例 | >90% |
| | | 2 | 集中式饮用水水源地水质达标率 | 100% |
| | | | 地表水水质达到或优于Ⅲ类水的比例 | >90% |
| | | | 地下水水质达到或优于Ⅲ类水的比例 | 稳定提高 |
| | | 3 | 受污染耕地安全利用率<br>污染地块安全利用率 | >95% |
| | 生态状况 | 4 | 林草覆盖率 | 山区 >60%<br>丘陵区 >40%<br>平原区 >18% |
| | | | 物种丰富度 | 稳定提高 |
| | | | 生态保护红线面积 | 不减少 |
| | | | 单位国土面积生态系统生产总值 | 稳定提高 |
| 推动绿水青山就是金山银山转化 | 民生福祉 | 5 | 居民人均生态产品产值占比 | 稳定提高 |
| | 生态经济 | 6 | 绿色、有机农产品产值占农业总产值比重 | 稳定提高 |
| | | | 生态加工业产值占工业总产值比重 | 稳定提高 |
| | | | 生态旅游收入占服务业总产值比重 | 稳定提高 |
| | 生态补偿 | 7 | 生态补偿类收入占财政总收入比重 | 稳定提高 |
| | 社会效益 | 8 | 国际国内生态文化品牌 | 获得 |
| | | | “绿水青山就是金山银山”建设成效公众满意度 | >95% |
| 建立长效机制 | 制度创新 | 9 | “绿水青山就是金山银山”基地制度建设 | 建立实施 |
| | | | 生态产品市场化机制 | 建立实施 |
| | 资金保障 | 10 | 生态环保投入占 GDP 比重 | >3% |

# 下篇

# ◀ 路径实践篇 ▶

# 第 4 章

# 浙江省湖州市安吉县

## 4.1 区域概况

### 4.1.1 区位概况

安吉县，为浙江省湖州市下辖县，位于长三角腹地。天目山脉自西南入境，分东西两支环抱县境两侧，呈三面环山，中间凹陷，东北开口的“畚箕形”辐聚状盆地地形。地势西南高、东北低。属亚热带海洋性季风气候。辖 15 个乡镇（街道）。安吉县与浙江省的长兴县、湖州市吴兴区、德清县、杭州市余杭区、临安区和安徽省的宁国市、广德市为邻。位于东经 119° 14′—119° 53′、北纬 30° 23′—30° 53′，面积 1 886 $km^2$。

### 4.1.2 自然资源概况

#### 4.1.2.1 生物资源

安吉县属华中湖沼平原常绿树和落叶树混交林区，森林覆盖率高。上层以喜暖湿的落叶树为主，中下层以常绿或亚热带季风带阔叶乔木为多。随着人类活动增多，湖沼平原现已全部被开辟成水稻田，丘陵则成为荒草坡或灌木丛，原始森林仅在海拔 1 000 m 以上山地残存。境内特种经济植物有杜仲、乌桕、油桐、油茶、厚朴，特有的植物有金钱松、白豆杉、牛鼻栓、天目玉兰等。有哺乳类动物 30 余种，鸟类动物约 100 种，爬行类动物 10 余种。

#### 4.1.2.2 矿产资源

安吉县境内矿产资源有金属与非金属矿藏 42 种，其中膨润土储量在 2 000 万 t 以上。

#### 4.1.2.3 水资源

安吉县有着丰富的水资源，以赋石、老石坎两座大型水库为主的各类水库总库容量达 4 亿 $m^3$，水力资源蕴藏量 7.7 万 kW，现有 101 座小水电站，年发电能力超过 1 亿 kW · h；亚洲第一、世界第二，总装机 180 万 kW 的天荒坪抽水蓄能电站坐落在境内。

### 4.1.3 社会经济概况

2018 年，安吉县生产总值（GDP）404.33 亿元，比上年增长 8.3%。其中，第一产业增加值 26.38 亿元，第二产业增加值 178.30 亿元，第三产业增加值 199.65 亿元，分别增长 2.9%、7.0% 和 10.4%。按户籍人口计算，全县人均生产总值 86 099 元，比上年增长 7.8%，按平均汇率（1：6.617 4）计算达到 13 011 美元。三次产业增加值结构由上年的 7.2：44.2：48.5 调整为 6.5：44.1：49.4。

2018 年，安吉县居民消费价格总水平（CPI）呈现总体温和上涨的运行态势，累计上涨 2.7%，涨幅较上年同期提高了 1.1 个百分点。其中，食品价格上涨 2.5%，工业消费品价格上涨 1.8%，服务价格上涨 3.6%。

2018 年，安吉县实现财政总收入 80.08 亿元，比上年增长 19.0%，其中地方财政收入 46.92 亿元，增长 18.7%。从主要税种看，增值税、企业所得税分别为 19.52 亿元、3.27 亿元，分别增长 22.9%、9.0%；个人所得税和营业税分别为 5.62 亿元和 1 376 万元，分别增长 18.8% 和 110.4%。全县财政支出 74.30 亿元，增长 19.8%。从支出类别看，一般公共服务支出为 7.97 亿元，增长 7.2%；公共财政民生支出 59.17 亿元，增长 19.7%。其中，节能环保支出 8.47 亿元，增长 49.5%；教育支出 14.84 亿元，增长 1.0%；医疗卫生支出 7.73 亿元，增长 35.5%；科技支出 3.98 亿元，增长 39.3%；社会保障和就业支出 4.92 亿元，增长 6.2%。

2018 年，安吉县固定资产投资项目 439 个，完成固定资产投资 155.06 亿元，比上年增长 5.5%，其中，基础设施投资 30.24 亿元，下降 36.1%；第二产业投资 40.42 亿元，下降 27.7%，其中技术改造投入 31.48 亿元，下降 24.0%；第三产业投资 114.64 亿元，增长 25.8%。全年完成房地产开发投资 69.12 亿元，比上年增长 101.3%。全年房屋施工面积 383.06 万 $m^2$，增长 25.3%；房屋竣工面积 33.36 万 $m^2$，增长 9.8%；商品房销售面积 129.19 万 $m^2$，增长 10.3%，其中住宅面积 114.65 万 $m^2$，增长 7.8%；商品房销售额 147.42 亿元，增长 41.5%，其中住宅销售额 133.88 亿元，增长 41.0%。

2018 年，安吉县城镇居民人均可支配收入达到 52 617 元，比上年名义增长 9.1%；其中，工资性收入增长 8.8%，经营净收入增长 7.3%，财产净收入增长 10.7%，转移净收入增长 12.9%；人均消费支出 34 008 元，增长 8.0%；年末人均住房面积为 48.6 $m^2$。据农村居民家庭抽样调查，全年农村居民人均可支配收入达到 30 541 元，名义增长 9.5%；其中，工资性收入增长 9.5%，经营净收入增长 7.6%，财产净收入增长 24.6%，转移净收入增长 11.2%。人均生活消费支出 20 888 元，增长 11.0%；年末人均住房面积 66.6 $m^2$。

2020 年，安吉县实现地区生产总值 487.1 亿元，增长 4.3%，增幅全市第一；完成财政总收入 100.1 亿元，增长 11.1%，其中一般公共预算收入 59.8 亿元，增长 11.6%；城乡居民人均可支配收入分别达到 59 518 元、35 699 元，增长 4.5% 和 6.6%。

## 4.2 “绿水青山就是金山银山”实践探索成效与问题分析

### 4.2.1 “绿水青山就是金山银山”实践探索进展与成效

2005 年 8 月 15 日，时任浙江省委书记习近平同志在安吉县余村首次提出了“绿水青山就是金山银山”的科学理念。

安吉全县上下始终牢记习近平总书记的嘱托，在“绿水青山就是金山银山”理念的指引下，坚持一张蓝图绘到底，坚定不移地抓好党中央和省委改革部署落实，着力构建绿色发展的管护、转化、共享“三大机制”，全面推进美丽环境、美丽经济、美好生活“三美融合”，持续护美“绿水青山”，不断做大“金山银山”，实现了人居环境明显改善、经济社会同步协调、城市乡村和谐相融，探索出了一条具有安吉特色的绿色发展之路。安吉已从一个省级贫困县一跃跻身全国绿色发展百强县行列，并成为全国首个生态县、首批中国生态文明奖获得县和首个联合国人居奖获得县。

#### 4.2.1.1 始终把保护美丽环境作为第一责任，着力构建绿色发展“管护”机制

安吉县始终坚持像保护眼睛一样保护生态环境，像对待生命一样对待生态环境，以改革为先、制度为基，深入实施“生态立县”的战略，牢牢守住了县域生态环境的“家底”，全县森林覆盖率、植被覆盖率均保持在 70% 以上，空气质量优良率保持在 86% 以上，地表水、饮用水、出境水达标率均为 100%，实现了生态环境的“气净、水净、土净”。

优化空间布局，实施最严格的生态管控制度。坚守生态底线，率先启动自然生态空间用途管制试点，创新开展生态保护红线勘界定标与智能化监管，设立正负面清单准入制度，制订转用规则以及评估自然生态资源资产价值，让生态保护红线、永久基本农田、城镇开发边界三条控制

线“划得了、守得住、用得好”。坚定不移地实施主体功能区战略，推进“多规合一”，实现县、乡、村三级生态建设规划全覆盖，建立“县级规划组”“乡镇规划师”“驻村规划员”三级队伍，将生态环境保护推动成为刚性约束。成立全省首个以动物命名的浙江安吉小鲵国家级自然保护区，积极构建保护珍稀野生动物的长效机制。

深化“千万工程”，实施全链条的生态治理制度。建立健全“千村示范、万村整治”工程长效推进机制，率先开展以改路、改房、改水、改厕、改线及环境美化“五化一改”为主要内容的村庄环境整治，创新开展中国美丽乡村建设，全域实施农村土地综合整治，建立健全“治水、治气、治土、治矿、治违”区域环境综合治理机制。全面实施城乡垃圾分类制度，实现农村生活污水处理、垃圾分类全覆盖，其中超过 60% 的村庄实现了“垃圾不落地”。实施农房建设“三位一体”风貌管控机制。高标准推进“五水共治”，率先落实“河长制”，全面“剿灭”劣Ⅴ类水。积极开展封山育林保护，创新推行三级“林长制”，实行森林公安与地方公安联动执法机制。实行铁腕治矿，开采量削减近七成，废弃矿山全面复绿。

推进绿色考核，实施最严厉的生态保护责任制度。全面落实环保责任“党政同责”和“一岗双责”。探索构建以“绿色 GDP”为主导的考核体系，生态文明建设权重占乡镇党政实绩考核 40% 以上。对以生态保护为主的乡镇，不再考核财政收入、招商引资等指标。在全国率先编制完成自然资源资产负债表，通过编制 16 张表式、编填 9 000 多个数据，进一步摸清了安吉县自然资源及生态环境的“家底”。实施乡镇党政领导干部自然资源资产离任审计，建立了包含耕地保有量等在内的 5 大类 56 项审计指标体系。探索推行企业环境污染责任险制度，将企业环境污染损害风险纳入保险机制。实施主要污染物排放总量财政收费和奖惩制度，开出全省首张“环境保护税完税证明”。建立环境公益诉讼制度，发出全省首例“补植令”，责令破坏生态环境的行为人“补植复绿”。

#### 4.2.1.2 始终把发展美丽经济作为第一要务，着力构建绿色发展“转化”机制

坚持把生态环境优势转化为生态农业、生态工业、生态旅游等生态经济的优势，以供给侧结构性改革为主线，把绿色发展作为高质量发展之路，2005—2018 年，安吉的地区生产总值从 89.3 亿元增加到 404.33 亿元，财政收入从 7.81 亿元增加到 80.08 亿元，走出了一条经济生态化、生态经济化的路子。

深化“亩均论英雄”改革，高效推进要素市场化配置。实施企业亩均效益综合评价与资源要素差别化配置，推动资源要素向优质高效的领域集中，加快“腾笼换鸟”“凤凰涅槃”。健全整治淘汰落后产能机制，累计关停竹拉丝、制扇、膨润土等“低散乱”污染企业超过全县企业总数的 20%，为绿色产业发展腾出了空间。严格执行项目、总量、空间“三位一体”准入制，建立新上项目“6+X”联审、“环评一票否决”等制度，近 5 年先后否决项目 120 个。加快推进企业对标竞价“标准地”改革，全面推广“区域能评、环评 + 区块能耗、环境标准”改革，推进企业投资项目“最多跑一次”改革，打好高质量发展改革组合拳。

建立健全绿色产业培育机制，厚植生态经济新动能。着力于打通绿水青山向金山银山转化的通道，加快形成有利于节约资源和保护环境的产业结构和生产方式。构建绿色低碳循环发展利益导向机制，成功创建全国循环经济示范县。构建农村一、二、三产业融合发展体系，大力发展安吉白茶、生态竹笋、生态畜禽等优势特色农业，加快推动椅、竹等特色传统产业向现代产业转型升级。竹产业实现了从根到叶的全竹开发与综合利用，以全国 1.8% 的立竹量创造了全国 22% 的竹业产值。全国首创安吉白茶农产品“母子商标”品牌管理，安吉白茶品牌价值 34.87 亿元。大力发展生态旅游，率先探索“全域旅游”的模式，创新开展“全域旅游示范乡镇、乡村旅游示范村、民宿村落”三级联建，大力推进休闲农场、森林

康养、田园综合体等旅游新业态发展，形成了“茶园变景区”“电站变胜地”“机场变赛场”的产业融合风景线。

#### 4.2.1.3 始终把创造美好生活作为第一追求，着力构建绿色发展“共享”机制

坚持良好生态环境是最公平的公共产品，是最普惠的民生福祉，让生态环境种的“常青树”变成老百姓的“摇钱树”，大力推动城乡互通共融，2005—2018年，农民人均纯收入增长了4倍多，城乡居民收入比从2.09：1缩小到1.72：1，实现了“城里乡下一样美”“居民农民一样富”。

完善生态惠民机制，不断改善民生。依托美丽生态优势，探索打造生态惠民的“一带一路”（美丽乡村精品观光带、四好农村路），深化农村产权制度改革，撬动社会资本进入绿色生态产业领域，推进“资源变资产、资本变资金、村民变股民”。安吉县余村主动关停矿山、水泥厂，自觉保护生态环境，探索发展休闲旅游经济，实现了从“卖资源”到“卖风景”的转变。安吉县鲁家村用一辆“小火车”串起了村庄里的“大景区”，五六年时间就让农民人均纯收入从1.95万元增加到了3.5万元。大力支持农家乐发展，全县拥有精品农家乐和民宿500多家、床位1.6万张，成为农民收入的重要增长点。大力发展绿色普惠金融，创新推出“白茶低温气象指数保险”“乡居贷”等55个具有地方特色的绿色金融产品。深化农民合作经济“三位一体”改革。积极探索林地、耕地保护补偿（奖励）机制，大力推动经济林变成生态公益林，每亩补贴从7元增加到30多元，切实让生态涵养区的农民享受到了生态补偿和转移支付带来的实惠。

创新基层社会治理模式，构建共建、共治、共享的基层社会治理新格局。创新设立“3·25”全国首个县级生态日、每月固定一次的“集中推进日”和“生态主题党日”等活动。全面推进“民主法治村”建设，发布全国首个民主法治村建设地方标准——《美丽乡村民主法治建设规范》，实行村聘律师制度，探索出了一条以“支部带村、发展强村、民主管村、

依法治村、道德润村、生态美村、平安护村、清廉正村”为主要特点的乡村治理之路。创新“众人事情众人商量”“群众说事室”“绿水青山就是金山银山议事会”等基层协商议事机制，实现村规民约、家规家训全覆盖，用制度引导村民有序参与、依法自治。安吉黄杜村党员主动捐献白茶苗，预计可带动湖南、四川和贵州等省 34 个村 1 862 户 5 839 名建档立卡的贫困人口增收脱贫，续写了“一片叶子富了一方百姓”的新故事，不仅实现了生态富民，而且实现了生态文明改革成果输出。

10 余年来，安吉县践行“绿水青山就是金山银山”理念、推进绿色发展的过程，就是推进生态文明制度落地生根的过程。从“用绿水青山去换金山银山”；到“既要金山银山也要保住绿水青山”；再到“绿水青山可以源源不断地带来金山银山，绿水青山本身就是金山银山”，一个阶段接着一个阶段地展开美丽山水长卷，从余村到鲁家村、再到黄杜村，完美演绎了“绿水青山就是金山银山”理念的伟大魅力，用改革创新的办法打开了将“绿水青山”转化成“金山银山”的通道，实现了从“一域美”到“全域美”，“形态美”到“发展美”，“外在美”到“内涵美”的转变。下一步，我们将坚定不移地沿着习近平新时代中国特色社会主义思想的指引，奋力推进“八八战略”再深化、改革开放再出发，努力打造“绿水青山就是金山银山”转化综合改革试验区，把生态文明制度建设提升到新高度，当好践行“绿水青山就是金山银山”理念的样板地、模范生，为建设美丽中国注入新鲜的“安吉实践”“安吉素材”“安吉样本”。

## 4.3 重点任务

### 4.3.1 坚持生态立县，把“绿水青山就是金山银山”理念作为生态文明建设的引领旗帜

多年来，安吉县始终坚持把生态环境建设放在与经济发展同等重要的

位置，自觉把生态理念贯穿于经济、社会、文化发展的各个方面，认真践行“绿水青山就是金山银山”理念，坚定不移地举生态旗、打生态牌、走生态路。

（1）生态战略一以贯之

虽然几经县领导班子换届和岗位人员变动，但是“生态立县”战略从未动摇，安吉县委、县政府主要领导始终担任生态县建设、美丽安吉建设等工作领导小组组长，每年亲自主持召开领导小组会议，研究重大事项、部署重点任务。连续四届县委、县政府换届不换方向，在不同时期创造不同载体，一届接着一届干，一任干给一任看，届届交叉不断线。从全国首个生态县，到全国首批生态文明奖，从全国生态文明建设试点，到“绿水青山就是金山银山”理念实践试点县，都是一张蓝图绘到底、一任接着一任干的成果体现。

（2）环保规划一抓到底

突出规划统领，强化规划龙头作用，以规划的刚性确保落实的力度，依规划的前瞻性护航生态文明建设。编制完成《安吉县环境功能区划》《安吉县域总体规划研究（2012—2030）》和《安吉县建设“中国美丽乡村”行动纲要》，调整完善了生态农业、生态工业、生态旅游、生态文化、生态人居、生态城市等6项专项规划。编制《安吉县国家生态文明建设示范县工作方案》《安吉县建设中国最美县域行动计划（2017—2021年）》，形成了较为完善的生态文明建设县域规划体系。构建了从宏观到微观、从全域到局部、从综合到专项、从指标到空间、从用地到景观整体衔接的规划格局，初步形成了横向到边、纵向到底的中国美丽乡村、“绿水青山就是金山银山”理念实践和安吉县全域生态文明建设规划体系。

（3）美丽内涵持续深化

安吉县始终坚定生态立县战略不动摇，在不同时期创造不同载体，不断深化“绿水青山就是金山银山”实践内涵。在安吉县“中国美丽乡村”覆盖率100%的基础上，把生态文明建设与“中国美丽乡村”有机结合并加以深化，着力打响以“中国美丽乡村”为主要内容的生态文明综合品牌。2015年6月1日，安吉县编制的《美丽乡村建设指南》（GB/T 32000—2015）经国家标准委员会发布施行，成为全国首个美丽乡村建设标准。2016年安吉县提出“把安吉建设成为中国最美县域”的奋斗目标，2017年安吉县出台了《安吉县建设中国最美县域行动计划（2017—2021年）》，作出了加快绿色发展的决定，成立了“绿水青山就是金山银山”讲习所，发布了全国首个美丽县域建设地方标准规范《美丽县城建设指南》，安吉县“绿水青山就是金山银山”理念实践的路径更加清晰。

### 4.3.2 坚持绿色发展，把经济提质作为生态文明建设的最强支撑

坚持以绿色为引领，充分发挥环保倒逼机制作用，着力解决经济发展中与环境保护工作不协调、不可持续的问题，使绿色发展质量更好、速度更快、效益更高。

（1）从源头优化资源配置

建立健全环境空间管制制度，划定并严守资源消耗上限、环境质量底线和生态保护红线，严把空间、总量、项目“三位一体”准入关，推动规划环评落地，实现重点产业园区规划环评全覆盖。出台三大园区总量控制方案，对不符合环保要求的建设项目一律不予审批。实行高污染、高能耗项目环保准入的高门槛。自2013年以来，共对179个不符合环保要求的项目予以劝退或否决，涉及投资100多亿元。建立健全环境空间管制制度，划定生态保护红线面积486.61 $km^2$。在全国率先启动生态保护红线勘界定标，落实生态红线管控措施。

（2）以整治推动产业升级

深入推进“三四五”联动机制（即“三改一拆”“四边三化”“五水共治”工作），并建立实时曝光机制，以环境整治倒逼企业转型升级。深入开展“低小散”重污染企业环境整治促进转型升级行动，2013年以来先后实施了印染、造纸、制革、化工四大行业的整治工作，完成48家塑料

粒子、14 家喷水织机企业专项整治，对 443 家竹拉丝（染色）企业进行整治后，逐步缩减为目前的 127 家。完成鄣吴镇 46 家制扇企业污水集中处理和 75 家企业 VOCs 企业治理，完成淘汰黄标车 4 292 辆。在湖州市率先完成锅炉烟尘整治 798 台。2017 年安吉县实施禁燃，注销锅炉 326 台、迁出锅炉 26 台。天子湖区块膨润土行业清理整治全面开展，70 家关停整治任务全面完成，成为“低小散”企业整治的新亮点。

（3）用政策推动发展转型

按照生态经济化、经济绿色化的要求，坚持把项目作为重要转化载体，深入实施浙商回归战略，着力优化营商环境，努力找准对接着力点，增强转化实效性。引导推动产业结构调整。2017 年，安吉县实现完成财政总收入 67.3 亿元，增长 11.5%；规模以上工业增加值增长 8.6%，服务业增加值增长 10.4%，固定资产投资增长 13.3%，外贸出口增长 17.5%，均超年度目标任务。休闲旅游业发展迅速，全年旅游总人次 2 238 万，旅游总收入 282.7 亿元。按照浙江省委把安吉县全域作为“浙江（安吉）泛自然博物园”的定位，安吉县提出了把休闲旅游作为县域经济的支柱产业、现代服务业的主导产业和农民增收的富民产业的总体思路，大力推进休闲旅游产业发展，成功创建全国旅游标准化示范县、国家乡村旅游度假实验区，获评中国十大乡村旅游目的地、国际乡村生活示范地。

### 4.3.3 坚持标本兼治，把环境质量提升作为生态文明建设的根本保障

始终把优环境作为最基础的工作，加大生态保护、环境整治力度，着力夯实绿水青山的先决条件。

（1）开展全领域环境治理

坚持“寸山青、滴水净，无违建、零污染”的标准，统筹区域环境综合治理，不断创美生态环境。以人大决议的方式设立包括“三改一拆”“四边三化”“五水共治”工作在内的每月一次环境综合治理“集中

推进日”。在浙江省率先实施公安与环保联动执法、矿产资源统一管理、五级河长制联动治水等监管防控机制，14 个乡镇（街道）建成空气自动监测站建设，大气污染防治精准性进一步提升。2017 年成功夺得“大禹鼎”，创成浙江省首批无违建县。完成违建拆除 150 万 $m^2$、“三改”286 万 $m^2$，拆后土地利用率达 92.5%。整治“两路两侧”问题 381 个，剿灭小微劣质水体 1 064 个。新增污水管网 104 km、供水管网 88 km。“林长制”全面实施，新增珍贵彩色森林 1.5 万亩[①]，整治毁林开垦 1.2 万亩。农药废弃包装物回收率为 90%、处置率为 100%。

（2）加大环境执法力度

深化环保执法与公检法的合作，建立环境行政执法与刑事司法联动机制，实现公检法部门驻县环保局联络室全覆盖，形成了环境执法整体合力。强化日常监管，突出工业治污重点，加大污染源随机抽查工作，其中 2016 年就排查企业 2 201 家，建设项目清理完成率 100%。“两高”司法解释、新《环境保护法》出台实施后，安吉县因涉及环境违法刑事拘留 68 人，移送行政拘留案件（线索）120 起，行政拘留 118 人。出台安吉县环境应急专家管理办法，组建 15 人的安吉县环境应急管理专家库，落实环境违法“黑名单”制度。强化环境信访调查处理和环境舆情监控，安吉县实现重大环境舆情、重大突发环境事件、因环境问题引发的群体性事件“三个不发生”。高质量完成 G20 杭州峰会、世界互联网大会等环境质量保障工作。全力做好中央环境保护督察问题整改，解决了一批群众身边的突出环境问题。

（3）加大城乡统筹力度

坚持以城带乡、以乡补城、城乡互动，加速推进生态建设、新农村建设和新型城镇化建设融合发展，着力构建“美丽乡村”“风情小镇”“优雅竹城”三级联创的立体格局。在“美丽乡村”行政村全覆盖的基础上，重点推进“美丽乡村”向自然村延伸、向“精品示范村”提升，变点上盆

① 1 亩 =666.67 $m^2$。

景为线上风景，让一时一地的生活美景成为城乡居民的生活常景。在建成10个“宜居、宜业、宜游、宜文”的“风情小镇”的基础上，启动“重点培育示范风情小镇”行动，计划用3年的时间着力建成5个具有历史记忆、文化内涵、区域特色、民族特点、望得见山水、记得住乡愁的“美丽风情小镇”。启动“全域旅游示范乡镇、乡村旅游示范村、民宿村落”三级联创，28个省A级景区村庄完成创建，“田园鲁家”综合体项目成功列入国务院综改办创新试点，余村“绿水青山就是金山银山”示范区启动建设。

### 4.3.4 坚持改革创新，把机制创新作为生态文明建设的第一引擎

针对影响环境保护的深层次问题，深化环境保护领域改革，积极探索建立环境保护的制度体系，着力提升环境治理水平。

（1）探索机制创新

制定出台《企业生态环境信用管理办法》《对违法排污行为适用行政拘留处罚和追究党纪政纪处分的实施意见》《关于落实环保政策法规防范信贷风险的意见》。尝试与周边地区建立污染防治跨界协作的工作机制，开展跨境联合执法行动。实施环境执法电子平台试点工作，实行行政处罚案件网上全过程操作。全面推进安吉经济开发区（核心区）“区域环评+环境标准”改革，积极向上对接区域环评开展情况，推进区域环评开展。全面实施以“减肥、限药、禁烧”为重点的农业面源污染治理，对库区、林地全面禁止使用草甘膦等灭生性茎叶处理除草剂。进一步加大县内转移支付力度，建立跨区域间生态补偿制度。

（2）探索改革试点

围绕全国“绿水青山就是金山银山”理念实践试点县和全省“绿水青山就是金山银山”理念实践示范县试点建设，形成了以《安吉县国家生态文明建设示范县工作方案》《安吉美丽县城行动规划》《安吉县生态文明建设规划》《美丽县域建设指南》和《安吉县建设中国最美县域行动计划

（2017—2021年）》为核心内容的“绿水青山就是金山银山”理念实践示范体系和实践示范成果。加大改革创新，开展领导干部自然资源资产离任审计和自然资源资产负债表编制两项国家试点，率先在全国编制完成市、县（区）自然资源资产负债表，并通过专家评审验收。2017年年底，安吉县领导干部自然资源资产离任审计实践做法被国家审计署作为深化体制机制改革成果上报至中央全面深化改革委员会办公室。深化环评审批制度改革，全面推行建设项目环境影响登记表备案管理，进一步扩大项目环评豁免名录范围；按照《建设项目环境影响登记表备案管理办法》的有关规定，开始实行备案制。深化安吉县主要污染物排污权有偿使用和交易管理工作，开展实施第二轮排污权有偿使用与交易，在原有化学需氧量、二氧化硫两项污染物的基础上，新增氨氮、总磷、氮氧化物等三项指标的有偿使用和交易。2017年，共有21家新批企业、114家原有企业重新申请了第二轮缴费。

（3）创新绿色考核机制

坚持生态优先理念，在全国率先探索实施“绿色GDP”考核，对基层实施差别化考核，按不同乡镇功能定位，分为A、B、C、D四类，加大B类、C类乡镇生态文明考核比重，淡化财政收入、工业经济等指标考核，最大限度地激发乡镇发展活力。此外，通过实施B类、C类乡镇生态文明建设示范项目和饮用水水源地生态补偿考核，实现财政资金转移支付。推行生态责任审计、生态补偿和转移支付，在全市率先出台《安吉县生态文明示范建设考核办法（试行）》和《乡镇河流交接断面水质保护管理考核办法》，深化乡镇生态责任审计工作，通过考核导向引导绿色发展。

### 4.3.5 坚持全民共建，把民生共享作为生态文明建设的根本目标

大力培育生态理念，深入推进生态建设，切实形成全民共治共享、全社会广泛参与的生态环保工作大格局。

（1）积极培育生态文明理念

大力实施生态建设和生态保护，将生态文明列入党校干部培训的主体班次、干部网络教育的必修课程和全县中小学教育的重要内容，全县党政干部、中小学生环境保护教育普及率达 100%。在县主流媒体开设“美丽乡村监督哨 · 美丽安吉找不足”曝光台专栏，开展“寻找不可游泳的河”“寻找还未拆除的违章建筑”等栏目，建立了查找、发现、整改、提升、巩固、监督的全流程保障机制。普及生态文化理念，广泛开展“6 · 5 世界环境日”“8 · 15 生态文明日”等群众性生态文化活动，编发《中国美丽乡村村民守则》《中国第一生态县县民手册》等通俗读本，形成家家挑起护美担子，人人都是护美使者，共同呵护“中国美丽乡村 · 世界绿色人居”品牌的浓厚氛围。

（2）推进生态文明细胞工程

深入推进绿色社区、绿色家庭等生态文明细胞工程创建，建成省市生态文明教育基地 3 个，成功创建国家级生态乡镇 13 个、国家级生态村 1 个、省市级生态村 156 个，3 个乡镇入选国家级生态乡镇典型案例，中南百草园、安吉生态博物馆获批“全国中小学环境教育社会实践基地”，涌现出一批省市级绿色学校、绿色社区和绿色企业，评选产生 35 767 户美丽家庭。荣获全国文明县城、国家园林县城、省级示范文明县城和省级森林城市。成功建成中国最大、功能最全的包括 36 个乡村展示馆在内的生态博物馆，初步呈现出“一村一韵”“一村一景”的地域生态文化景观群。

（3）大力弘扬生态文明文化

推出一批生态文明理念成果，总结生态文明实践经验。实施“书香飘竹乡”计划，形成以竹文化、孝文化、昌硕文化为导向的生态文明建设理念，突出竹文化系列品牌的挖掘与提升，抓好“竹鼓”“竹乐”“竹龙”“竹灯”“竹舞”“竹歌”等以竹为主题的舞台演出策划、创作和组演；突出孝文化系列品牌的探讨与挖掘，加强孝文化研究和策划；突出邮驿文化系列品牌的探索和研究，开展邮驿文化策划与包装；突出昌硕文化系列品牌的弘扬与展示，打响昌硕文化品牌；突出农耕文化系列品牌的探索与建设，开展村落农耕文化的规划与试点。积极做好文物资源的管理、保护和发掘工作，对文物保护单位加强了维修保护。组建了“西苕溪护水队”“民间河长”“生态文明建设宣讲团”等，成立了中国生态文明研究院，建成了安吉生态博物馆群等生态文明示范教育基地。

## 4.4 “绿水青山就是金山银山”的安吉转化模式

### 4.4.1 统筹谋划系统推进“绿水青山就是金山银山”建设

#### 4.4.1.1 明确一个载体——中国最美县域

自2003年浙江省委、省政府开展“千万工程”以来，先后开展了小康示范村建设、中国美丽乡村建设，特别是在十年美丽乡村建设的基础上，在中国共产党安吉县第十四次代表大会上提出了建设中国最美县域的目标，作为新时期开展“绿水青山就是金山银山”实践创新的工作总载体，全力发展安吉美丽事业，打造美丽县域安吉品牌。

#### 4.4.1.2 建立一套体系——工作推进体系

建立县委书记、县长为双组长的工作领导小组，按照《安吉县“绿水青山就是金山银山”重要思想实践示范纲要》《安吉县建设中国最美县域行动计划》，明确由县委、县政府、县人大、县政协等5位主要领导牵头，推进美丽经济、美丽环境、美丽文化、美丽民生、美丽党建5个领域24个方面的工作。

#### 4.4.1.3 执行一个机制——督查考核机制

设立县“绿水青山就是金山银山”办，充分发挥部门的统筹推进作用，对照“5个美丽”专项行动任务，列出项目清单、政策清单、服务清单等，明确责任、挂图作战。制订考核细则，开展定期督查，及时通报考核结果，并将其纳入部门“效能机关”和“提升效能创新奖”考核体系。

### 4.4.2　创新路径深入推进“绿水青山就是金山银山”转化

实现“绿水青山”向“金山银山”的转化，必须让生态走向市场，形成可供消费的生态产品，在满足市场需求中实现经济价值。安吉县通过建设“绿水青山就是金山银山”理念实践创新基地，打通“绿水青山就是金山银山”转化通道，促进生态产品价值实现，形成了 3 种模式。

（1）利用良好的自然资源禀赋发展生态农业

从市场经济角度看，资源价值的实现必须以产品的形式体现，最直接的方式就是利用现有的自然资源发展生态产业。安吉县依托良好的自然资源禀赋发展竹制品、茶叶，推进“三农”一体、“三产”共融、“三生”互促，实现了农产品和服务由低端向中高端、休闲农业发展布局由分散向集聚、发展方式由粗放向集约的转变。安吉县白茶产业以 34.87 亿元的品牌价值，连续九年跻身于全国茶叶品牌价值十强。安吉县竹产业产值达 180 亿元，以全国 1.8% 的立竹量创造了全国 22% 的竹业产值。

（2）依托美丽的绿水青山发展生态旅游

依托良好的生态环境，发展乡村旅游、民宿经济、健康养老等产业。安吉县自 2008 年开启中国美丽乡村建设，把全县当作一个大景区来规划建设、把一个村当作一个景点来设计、把一户人家当作一个小品来改造。通过规划、建设、管理、经营四位一体全方位建设，涌现出了以高家堂村、鲁家村等为代表的一大批美丽乡村经营典范。如鲁家村引入第三方经营公司，村民以土地作价入股，积极吸引社会资本，实行以 18 个家庭农场经营为发展模式，成功打造了集“游、吃、住、购、娱乐”为一体的田园休闲综合体。2019 年全年接待游客 2 807.4 万人次，实现旅游总收入 324.7 亿元，实现了“绿水青山”的“淌金流银”。

（3）凭借良好的生态环境招引优秀企业和人才入驻

现代经济社会的发展，对生态环境的依赖度越来越高，生态环境越好，对生产要素的吸引力、集聚力就越强。凯蒂猫家园、欢乐风暴、竹博园东扩等重大休闲项目建成运营，JW 万豪、君澜、阿丽拉等品牌酒店相继营业。总投资 100 亿元的格力智能制造产业园、75 亿元的云泰大数据中心、60 亿元的中国安吉白茶小镇综合体等一批重大项目相继签约。同时，安吉县还发挥良好的生态环境和区位交通优势，打造宜居宜业宜游城市，吸引了一批优秀人士来投资兴业。新引育“千人计划”10 人，入选“南太湖精英计划”54 人。新增国家高新技术企业 37 家，省级高新技术企业研发中心 13 家。

### 4.4.3 勇于探索纵深推进“绿水青山就是金山银山”实践

完整落地的生态文明制度是“绿水青山就是金山银山”转化的重要保障。安吉县始终把制度建设作为重中之重，构建了一套有效的生态文明建设制度体系，为实现生态产品价值转化提供了强有力的制度保障。

#### 4.4.3.1 制定示范标准

2017 年 12 月，《美丽县域建设指南》（以下简称《指南》）地方标准规范在安吉县余村发布，《指南》由浙江省标准化研究院、安吉县中国美丽乡村标准化研究中心共同起草，安吉县委、县政府发布，于 2018 年 1 月 1 日起正式实施，《指南》不仅为安吉县美丽县域建设工作提供了规范性指导，同时也为全省乃至全国范围内“美丽县域”建设提供了借鉴和参考。作为美丽乡村发源地，2015 年 6 月，以安吉县为第一起草单位的《美丽乡村建设指南》经国家标准委员会发布施行，成为全国首个美丽乡村建设标准。

#### 4.4.3.2 创新绿色制度

在全国率先完成了“自然资源资产负债表编制”和“领导干部自然资

源资产离任审计”两项国家试点。出台了《自然资源资产保护与利用绩效评价办法》《开展生活方式绿色化行动》。深化资源要素配置市场化改革，实行差别化电价、水价、地价政策，建立饮用水水源地保护生态补偿、排污权有偿使用和交易等制度，与长兴县建立了上下游生态补偿机制、开展了林权抵押制度探索创新、探索建立了农村集体土地入市办法等。2012 年制定了《安吉县生态文明示范建设实施方案》，并配套制定了《安吉县生态文明示范建设考核办法》，每年安排 2 000 万元对生态文明示范建设项目开展奖补，提高乡镇和部门生态文明建设的积极性，建设完成一大批生态项目建设，有力推动生态文明建设。

#### 4.4.3.3　探索开展差异化考核

2012 年率先在浙江省实施乡镇差异化考核，将安吉县 15 个乡镇（街道）分为 A、B、C 三类，A 类重点发展工业经济，C 类只发展休闲经济，B 类两者兼顾，科学合理地设计考核体系，明确乡镇发展定位，引导乡镇根据不同类型走差异化发展路径，最大限度地激发乡镇发展活力。同年实施 B 类、C 类乡镇生态建设示范项目考核，对自然资源禀赋好、生态环境优越的 B 类、C 类乡镇，通过实施示范项目考核并以奖代补的方式，加大对西南片区乡镇的财政转移支付。2019 年年初制定了《集中式饮用水水源地生态保护奖补资金管理办法》，县财政每年安排 4 500 万元用于集中式饮用水水源地乡镇生态保护奖补。

安吉县坚定不移地沿着“绿水青山就是金山银山”指引的路子走下去，以打造“样板地、模范生”为目标，以中国最美县域建设为主载体，努力走出一条生态环境与经济发展和谐共生、互促共进的新路子，继续为建设美丽中国扛起“安吉担当”，迈向社会主义生态文明新时代。

# 第 5 章

# 北京市延庆区

## 5.1 区域概况

### 5.1.1 区位优势明显

北京市延庆区北、东、南三面环山，西邻官厅水库，中部凹陷形成山间盆地。根据《北京城市总体规划（2016—2035 年）》，延庆区定位为生态涵养区，首都西北部重要生态保育及区域生态治理协作区，生态文明示范区，国际文化体育旅游休闲名区，京西北科技创新特色发展区，保障首都生态安全是延庆的主要任务。延庆区东部、南部和北部山区是生态涵养区的主体，中西部位于京张交通主廊道上，是保障北京可持续发展的关键区域，地理区位生态环境建设优势明显。

延庆区是北京联系西北地区的重要交通枢纽，道路交通四通八达，北京八达岭机场坐落于延庆区八达岭镇，铁路建设完备，京包铁路、城郊铁路 S2 线、客货运输方便。大秦铁路、京藏（八达岭）高速公路、京新高速公路、京张高速公路、110 国道、S216、S323 等穿境而过。兴延高速公路的建设，缩短了北京城区与延庆两地间的距离，极大缓解了京藏高速的车流压力。京张高速铁路延庆支线已开通运行，京礼高速北六环至延庆段竣工通车，北京市延庆区遥感影像图、行政区划图见图 5-1、图 5-2。

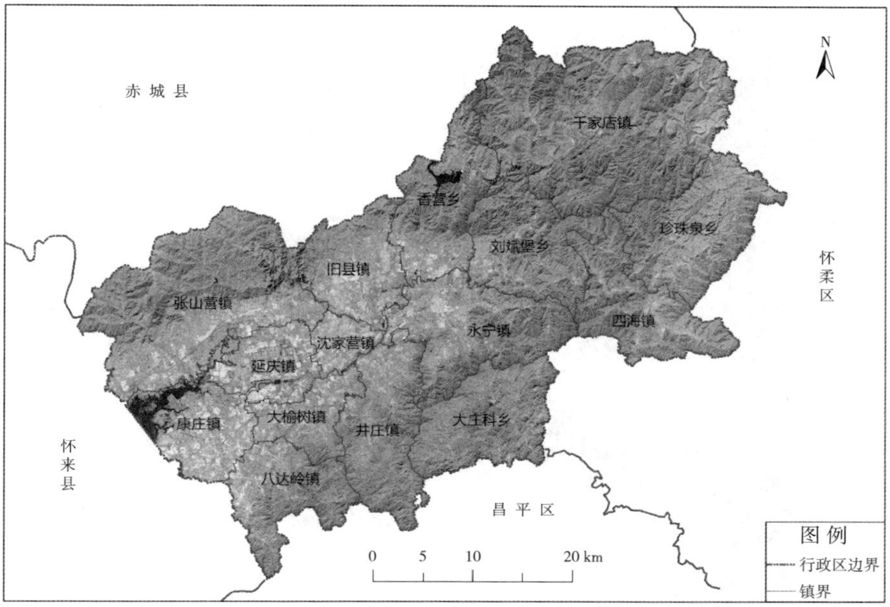


图 5-1 延庆区遥感影像

图 5-2 延庆区行政区划

### 5.1.2 自然资源丰富

延庆区地处燕山沉降带西部，属密云至宣化隆起活化构造区，山区平均海拔 1 000 m 左右，形成了沟壑纵横、滩涂交错的地貌特征（图 5-3）。

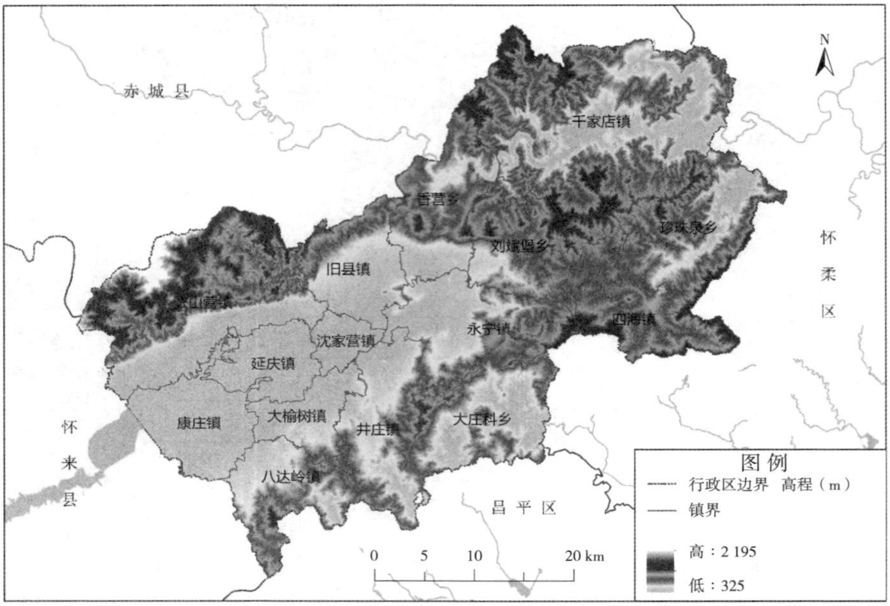


图 5-3 延庆区地形

河川径流诸多，水质良好。延庆区境内现有Ⅳ级以上河道 46 条，分属潮白河、永定河和北运河三个水系，其中Ⅰ级河流 2 条（白河、妫水河），Ⅱ级河流 26 条，Ⅲ级及以下河流 18 条。主要水库有 4 座及 1 个闸，分别为白河堡水库、古城水库、佛峪口水库、玉渡山水库及香村营拦河闸。年可利用水资源总量为 1.9 亿 $m^3$，年降水量为 546.5 mm。

森林资源丰富，类型多样。延庆区积极推进新一轮百万亩造林工程，成功取得“国家森林城市”的称号，2019 年，森林覆盖率达到 60.34%，林木绿化率达到 74%。生态环境状况指数（EI）已达 75.1%，超额完成当年任务。区境内生物多样性良好，其中松山和野鸭湖是延庆区最具生物多样性的地区，盆地、河川、沟谷部分台地的植被为栽培植物，其余山区大部分为针叶林、阔叶林、针阔混交林、杂灌及草本群落。

延庆区地热、太阳能、风能资源量位于北京市前列。拥有 105 $km^2$ 的地热带，具有丰富的浅层地热资源，且底层富水性较好、出水量大，导热、导水通道良好，地热开发较为有利。年日照 2 800 h，是北京市太阳能资源最丰富的地区。延庆官厅风口 70 m 高平均风速 7 m/s 以上，风力资源占北京市的 70%。

传统旅游资源丰富，开发潜力巨大。延庆区对外开放的景区景点 30 余处，其中 A 级以上景区 16 家，包括八达岭长城、龙庆峡、国家自然保护区松山森林公园、千古之谜古崖居、国家级湿地保护区野鸭湖等景区景点。2016 年，延庆区成功入选国家首批全域旅游示范区创建单位，进一步明确旅游业的主导产业地位。连续举办冰雪欢乐节、端午文化节、自行车骑游大会、非遗大观园等系列节庆和赛事活动。作为 2019 北京世界园艺博览会、北京 2022 年冬奥会和冬残奥会部分比赛项目的承办地，实现北京世界园艺博览会完美收官，吸引了 934 万中外宾客入园，冬奥会 28 项冬奥场馆及外围配套基础设施建设工程按计划开复工 25 项，“美丽延庆冰雪夏都”城市品牌影响力持续扩大，国内国际认知度大幅提升。

### 5.1.3 生态环境优良

北京市延庆区是首都生态涵养发展区。区政府始终坚持生态立区的理念，全面实施生态文明发展战略，先后获得“全国绿化模范县”“ISO 14000 国家示范区”“国家园林县城”“国家卫生县城”“北京市可再生能源示范区”“国家生态县”“全国水生态文明城市”“国家森林城市”等荣誉称号，成为“全国控制农村面源污染示范区”“全国生态文明建设试点县”“国家水土保持生态文明县”“‘绿水青山就是金山银山’理念实践创新基地”，具备净土、碧水、蓝天的优质生态环境，成为首都北京的绿色屏障和后花园。

空气质量持续向好。全面落实 $PM_{2.5}$ 冬奥承诺三年达标和蓝天保卫战行动计划。2019 年 $PM_{2.5}$ 平均质量浓度 37 μg/m$^3$，低于市级目标 9 μg/m$^3$，$PM_{2.5}$ 平均质量浓度下降 22.9%，世园会期间 $PM_{2.5}$ 累计平均质量浓度 27 μg/m$^3$，同比下降 30.8%。延庆区累计优良天数为 264 天，同比增加 19 天，达标天数比例 72.3%，空气质量居北京市排名靠前。

水土治理成效显著。获评第二批“全国水生态文明城市”和“北京市节水型区”称号。农村小微水体纳入河长制管理，22 处整治全部完成，小流域综合治理 58 km$^2$，98 项问题台账全部整改。实施第二个三年治污行动，新建污水管网 51.4 km，改造雨污合流管线 3 km。巩固提升农村安全饮水，改造供水站 399 座，完成集中式饮用水水源地环境状况评估。编制海绵城市专项规划，161 个村灌溉用水实行智能化管理计量收费。2019 年，地表水考核断面均达到或优于考核标准，其中谷家营（农场橡胶坝）国控断面平均水质为Ⅲ类，优于考核标准；西帽山（滴水壶）及京张公路桥市控断面平均水质均达到Ⅱ类考核标准；新华营桥市控断面平均水质为Ⅱ类，优于考核标准，水环境质量得到持续改善。实施生态绿环工程，玉米秸秆、园林废弃物有效利用率达 98%。生活垃圾分类示范片区创建覆盖范围达到 72% 以上，城镇生活垃圾无害化处理率、资源化利用率分别达 95%、60% 以上。

景观环境更加亮丽。规划建设康西草原湿地公园，新增小微绿地 14 块。全民义务植树 61.1 万株。完成 6 个首都绿色村庄、1 个首都森林城镇、1 个花园式单位和 1 个花园式社区创建，预计人均公园绿地面积达 46.13 m$^2$。区境内有松山、玉渡山、野鸭湖等 10 个国家和市、县级自然保护区。延庆城中心的夏都公园是雕塑主题公园，园内有 50 多件中外雕塑家的精美作品，妫水公园占地面积 6 000 亩，其中有 5 000 亩水面，是北京最大的水上公园，初步形成“城在园中、园绕城区、城景交融”的园林美景，堪称“一城山水半城园”。乡镇（街道）环境建设与管理“月检查、月排名、月曝光”，首都环境建设检查考评成绩排名生态涵养区前列。

### 5.1.4 经济发展向好

“十三五”期间，延庆区立足首都生态涵养发展区功能定位，大力发展绿色经济。以文旅产业为龙头，以现代园艺、冰雪体育、新能源和能源互联网、无人机四个产业为培育和扶持重点，以都市型现代农业为基础，围绕“冬奥、世园、长城”三张金名片，着力构建具有延庆特色的绿色高精尖产业体系。

全域旅游加速融合发展。延庆区融合互促发展全域旅游，以旅游为主导推动产业融合，统筹推进长城文化带、西山永定河文化带和京张文化体育旅游带建设，推行网络实名预约购票和游客限流，八达岭长城网络预约购票比例达 98.15%，建成全域旅游智慧服务系统，以排名第一的成绩通过国家全域旅游示范区创建验收。“一轴两翼”冰雪产业格局落图，加快景区配套设施建设，提升旅游要素品质，策划精品旅游路线，强化八达岭办事处行政管理和保护职能，增强旅游综合服务能力。探索高端民宿联盟发展模式，建成北方地区首个民宿集群“合宿 · 延庆姚官岭”，累计打造“山楂小院”等 75 个精品民宿品牌，培育“世园人家”精品民宿 200 余家，荣获“全国民宿产业发展示范区”称号。改造提升传统商业企业和生活性服务业，发展夜间经济，消费潜力进一步释放。举办中国地质公园主题宣传活动、第三届北方民宿大会、首届八达岭长城文化节、第十一届北京端午文化节、第六届北京非遗大观园游园活动、世葡园冰雪文化庙会等 200 多场活动。2019 年，延庆区 A 级及主要旅游景区实现旅游收入 109 084.3 万元，接待游人 1 703.5 万人次。

高精尖产业发展态势良好。制订并组织实施《科技创新推动延庆绿色跨越发展三年行动计划》，持续优化营商环境，加快绿色高精尖产业发展步伐，出台“1+4+4”政策体系，建设启迪之星（延庆）孵化基地、中关村现代园艺产业创新中心、体育科技创新园等平台，申请能源互联网综合示范区项目并获得国家能源局批复。2019 年实现规模以上工业总产值

109 亿元，同比增长 19.3%，首次突破 100 亿元大关。中关村延庆园积极引进企业 877 家，胖龙丽景、清腾体育、中关村智连灾害研究院等一批重大项目落地。美正生物、桑普新源、加氢站、体育科技产业园等项目实现开工。聚集现代园艺企业 87 家、体育科技企业 74 家、无人机企业 16 家、新能源和能源互联网企业 75 家。获评国家体育产业示范基地。完成 12 个市级实验室和研发平台建设，建立首家院士工作站，设立首只科技创新基金。新认定高新技术企业 102 家，入选中关村“瞪羚企业”18 家、“展翼企业”6 家、“金种子企业”2 家。

现代农业提质增效。深入创建“国家农产品质量安全县”，建立农产品可追溯系统与农业投入品监管体系。持续调整农业种植结构，粮经作物调减种植面积 1.16 万亩。紧抓冬奥机遇，北菜园等 6 家企业成为冬奥会备选农产品供应基地。成功举办首届世界花卉大会、首届北京牡丹文化节、第十一届北京菊花文化节、第三届延怀河谷葡萄文化节等系列活动。延庆区以现代园艺产业带动农业转型升级，创立全市首个农产品区域品牌“妫水农耕”，初步构建起以 5 大类农产品为核心的产业体系，组织延庆优质农产品跨区巡展。与河北、内蒙古等地建立食用农产品安全监管区域协作机制，共同构筑区域间食品药品安全屏障。中关村现代园艺产业创新中心落户延庆，成功引进园艺花卉类企业 100 余家、科研机构 11 户，现代园艺产业集聚区“一区多园”总体布局基本形成。强化有机农业建设，完成上年度 25 家基地绿色、有机农产品新认证的补贴发放工作；推荐 5 家绿色、有机农产品基地作为冬奥会备选供应基地；新增有机农产品认证基地 2 家。目前延庆区有机及绿色农产品种养殖面积的比重达到 52.3%。

## 5.2 “绿水青山就是金山银山”实践探索成效与问题分析

### 5.2.1 “绿水青山就是金山银山”实践探索进展与成效

根据“绿水青山就是金山银山指数”评估指标计算结果，延庆区在 22 项指标中，居民人均生态产品产值占比 1 项指标未统计，涉及分值 4 分；剩余 21 项指标中，除环境空气质量优良天数比例及绿色、有机农产品产值占农业总产值比重、生态补偿类收入占财政总收入比重等 3 项以外，剩余 18 项指标均为满分。

在达到满分的 18 项指标中，各项指标均取得显著成效。其中，集中式饮用水水源地水质达标率、地表水水质达到或优于Ⅲ类水的比例、地下水水质达到或优于Ⅲ类水的比例、污染地块安全利用率等指标达到 100%。体制机制探索进展突出。延庆区获得“绿水青山就是金山银山”基地称号后，加强了制度建设对“绿水青山就是金山银山”基地建设的推动作用，建立起完备的顶层设计，组建由区委主要领导担任主任的延庆区委生态文明建设委员会，下设“一办七组”，并组织编制三年行动方案，逐年制订任务分解，针对绿色高精尖产业、以民宿为代表的生态旅游业、生态农业等制订了凸显地区特色的发展机制，制订了各类生态就业政策，并组织开展了延庆区“绿水青山就是金山银山”实践创新基地制度建设评估工作，编制完成评估报告初稿，剖析延庆区当前制度建设成效及不足，为下一步建立系统完整的生态文明制度体系，更好地推进区域自然资源资产核算、生态补偿、空间管控、监测预警、绩效考核等生态文明制度精准落地提供保障。另外，延庆区在“绿水青山就是金山银山”建设的资金保障方面力度也很大。2016—2018 年生态环保投入占 GDP 比重分别为 20.2%、23.5%、28.2%。

在未达到满分的指标中，环境空气质量优良天数比例主要受到区域大环境影响，提升难度较大。近年来，延庆区深入推进“打赢蓝天保卫战行动计划”和“一微克行动”各项任务落实，空气质量状况得到明显改善，环境空气质量优良天数比例逐年提升。但当前环境空气质量优良天数比例表征的大气环境质量与相关要求还有较大差距，建议下一步加强区域大气质量联防联控机制，推进区域整体大气环境质量提升。

绿色有机农产品产值占农业总产值比重在2018年有所下降。为提高绿色有机农产品比重，2019年延庆区强化了有机农业建设，对2018年新认证的25家基地绿色、有机农产品发放补贴，推荐5家绿色、有机农产品基地作为冬奥会备选供应基地，并新增有机农产品认证基地2家，有机及绿色农产品种养殖面积的比重已达到52.3%。生态补偿类收入占财政总收入比重在2016—2018年有所下降，主要原因是自2017年以来北京市为支持延庆区筹办世园冬奥等绿色大事，下达的其他类转移支付资金规模及增速超过了生态补偿类转移支付资金规模及增速。若剔除2017年、2018年此类新增非生态类转移支付资金，则生态补偿类收入占财政总收入比重呈逐年增长趋势。

根据“绿水青山就是金山银山”指数及各项分指数计算公式，扣除未统计的1项指标4分后，在剩余的96分中，延庆区“绿水青山就是金山银山”指数为90分，其中，“绿水青山”指数得分38分，“绿水青山就是金山银山转化”指数得分20分，“绿色发展”指数20分，“长效保障”指数得分12分（见表5-1、图5-4）。

表 5-1 2018 年延庆区“绿水青山就是金山银山”指数指标现状值及得分

| 目标 | 任务 | 序号 | 指标 | 目标参考值 | 现状值 | 得分 |
|---|---|---|---|---|---|---|
| 构筑“绿水青山” | 环境质量 | 1 | 环境空气质量优良天数比例 | > 90% | 72% | 2 |
| | | 2 | 集中式饮用水水源地水质达标率 | 100% | 100% | 4 |
| | | 3 | 地表水水质达到或优于Ⅲ类水的比例 | > 90% | 100% | 4 |
| | | 4 | 地下水水质达到或优于Ⅲ类水的比例 | 稳定提高 | 100% | 4 |
| | | 5 | 受污染耕地安全利用率 | > 95% | > 95% | 4 |
| | | 6 | 污染地块安全利用率 | > 95% | 100% | 4 |
| | 生态状况 | 7 | 林草覆盖率 | > 60% | 森林覆盖率为 60.34%；暂无草地数据 | 4 |
| | | 8 | 物种丰富度 | 稳定提高 | 2015 年为 1 242 种 | 4 |
| | | 9 | 生态保护红线面积 | 不减少 | 29.97% | 4 |
| | | 10 | 单位国土面积生态系统生产总值 | 稳定提高 | 稳定提高 | 4 |
| 推动“绿水青山就是金山银山”转化 | 民生福祉 | 11 | 居民人均生态产品产值占比 | 稳定提高 | — | — |
| | 生态经济 | 12 | 绿色、有机农产品产值占农业总产值比重 | 稳定提高 | 2016 年、2017 年、2018 年绿色、有机农产品产值占农业总产值比重分别为 28.2%、29.4%、27.6% | 3 |

续表

| 目标 | 任务 | 序号 | 指标 | 目标参考值 | 现状值 | 得分 |
|---|---|---|---|---|---|---|
| 推动“绿水青山就是金山银山”转化 | 生态经济 | 13 | 生态旅游收入占服务业总产值比重 | 稳定提高 | 2016 年全区共接待游客 1 576.3 万人次，旅游收入 55.48 亿元；<br>2017 年全区共接待游客 1 664.6 万人次，旅游收入 65.8 亿元，同比分别增长 5.6%、18.6%；<br>2018 年全区共接待游客 1 997.7 万人次，旅游收入 78.8 亿元，同比分别增长 20%、19.7% | 6 |
| | 生态补偿 | 14 | 生态补偿类收入占财政总收入比重 | 稳定提高 | 生态补偿类收入占财政总收入比重 2016—2018 年有所下降的原因主要是自 2017 年以来为支持延庆区筹办世园冬奥等绿色大事，市级下达的其他类转移支付资金规模及增速大于生态补偿类转移支付资金规模及增速。若剔除发改委基建类项目和市财政下达的支持经济发展、疏整促、煤改清洁能源等 2017 年、2018 年新增的非生态类转移支付资金，生态补偿类收入占财政总收入比重逐年有所增长 | 3 |
| | 社会效益 | 15 | 国际、国内生态文化品牌 | 获得 | 国家级全域旅游城市；2016 年北京市延庆区环境保护局获评“中国生态文明奖先进集体”；2017 年延庆获评首批“国家生态文明建设示范县”；“妫水农耕”等 3 个品牌获“北京农业好品牌”；北京金粟种植获评第一批“全国休闲农业与乡村旅游精品企业”三星级企业 | 4 |
| | | 16 | “绿水青山就是金山银山”建设成效公众满意度 | ＞95% | 96% | 4 |

续表

| 目标 | 任务 | 序号 | 指标 | 目标参考值 | 现状值 | 得分 |
|---|---|---|---|---|---|---|
| 推进绿色发展 | 资源节约利用 | 17 | 单位地区生产总值能耗 | 完成上级规定的目标任务；保持稳定或持续改善 | 0.462 4 t 标准煤 / 万元 | 4 |
| | | 18 | 单位地区生产总值用水量 | 完成上级规定的目标任务；保持稳定或持续改善 | 22.37 $m^3$/ 万元 | 4 |
| | 产业循环发展 | 19 | 农业废弃物综合利用率<br>秸秆综合利用率<br>畜禽粪污综合利用率<br>农膜回收利用率 | <br>≥90%<br>≥75%<br>≥80% | 秸秆综合利用率 97.8%；<br>畜禽粪污综合利用率 84.64%；<br>农膜回收利用工作自 2019 年开始，2019 年农膜回收处置率达到 85% | 12 |
| 建立长效保障 | 制度创新 | 20 | “绿水青山就是金山银山”基地制度建设 | 建设实施 | 建立实施，详见制度评估报告 | 4 |
| | | 21 | 生态产品市场化机制 | 建设实施 | 建立实施，详见制度评估报告 | 4 |
| | 资金保障 | 22 | 生态环保投入占 GDP 比重 | ＞ 3% | 2016—2018 年比重分别为 20.2%、23.5%、28.2% | 4 |

注：“—”表示数据未统计。

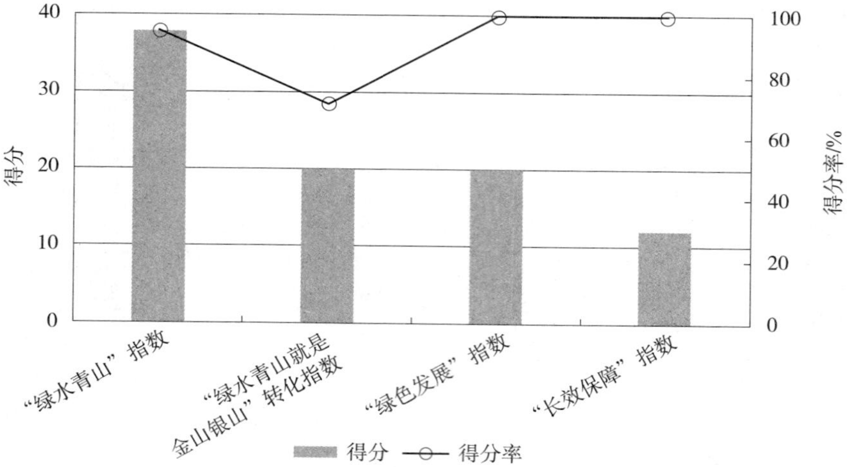


图 5-4　延庆区“绿水青山就是金山银山指数”评估

从“绿水青山就是金山银山指数”评估结果看（图 5-4），延庆区“绿水青山就是金山银山”基地建设成效显著。在缺乏 1 项指标统计的情况下，“绿水青山就是金山银山指数”已达到 90 分，评估结果已经为优。特别是在绿色发展、体制机制创新和资金保障等方面特色较鲜明，得分率达到了 100%。在构筑“绿水青山”和推动“绿水青山就是金山银山”转化方面开展了大量的探索研究工作。

## 5.2.2　存在的主要问题

延庆区委生态文明建设委员会设立的“一办七组”运行机制尚需完善。各部门工作与“绿水青山就是金山银山”基地建设的要求衔接还有待加强，在“管行业必须管环保”的“一岗双责”落实上仍有不足，对生态文明及“绿水青山就是金山银山”基地建设的重视程度不够。

环境质量改善压力较大。受区域大环境和气象条件等影响，延庆区空气环境质量提升难度较大，特别是秋冬季空气质量改善目标任务仍然艰巨。春夏季部分地表水断面个别指标不能稳定达标。

绿色产业发展存在“瓶颈”。生态带动产业发展的力度还有较大的提升潜力。尽管在推动“绿水青山就是金山银山”转化方面取得了较大的成果，但是尚未形成成熟稳定的，能在全域范围内推广的转化模式和经验。

## 5.3 重点任务

### 5.3.1 基于“绿水青山就是金山银山”指数评估体系，加强“绿水青山就是金山银山”基地建设管理

#### 5.3.1.1 准确理解“绿水青山就是金山银山”指数核心要义，增强延庆生态涵养功能定位

延庆区“绿水青山就是金山银山”指数是量化反映延庆区“绿水青山就是金山银山”基地建设水平，服务于“绿水青山就是金山银山”基地管理的综合性指数；其目的是指导延庆区正确处理生态环境保护和经济社会发展之间的关系，将生态资源优势转变为经济发展优势，引导探索可持续发展路径，实现绿色高质量发展；最终目标是实现延庆区生态惠民、富民与绿色共享，提高老百姓的获得感、幸福感、安全感。延庆区作为“绿水青山就是金山银山”理念实战创新基地，应该积极发挥践行习近平生态文明思想、推进生态文明建设的有效载体和实践平台作用，准确理解“绿水青山就是金山银山”指数核心要义，把控“绿水青山就是金山银山”基地建设方向，增强生态涵养区功能定位。持续创新探索“绿水青山就是金山银山”转化的制度实践和行动实践，在守好绿水青山的基础上，积极探索生态产品价值实现的市场化机制和“绿水青山就是金山银山”转化的有效路径，大力发展生态产业，努力将生态资源优势转变成经济社会发展优势，总结推广“绿水青山就是金山银山”转化的有效路径和典型经验模式，重点探索生态产品价值实现的路径方式和“绿水青山就是金山银

山”转化长效制度，切实保障生态系统服务价值增值和生态经济的提升，推动绿色发展、绿色富民，把延庆打造成为首都生态文明示范区的亮丽名片。

#### 5.3.1.2 以“绿水青山就是金山银山”指数评估体系为指引，科学引导“绿水青山就是金山银山”基地建设

一是积极开展“绿水青山就是金山银山”指数常态化评估。延庆区作为“绿水青山就是金山银山”理念实践创新基地要把“绿水青山就是金山银山”指数评估体系作为延庆区“绿水青山就是金山银山”基地建设的重要依据，积极开展评估工作，及时反映建设进程、量化建设水平、展示建设成效，引导开展“绿水青山就是金山银山”实践探索，发现存在问题、校准建设方向、实现动态监管，避免出现“拿牌子”、前紧后松、转化模式“同质化”等现象。

二是根据延庆区“绿水青山就是金山银山”指数评估框架，推动相应指标数据的统计收集与评估工作，对于目前尚未列入统计范围的指标，加紧制订方案，尽快开展统计工作；已有统计数据的指标，对于已经达到评估框架设定的目标参考值的继续保持相关任务举措和工程项目，对于与评估框架设定的目标参考值差距较大的，应加快推进和制订相应举措任务和工程项目等。

三是结合“绿水青山就是金山银山”指数评估大纲，依托延庆区在构筑“绿水青山”、推动“绿水青山就是金山银山”转化、推进绿色发展、建立长效保障机制 4 个方面的进展成效和经验做法，进一步总结凝练延庆区“绿水青山就是金山银山”建设的典型经验模式，并对其适用地区、条件、成效等方面开展评估，推动相关经验模式在延庆区全域及全国类似地区的推广应用。

## 5.3.2　以“绿水青山就是金山银山”指数评估为依据，科学校准“绿水青山就是金山银山”基地建设

### 5.3.2.1　对标对表抓生态，持续抓好大气污染防治

近年来，延庆区全面落实 $PM_{2.5}$ 冬奥承诺三年达标和蓝天保卫战行动计划，空气质量状况得到显著改善，但受区域大环境影响，当前以环境空气质量优良天数比例表征的大气环境质量距离“绿水青山就是金山银山”基地管理规程的要求还存在较大差距。下一步，应突出精准治污、科学治污、依法治污，深化细化“一微克”行动，强化源头治理，加强重点区域精细化管理，聚焦扬尘、散煤、柴油货车、挥发性有机物治理攻坚行动，推进扬尘管控精细化、移动源低排放化、生产生活排放减量化、能源消费清洁化，从严从重处罚环境违法行为，加强与周边地区对接协作，共同做好大气污染防治工作，推动达成“绿水青山就是金山银山指数”评估的大气环境质量目标，做好冬奥会空气质量保障工作，引领和推动区域生态环境质量的整体改善。

### 5.3.2.2　聚焦聚力补短板，稳步提升生态农业发展水平

作为北京市农业大区，延庆区大力发展都市型现代农业，创立全市首个农产品区域品牌“妫水农耕”，农业发展的提质增效态势良好，但生态农业的产业化水平还未能达到“绿水青山就是金山银山”基地的建设要求，生态农业的经济效益、社会效益优势未能全面显现。为进一步提升延庆区“绿水青山就是金山银山”转化成效，提升延庆区农业综合竞争力，需以农民增收、农业增效为落脚点，加大生态农业品牌和“妫水农耕”品牌建设及推广力度，建立健全生态农业品牌认证体系，鼓励、引导生态农业生产主体积极开展生态农业品牌认证，着力培育绿色有机农产品基地，不断提高全区的生态农业质量水平，稳步提升生态农业产值占比，带动农业产业转型升级，努力打造具有全国影响力的生态农业示范区。

### 5.3.2.3 稳扎稳打护成效，持续推动绿色高质量发展

多年以来，延庆区立足生态涵养的功能定位，明确了绿色高质量的发展道路，资源节约利用及产业循环发展成效显著。为进一步巩固提升延庆区绿色发展建设水平，需加快推动经济发展提质转型。一是加快发展生态低碳循环农业，开发和推广农业循环实用技术，推广绿色有机食品生产和畜禽养殖污染治理沼气工程，打造一批生态循环农业示范典型。二是推进重点行业能效提升和节能减排升级改造，严格节能评估审查，开展节能用能审计，推广农用节能机械和设备，发展节能农业大棚。三是强化水资源节约保护，加快现代化节水型农业建设，全面推广使用节水型灌溉方式，推动节水型、现代化、生态型灌区试点，重点推进高标准农田项目建设；大力推动工业节水，全面推动重点行业企业定期开展节水诊断、进行水平衡测试，编制用水评估报告，建立完善供水计量体系和用水在线监测系统，全力强化过程循环和末端回用，大力提高水循环利用率，降低单位产品取水量。

### 5.3.2.4 以“绿水青山就是金山银山”指数评估核算为抓手，优化智慧环保系统

“绿水青山就是金山银山”指数评估涉及统计、自然资源、生态环境、林业、水利、农业等多个部门，信息量巨大，准确计量、全面客观的数据信息系统是“绿水青山就是金山银山”指数评估的重要基础。当前，延庆区“绿水青山就是金山银山”指数评估面临着跨部门的数据共享、数据集成制度不够完善，统计监测数据不够健全，技术支撑不足等问题，因此建议以智慧环保系统为基础，开展生态系统生产总值（GEP）基础信息采集机制探索，尝试开展基础信息规范化、标准化采集、处理存储等工作，助推“绿水青山就是金山银山”指数的评估常态化、制度化、定期化，动态反映延庆区生态环境和区域经济协同发展水平，推动实现延庆区“绿水青山就是金山银山”指数评估方法可复制、可推广、可应用，有助于积极发

挥延庆区“绿水青山就是金山银山”建设工作的引领作用。另外，北京市作为学术研究中心，拥有中国科学院生态环境研究中心、中国环境科学研究院等生态环境领域的知名研究机构，延庆区应充分利用优势学术资源，创新体制机制，打造立足北京市，面向京津冀，辐射全中国的多方参与的开放式区域“绿水青山就是金山银山”研究联盟，为延庆区乃至全国“绿水青山就是金山银山”实践提供技术支持。

### 5.3.3 精准剖析区域发展优势，凝练特色“绿水青山就是金山银山”转化路径模式

根据已有的“绿水青山就是金山银山”转化路径模式，包括以提升生态资产为核心的“生态银行型”、以产业转型为核心的“腾笼换鸟型”、以发展特色产业为核心的“山歌水经型”、以扩容提质为核心的“生态延伸型”、以发展生态产品交易为核心的“生态市场型”、以推动建立保护者受益为核心的“生态补偿型”、以推动生态惠民为核心的“生态惠益型”等，探索延庆区“绿水青山就是金山银山”转化路径模式，并将制度实践和行动实践总结凝练并固化形成典型经验模式。加强基本单元建设，依托延庆区典型案例在构筑“绿水青山”、推动“绿水青山就是金山银山”转化、推进绿色发展、建立长效保障机制等方面的进展成效和经验做法，结合习近平总书记“绿水青山就是金山银山”理念的科学内涵，对其适用地区、条件、成效等方面开展评估，梳理总结形成具有典型性、代表性、可推广性和地域特色的“延庆经验”“延庆模式”，并示范推广。

### 5.3.4 紧扣“绿水青山就是金山银山”建设成效，推进“绿水青山就是金山银山”实践探索宣传交流

延庆区作为“绿水青山就是金山银山”科学论断的实践者和生态文明建设的新典范，应该基于“绿水青山就是金山银山指数”评估结果，紧扣“绿水青山就是金山银山”基地建设成效，加强基本单元建设，利用国

家生态文明建设示范平台外宣传“绿水青山就是金山银山”实践经验模式的重要窗口，结合习近平总书记“绿水青山就是金山银山”理念的科学内涵，展示延庆区典型案例在绿水青山保护、金山银山转化、长效保障机制等方面的进展成效和经验做法，及时提交对其适用地区、条件、成效等方面评估的相关成果，强化宣传与交流。此外，延庆区也应该积极参加“绿水青山就是金山银山”基地现场交流会、相关论坛、培训班等，加强与其他“绿水青山就是金山银山”基地之间的沟通和经验交流，示范推广具有延庆特色的“绿水青山就是金山银山”转化典型经验和模式，提高“绿水青山就是金山银山”基地建设的积极性和热情、提升“绿水青山就是金山银山”实践探索的经验能力，进一步营造“绿水青山就是金山银山”实践探索与生态文明建设的浓厚氛围。

### 5.3.5 建立环保健全制度体系，促进实现“绿水青山就是金山银山”转化

#### 5.3.5.1 进一步完善组织管理机制，强化考核评价和责任追究制度

研究制订延庆区“绿水青山就是金山银山”基地建设指南，形成地方标准示范引领全国“绿水青山就是金山银山”基地建设。率先开展“绿水青山就是金山银山”基地建设地方标准研制，研究编制延庆区《“绿水青山就是金山银山”实践创新基地建设指南》，对“绿水青山就是金山银山”基地建设过程中涉及的“绿水青山”保护、“金山银山”转化，“绿水青山就是金山银山”文化和体制机制建设等方面的工作标准，成效最大化检验标准进行统一规定，并加大推广应用，力争上升为“绿水青山就是金山银山”基地建设的国家标准，为全国“绿水青山就是金山银山”实践探索提供规范引领。

建立延庆区绿色发展指标体系，纳入领导干部考核依据。2016 年，中共中央办公厅、国务院办公厅印发了《生态文明建设目标评价考核办法》；

2017年，中共北京市委办公厅、北京市人民政府办公厅印发《北京市生态文明建设目标评价考核办法》；2019年，党的十九届四中全会再次明确指出要建立生态文明建设目标考评制度，强化环境保护、自然资源管控、节能减排等约束性指标管理，严格落实企业主体责任和政府监管责任。对目前延庆区的生态文明建设目标评价考核制度进一步完善，构建延庆区绿色发展指标体系，每年对各乡镇、街道资源利用、环境治理、环境质量、生态保护、增长质量、绿色生活、公众满意程度等方面的变化趋势和动态进展进行评价，作为党政领导班子调整和领导干部选拔任用的重要依据。

建立“绿水青山就是金山银山”实践创新基地成效评估机制。2019年9月，生态环境部印发了《“绿水青山就是金山银山”实践创新基地建设管理规程（试行）》，重点强调各地要建立起监督考核和长效管理机制，巩固和深化建设成果，提前谋划和积极开展“绿水青山就是金山银山指数”评估和自评估工作。延庆区一方面研究制订评估框架体系和操作规范，定期发布延庆区GEP核算结果，并依据延庆区“绿水青山就是金山银山实践创新基地”建设指标表，科学量化“绿水青山就是金山银山”基地建设进程、展示“绿水青山就是金山银山”建设成效、动态校准“绿水青山就是金山银山”建设方向；另一方面按年度开展目标指标完成情况、任务措施和工程项目推进情况评估，确保“绿水青山就是金山银山”实践持续健康推进。

#### 5.3.5.2 加大生态环境保护力度，构建山水林田湖草一体化生态保护修复新格局

依据《全国重要生态系统保护和修复重大工程总体规划（2021—2035年）》中的新理念、新要求，建立健全“山水林田湖草”系统治理、整体保护、综合修复机制，充分集成整合资金政策，对山上山下、地上地下、陆地水域以及流域上下游进行整体保护、系统修复、综合治理，真正改变治山、治水、护田各自为政的工作格局。推动延庆区生态环境保护治

理，采取以工程与生物措施相结合、人工治理与自然修复相结合的方式进行环境综合治理，按照高质量发展的要求，统筹做好山水林田湖草一体化保护和修复，进一步提升延庆生态品质，筑牢生态安全屏障，维护首都生态涵养区生态安全，力争纳入全国重要生态系统保护和修复重大工程体系。

明确自然生态空间，建立用途管制办法。严格按照原国土资源部印发的《自然生态空间用途管制办法（试行）》（国土资发〔2017〕33 号）对生态空间的概念定义、用途管制的基本制度、管控依据、管控措施和保障措施等作出的规定进行管理，建立适用于延庆区生态空间管控的实施办法，加快水土流失和荒漠化、石漠化综合治理，筑牢生态安全屏障，确保依法保护的生态空间面积不减少，生态功能不降低，性质不改变、生态服务保障能力逐渐提高。落实中共中央办公厅、国务院办公厅联合印发的《关于建立以国家公园为主体的自然保护地体系的指导意见》，建立分类科学、布局合理、保护有力、管理有效的自然保护地分类分级管理体系，确保重要自然生态系统、自然遗迹、自然景观和生物多样性得到系统性保护，提升生态产品供给能力，维护国家生态安全。

构建一体化生态环境监控机制。依托智慧城市建设，发挥智慧环保系统作用，利用热点网格、移动监测等手段建立生态环保大数据平台和管理系统，及时更新全区水、气、土、生态数据信息，统一监管所有污染物排放和所有纳污介质，加强与空间规划、城市建设等信息共享与互通，实现科学管控、监测和评估。对辖区内重点生态功能区或生态环境敏感区、脆弱区等区域，实行生态环境监察，并建立监察制度，对这些区域的开发建设活动实施全过程的跟踪监察，切实防范可能因开发活动产生的生态破坏。继续深化落实空间、总量、项目“三位一体”环境准入制度，全面实施战略和规划环境影响评价，切实强化源头防控。建立排污许可“一证式”管理体系。严格落实用途管制制度。健全自然资源监管体制，加快建立自然资源统一调查、评价、监测制度，实施总量管理和全面节约制度，健全资源节约集约循环利用政策体系。

健全部门联动执法和区域联防联控工作机制。建立“统一监管、分工负责”的监管体系，建立网格化、精细化监管体系，加强环评、“三同时”、环境违法案件、环境信访、企业环境等监管。创新环保督察机制，形成发现问题、整改落实、信息反馈、责任追究、举一反三 5 个方面无缝对接的整改体系。完善部门联合执法机制，加强与公检法部门衔接配合与联动，着重解决生态环境行政执法手段不足、力度不够等问题，发挥重拳出击、综合治理的作用，达到法律、社会、生态效益“三位一体”良性互动的大环保执法效果。重点强调建立环境执法联动协作机制的重要意义，加快建立健全环境执法联动协作的各项工作机制，强化环境执法联动协作机制的各项保障措施。增强各个部门的联动性，协调配合、齐抓共管，全力落实，确保环境执法联动工作顺利开展。探索建立跨地区生态环境机构，加强跨区界环境污染纠纷预防和处置工作。完善生态环境公益诉讼制度。

建立完善以政府为主导的多元化生态环境保护投融资机制。一是拓宽“绿水青山就是金山银山”建设的资金投入渠道，加大地方公共财政对生态环境保护和生态文明建设的资金投入力度。二是加快创新环保投融资模式，着重引导民间资本进入“绿水青山就是金山银山”建设领域，逐步形成“绿水青山就是金山银山”建设的长效投入机制。推进污水处理、垃圾处理、固体废物处置等市场化运作，以 BOT（建设—经营—转让）、TOT（移交—经营—移交）等多种形式拓展投融资渠道，广泛吸引社会资本、外商投资建设环境保护基础设施。继续推广采用社会化运营的模式，实现环境基础设施稳定运行，提高环保投资效益。三是鼓励本地企业参与研发、生产环保产品，申请环境标志，在政府采购中，在同质同量的前提下，优先选择本地产品，减少运输成本，促进本地企业参与环保产业的意识。

### 5.3.5.3 进一步完善生态产业发展机制，推动区域绿色发展

以提升延庆“绿水青山就是金山银山”建设的影响力、打响“美丽延

庆、冰雪夏都”的生态品牌、深化“绿水青山就是金山银山”转化成效为目标，研究制订《“绿水青山就是金山银山”转化提升工作方案》，在借鉴已有的国内外典型生态产品价值实现体制机制的基础上，创新探索多元化“绿水青山就是金山银山”转化通道，构建“绿水青山就是金山银山”转化的实践路径、推进体系，积极探索总结形成“绿水青山就是金山银山”建设的“延庆经验”“延庆模式”。

建立健全生态产业品牌认证体系。参照生态农业品牌认证相关实施意见，进一步扩大到全产业体系，探索按照认证产品的数量、规模、产量、是否持续认证等标准进行分级补贴，将检测费纳入补贴范围，进一步完善补贴机制，使补贴工作更加科学化、合理化。同时结合绿色高质量发展要求，加强政策宣传和技术指导，鼓励、引导生态产业生产主体积极开展生态产业品牌认证，不断提高全区的生态产业质量水平。

建立资源有偿使用制度。探索建立排污权交易制度，在满足环境质量改善目标任务的基础上，企业通过淘汰落后和过剩产能、清洁生产、清洁化改造、污染治理、技术改造升级等产生的污染物排放削减量，可按照相关规定在市场交易。鼓励引导开展水权交易，健全水权交易平台，鼓励取水权人通过节约使用水资源有偿转让相应取水权，加强对水权交易活动的监管，强化水资源用途管制。探索开发林业碳汇减排项目，建立健全以国家温室气体自愿减排交易机制为基础的碳排放权抵消机制。建立健全基于生态系统生产总值（GEP）核算的生态补偿机制，以GEP核算为依据，积极争取北京市生态补偿资金。

探索建立绿色金融体制机制。加强对绿色金融机制具体措施落实的研究，制订社会资本参与延庆区生态保护和绿色发展的鼓励政策。用好市级绿色发展专项资金、绿色债券，为生态保护、环境治理和绿色产业发展等提供资金支持。探索建立生态积分利益转化机制，将生态积分作为企业和社会组织市场融资、获取政策支持等的重要依据。鼓励银行业金融机构通过创新融资产品、开辟授信审批快速通道等方式，加大对绿色项目的支持力度。鼓励融资性担保机构支持绿色项目。支持保险机构推行环境污染责任保险产品。加强各类绿色金融产品之间的协调配合问题，完善绿色信贷、绿色发展资金、绿色债券、绿色保险等产品之间的制度建设，明确发展要求，建立健全绿色产品与绿色产业相匹配的联动机制，充分发挥各级政府的协调能力，落实相关配套政策，推动绿色金融体系建设。

#### 5.3.5.4 培育生态文明宣教载体，推进“绿水青山就是金山银山”宣传教育全覆盖

补齐“绿水青山就是金山银山”宣传教育短板。构建村镇“绿水青山就是金山银山”宣传教育基地，通过“绿水青山就是金山银山”知识下乡、图书室、阅览室、文化活动室等文化基础设施建设，媒体宣传并结合“绿水青山就是金山银山”知识制订通俗易懂的村规民约等形式，深入推进“绿水青山就是金山银山”知识向农村传播，培育美丽乡村和特色文化村，开展争创文明村镇、文明户等活动，大力倡导绿色、低碳、健康的生产、生活方式。以政府和行业协会联合，推动企业积极制订生态文明教育培训计划，切实落实企业环境保护的主体责任，提高企业生态意识、责任意识和自律意识。重视以家庭为单位的“绿水青山就是金山银山”宣传教育，大力普及环境保护知识，倡导环境友好型的生活方式。

培育和创新生态文化宣教载体。利用网游、动漫、微博等新兴的传播媒体，加强对公众生态文明与“绿水青山就是金山银山”意识的培养。建立以遗址公园（延庆长城文化带、大庄科辽代矿冶遗址群）及非遗文化（《八达岭长城传说》、延庆旱船、永宁南关竹马）为载体的民俗生态文化保护区，维护生态文化多样性。建立以区文化馆、博物馆、图书馆为载体的生态文化输送通道。围绕冬奥会策划，永续利用世园会资源，举办世园会延庆文化系列活动和奥林匹克延庆文化系列活动，使其成为弘扬生态文化与“绿水青山就是金山银山”理念的重要平台。同时，各部门积极收集提供宣传素材，围绕“绿水青山就是金山银山”创建工作梳理亮点，树立

宣传典型。

建立宣传教育长效机制。制订全区宣传方案及任务分解表，明确各部门宣传工作重点和亮点，形成固定宣传工作机制，进一步增强宣传教育工作的系统性，做到周周有亮点，月月有高潮。加强“绿水青山就是金山银山”宣传教育的统筹谋划，定期研究分析环境宣传教育工作面临的形势和任务，加强工作指导和检查。建立“绿水青山就是金山银山”宣传教育工作表彰制度，适时通报各街道、各乡镇、各部门开展“绿水青山就是金山银山”宣传教育情况，对宣传教育工作作出突出贡献的单位和人员予以表彰，全面推动“绿水青山就是金山银山”宣传工作长期高质量开展，大力营造“绿水青山就是金山银山”建设良好氛围。

#### 5.3.5.5 积极开展学习交流，总结提升“绿水青山就是金山银山”建设成效

依托国家生态文明示范建设管理平台，加强延庆区“绿水青山就是金山银山”建设的对外宣传展示与总结工作，参考“绿水青山就是金山银山”实践创新基地具有借鉴意义的 7 种有效模式，注重经验模式的总结归纳，加强宣传素材的收集整理，及时向管理平台提交年度工作总结、典型案例、“绿水青山就是金山银山”转化经验模式、宣传片等材料，并对其进行宣传推广。

积极参加学习交流活动。积极参加“绿水青山就是金山银山”实践理念研讨班、工作培训班、生态文明示范现场会、中国生态文明论坛、生态文明贵阳国际论坛等学习交流活动，深入了解其他“绿水青山就是金山银山”基地建设工作的成效、经验模式、存在问题以及做好今后工作的思路与打算，在相互学习的基础上，交流对彼此“绿水青山就是金山银山”建设工作的意见与看法，加强与其他“绿水青山就是金山银山”基地间的协同联动、宣传交流，在技术、资源、政策、市场共享等方面进一步互促共进，推动延庆区“绿水青山就是金山银山”基地建设健康良性发展。

### 5.3.6　利用生态系统生产总值，探索实现更多“绿水青山就是金山银山”转化途径

#### 5.3.6.1　以 GEP 核算为依托，进一步建立健全生态产品价值实现机制

建立推广生态产品认证标识体系。近年来，生态相关的产品认证发展迅猛、市场广泛，地理认证或者标签已经广为推广。延庆区建立了“妫水农耕”品牌，构建起以蔬菜、园艺花卉、果品、杂粮、畜牧产品为核心的产业体系。2018 年，延庆区农林牧渔业产品供给价值达 19.7 亿元，较 2015 年上升了 1.1 亿元。根据市场调研，有机农产品或具有生态品牌的农产品要比普通农产品价格高 30% ~ 90%。以 2018 年为例，若农产品能全部达到有机农产品标准，将大大提高延庆区农产品的议价权，生态系统产品供给价值将达到 25.61 亿 ~ 37.43 亿元。延庆区生态环境优良、自然资源丰富，拥有松山、野鸭湖、玉渡山等自然保护地。建议采取保护地特许标志的形式，发展生态产品，既有利于增强产品的生态特色，也可以为保护地管理补充资金来源。同时，在继续扩大和深化国内现有生态认证市场如“三品一标”、ISO 14000 环保服务认证等的基础上，建议积极推动延庆区国光苹果、葡萄等生态产品通过国际通行的相关认证体系，如国际有机农业运动联合会（IFOAM）、国际有机认证组织（IOAS）等，通过严格规范的产品认证确保真正的生态产品进入市场，促进延庆区绿色品牌的良好发展格局。

以延庆区生态系统生产总值（GEP）核算为依据，完善生态补偿机制。与北京市五大涵养区和国内已开展 GEP 核算的地区相比，延庆区单位面积 GEP 位于前列。2018 年，延庆区生态系统提供生态产品和服务 349.2 亿元，较 2015 年增长 21.0 亿元，涨幅为 6.4%，单位面积 GEP 达 0.18 亿元 /$km^2$，高于贵州省的 0.11 亿元 /$km^2$、阿尔山市的 0.07 亿元 /$km^2$。为进一步巩固延庆区“绿水青山就是金山银山”基地建设成效，稳定提升延庆区对北京市生态系统服务供给水平，建议依据延庆区 GEP 核算结果，力争北京市生

态补偿资金政策倾斜。

探索市场化生态价值实现机制。市场在推动延庆区将“绿水青山”转化为“金山银山”方面具有决定性作用。GEP 与 GDP 的比值能够从广义上反映“绿水青山就是金山银山”转化程度。2018 年延庆区 GEP 与 GDP 的比值为 2.3，说明延庆区生态要素转变为生产要素、生态财富转变为物质财富的潜力巨大，要积极探索打通“绿水青山就是金山银山”转化的途径，寻找能够实现转化的中间体，主要包括市场化的生态补偿和生态旅游两个方面。在市场化生态补偿方面，2018 年，延庆区生态系统固碳价值为 15.5 亿元，较 2015 年上升 18.3%，碳汇交易潜力巨大。建议延庆区探索基于碳汇的生态补偿机制和清洁发展机制（CDM）项目，通过 GEP 核算，把生态资源的外部经济性内在化。在生态旅游方面，建议延庆区统筹旅游要素资源，用好世园会绿色遗产，紧抓冬奥会机遇，结合野鸭湖国家湿地公园、松山森林公园等自然保护区、农业观光园和城市公园绿地等，切实增强市民保护生态环境、发展生态环境的责任意识和担当意识，营造全民共建旅游、全民参与旅游、全民发展旅游的良好氛围。结合“生态旅游 +”战略思想，以全产业旅游化、全场景旅游化、全链条旅游化为目标，将“长城文化”“冬奥会文化”“水文化”“山地文化”有机结合，打造集观光和休闲体验于一体的游乐体系，促进生态旅游产业结构优化、提升核心竞争力，满足广大群众更为广泛的旅游需求。

探索构筑生态金融综合服务机制。生态金融机制是指能够控制污染排放和实现环境保护的生态性基金，控制污染物排放和实现环境保护的生态性基金主要包括环境和生物多样性基金、债务环境交换机制、森林证券，以及气候变化衍生产品和与自然条件相关的证券。2018 年，延庆区森林覆盖率已达 59.28%，生态系统气候调节价值量达 30.7 亿元，发展水分蒸发信贷潜力巨大。因此建议延庆区积极完善信用评级体系和机构，培育发展林业信托机构和林权交易市场试点，推动森林资源资产转化为可流通的债券、基金和股票。同时，积极探索水分蒸发信贷，运用市场手段来解决田地盐化、城市热岛效应等问题，为全国提供极有价值的借鉴启示。

#### 5.3.6.2 以 GEP 增值为目标，继续加强生态环境保护和修复

2018 年，延庆区生态系统调节服务价值达 308.2 亿元，占当年 GEP 的 88.3%。加强生态环境保护和修复，保持生态系统的稳定，是延庆区筑牢首都重要生态涵养区屏障的关键，也是延庆区实现绿色惠民富民的现实需要，具体措施如下述。

划定并严守生态保护红线，守住生态空间。在重点生态功能区、生态环境敏感区和脆弱区等区域实行最严格的管控制度，加快推动生态保护红线勘界定标，强化涵养水源、生物多样性保护、水土保持、防风固沙、洪水调蓄等功能重要区域保护与管控，确保生态红线区用地性质不改变、生态功能不降低、空间面积不减少，有效保持 GEP 稳定。严格落实主体功能区规划，强调重点生态功能区以修复生态、保护环境、保护水质、提供生态产品为首要任务；在开发区域实施强制性保护，努力实现污染物“零排放”。持续构建生态屏障，推进生态文明示范工程建设。严格落实各类功能区的地域边界、功能定位、发展目标、发展方向和开发原则，形成主体功能定位清晰的国土空间格局，推动建立分类指导、分区管理的环境空间管理新格局，科学布局生产空间、生活空间、生态空间，构建科学合理的城镇化推进格局、农业发展格局、生态安全格局。

建立健全生态环境准入负面清单。严格项目准入的节能、环保、土地、安全审查，从源头上避免高耗能、高污染行业无序、盲目发展。逐步建立生态功能区产业准入负面清单制度。限制推行大规模高强度工业化、城镇化发展，因地制宜地发展不影响主体功能定位的适宜产业。在执行过程中应加强环境准入管理，对开发建设活动设置准入“门槛”。拟投资建设或经营的主体应先行对照负面清单进行自查。制订并完善有利于提升和保障生态保护红线生态系统服务功能的适合延庆区的政策法规体系。在环境保护有关法律法规规定、区域生态保护要求以及生态系统服务功能有所

变化时，准入负面清单可适时进行调整。

加强生态环境保护和修复，提升生态价值。以 GEP 评估结果为依据，重点加强生态服务价值高、单位面积生态服务价值高的乡镇的生态保护和生态修复，根据不同乡镇生态资产的特点，探索差异化的生态价值资产化、资本化途径，推动区域协调、均衡、绿色发展。2018 年延庆区生态系统生命维护与栖息地保护价值量达 144.3 亿元，最大的是张山营镇，价值量为 40.5 亿元，其次是千家店镇，价值量为 40.4 亿元，最小的是沈家营镇，价值量为 0.5 亿元。因此，延庆区以维护生物多样性为基本出发点，坚持全面保护、生态优先、突出重点、持续发展的方针，保护和恢复珍稀、濒危野生动物物种及其栖息地，提高张山营镇、千家店镇等乡镇内的自然保护区、森林公园建设水平，完善沈家营镇、康庄镇等乡镇的绿地建设水平，全面提高延庆区生态系统生命维护与栖息地保护价值。此外，延庆区应积极推进重点加强水源保护，促进“水更清”。加强水源环境评估、环境信息公开，加强水源地环境监管，集中整治环境安全隐患，加强水质监测，强化环境风险防范和应急预警。大力开展植树造林，动员全民植树，不断巩固和提高森林覆盖率。

#### 5.3.6.3 以 GEP 评估为基础，强化生态资产管理制度创新

建立健全生态绩效考核制度体系。制定 GEP 评估工作规范，确定核算要素、技术方案、考核标准等程序，明确各部门工作流程、职责、分工，建立体现生态文明和“绿水青山就是金山银山”建设要求的目标体系、评价机制。出台延庆区统一的生态文明建设目标评价考核办法，探索将生态产品价值总量及变化量、生态产品价值实现率等指标纳入乡镇党委和政府综合绩效评价。做好延庆区自然资源资产负债表编制工作，实现自然资源资产负债表编制的模式化与规范化。

完善 GEP 评估的工作机制。GEP 核算研究，不仅需要自然资源、生态环境、水利、农业农村、林业、水产畜牧、气象等政府部门的数据支

持、分工负责、通力合作，还需要科研机构、高等院校的技术支持。建议研究探索职责部门分工协作的工作机制，加强生态价值评估部门间的沟通、衔接和配合，充分吸纳各部门的建议和意见，改进和完善评估体系。强化质量、加强督导，建立评估工作专家咨询组，负责方案审查、技术指导和成果审核。积极跟踪落实生态服务价值评估的各项内容，加强业务流程指导，掌握评估工作的进展情况，及时发现和协调存在的问题。

#### 5.3.6.4 以 GEP 核算为手段，完善生态文明监测统计体系

加强生态资源统计监测。生态价值评估涉及统计、自然资源、生态环境、林业、水利、农业农村等多个部门，信息量巨大，准确计量、全面客观的资源环境数据是生态价值评估的重要基础。当前，生态价值评估过程中面临着资源环境统计监测力量相对薄弱、统计监测制度和评价系统不完善、统计监测信息缺乏整合、统计监测数据质量有待提高的问题。开展大规模生态资源普查，掌握全面、客观、相对准确的数据，并使之制度化、定期化。建立完善固定监测样地，按期推动监测样地的设施建设。合理布局监测样地的空间分布，保证数据监测的连续性和可获取性。利用卫星、航拍、无人机等遥感技术手段加强监测能力、扩大资源环境数据源；同时加强对资源环境的统计监测能力建设，加大各级政府对于统计监测等基础能力建设设施的投入，结合延庆区的实际情况建立集数据监测、收集和统计处理于一体的资源数据统计监测体系。

建立 GEP 评估信息采集机制。GEP 评估涉及的信息量巨大，想要规范、科学、高效地反映一定时期内延庆区 GEP 的变化情况存在一定难度。自然资源资产市场价格、资产维护成本、资产收益等基础数据的调查、统计、分析、处理等，是最为基础、最为关键的，因此建议开展 GEP 基础信息采集机制探索，尝试开展基础信息规范化、标准化采集、处理存储等工作，推动实现延庆区生态价值评估方法可复制、可推广、可应用，积极发挥引领作用。

# 5.4 延庆区“绿水青山就是金山银山”基地建设的主要经验

## 5.4.1 筑牢生态本底，推进环境保护和治理

生态环境是社会经济发展的底线与支撑。延庆区在新的发展理念的指引下，牢牢把握生态环境保护的战略定力，以“绿水青山就是金山银山”基地建设为契机，深入推进蓝天、碧水、净土保卫战。在提高大气环境质量方面，延庆区不断推进“打赢蓝天保卫战行动计划”和“一微克行动”，深化重点行业污染治理。2019 年延庆区大气环境质量完成实际目标要求。$PM_{2.5}$ 平均质量浓度为 37 μg/$m^3$，低于市级目标 9 μg/$m^3$。

在改善水环境质量方面，严格落实《水污染防治行动计划》，推行河长制，完善组织，健全体系，编制“一河一策”，制定《2019 年河长制工作方案》，建立《考核约谈曝光制度》，全方位推进水环境治理工作。加强饮用水安全保障，开展区、镇、村三级集中式饮用水水源地环境状况评估及生态环境部信息系统填报，并按季度公开区级城镇饮用水安全状况信息。强化农业农村水污染防治工作，加大规模化畜禽粪污资源化利用和生活垃圾无害化处理力度。开展并完成了“清四乱”“清河行动”。2019 年延庆区 98 项问题台账全部整改销号。巡河率为全市第一。

在整治土壤环境方面，建立了污染地块联动监管机制，对全部关停企业进行筛查。完善调查监测评估工作，2019 年完成农用地、饮用水水源地周围 1 500 个土壤点位监测评估工作。建立耕地环境质量分类清单，制订了《耕地分类管理方案》。制订《化肥农药减量方案》及《农业废弃物循环利用实施方案》。2019 年减少化肥施用量 5 700 余 t，减少化学农药施用量 6.4 t，回收处理农药包装废弃物和农膜共计 9 t。

在生态空间管控方面，延庆区强化生态建设，按照“三线一单”要求，明确产业环境准入、人类活动管控、违法行为查处等具体要求，对生

态保护红线内已存在的各类开发建设项目实行分类管理，完成了分区规划，制订了《生态保护红线勘界定标方案》。加大生态系统保护与修复力度，实施新一轮百万亩造林工程，并成功取得“国家森林城市称号”。开展妫河生态走廊建设、官厅水库库滨带生态修复与建设、龙庆峡下游森林走廊、北山生态观光带、浅山台地造林、京津风沙源治理等生态工程建设，完善山区生态公益林生态效益促进发展机制，高效完成国家级公益林管护抚育工程，提高区境内森林覆盖率和植被丰富度，增强首都生态涵养功能。

### 5.4.2 发展绿色经济，打通“绿水青山就是金山银山”转化途径

以冬奥会为契机，培育经济发展新动能。延庆区以举办“冬奥会”为契机，紧抓赛会带来的发展机遇，立足北京，面向国际，以打造特色冰雪旅游休闲目的地为中心、以休闲度假为发展方向，重点培育冰雪体育产业，吸引关联产业，健全配套产业，着力构建“一轴、两翼”的冰雪产业布局。2018—2019年冬季，共举办11场冰雪赛事活动和3场冰雪技能培训活动，带动1万余名运动员、群众参与。举办含大型赛事活动、社会体育指导员培训、冬奥知识讲堂等在内的共29场活动，16 600余人参与，激发了社会力量参与全民健身的积极性。截至2019年年底，已有近100家体育企业落户中关村延庆园，延庆冰雪体育产业生态圈初步形成。

借助园艺产业优势，提质增效都市型现代农业。深入实施都市型现代农业发展三年行动计划，发布实施促进现代园艺产业创新发展的若干措施，中关村现代园艺产业创新中心落户延庆。现代园艺产业集聚区“一区多园”总体布局基本形成，总部已投入使用。成功引进园艺花卉类企业100余家、科研机构11户。稳步创建国家农产品质量安全区，初步建成农业投入品与追溯产品监管系统，有序推进冬奥食用农产品供应40项任务。充分利用京东等电商平台，精准对接银行、学校等稳定大客户，线上线下销售7大类26种延庆优质农产品。成功举办京张优质农产品推介会、延

怀河谷葡萄文化节等主题活动，延庆农产品品牌影响力持续增强。

推动产业绿色发展，构建高精尖产业结构。通过与中关村管委会联合发布实施促进现代园艺产业创新发展的若干措施，全力推动延庆现代园艺产业集聚区（HBD）建设，延庆园2019年引进877家，支持体育科技产业、园艺产业技术联盟、无人机产业专业机构联合产业链上下游企业或用户单位，建立产学研机制。引入国家电投氢能产业项目、中国航天无人机创新产业基地项目、清航紫荆装备总部基地项目、中农富延园艺科技有限公司项目、启迪园艺科技集团项目等重点产业项目，围绕2019年世园会建设和永续利用的重大需求，开展现代园艺新技术、新产品、新品种等重大示范应用推广。延庆区通过一系列措施，促进当地生态优势转化为产业竞争优势，实现高质量发展和转型崛起。

探索高端民宿联盟发展模式，打造刘斌堡乡高端民宿发展模式及"合宿·延庆姚官岭"高端民宿联盟，培育"世园人家"精品民宿200余家，助推文旅产业融合发展。延庆区以排名第一的成绩，通过了国家全域旅游示范区创建验收。成功举办"明月千里石峡关"中秋赏月活动，拉动民宿产业发展。组建延庆长城保护队伍，完成花家窑子等4项市级重点抢险工程，进一步开展长城保护工作。编制北京延庆数字长城建设及无人机巡查监测项目方案，新申报2020年长城抢险项目6项。

### 5.4.3 培育"绿水青山就是金山银山"文化，实现绿色惠民共享

实施文化精品战略，繁荣文化精品创作。延庆区充分发挥文化引领作用，开展以"世园增色妫川美·长城相邀话冬奥"为主题的元宵花会展演活动，吸引观众3.6万人次。举办北京端午文化节、"端阳竞渡助力冬奥"龙舟赛、世葡园冰雪文化庙会、"振兴乡村文化·讴歌美好生活"乡村文艺大汇演等文化活动。以冬奥会、世园会的举办为契机，组织举办"我为世园做贡献·冬奥有我更精彩"诗歌咏诵决赛、世园倒计时一周年及200天庆典等各类活动项目。稳步推进非物质文化遗产保护和文物保护，

实施东桑园龙王庙抢险修缮、张山营后黑龙庙观音寺灾后抢险修缮等 15 个工程项目。统筹推进长城文化带建设，实施岔道土边长城保护修缮项目、姚家营洞穴遗址危岩体治理等工程。文化精品活动的开展和保护措施的实施，促进了生态文化的保护和传播。

### 5.4.4　创新体制机制，保障绿色转化效率

改革完善体制机制，加强组织保障。延庆区高度重视“绿水青山就是金山银山”基地建设工作，组建由区委主要领导担任主任的区委生态文明建设委员会，下设“一办七组”。在获得“绿水青山就是金山银山”基地称号后，区委、区政府组织编制了三年行动方案，并督促区生态环境局履行“绿水青山就是金山银山”办职责牵头全区“绿水青山就是金山银山”基地建设工作，3 次督办 55 项任务，汇总上报工作进展情况。建立部门联动执法和区域联防联控工作机制，完善网格化精细化监管体系，加强生态环境保护监管。制订完善国际一流生态文明示范区指标体系和工作机制，配套制定了《延庆区生态文明建设领导小组工作规则》等 6 个文件，做好国际一流生态文明示范区创建工作，形成一套生态文明建设工作机制。成立了全市首家环保法庭，在北京市率先开展领导干部自然资源资产离任审计试点，对张山营镇、八达岭镇、大榆树镇、四海镇和大庄科乡 5 个乡镇 10 名党政主要领导干部开展自然资源资产离任（任中）审计。延庆区多举措保障生态环境改善、生态经济发展、生态惠民增收，促进“绿水青山”源源不断地转化为“金山银山”。

积极开展宣传教育，增强“绿水青山就是金山银山”意识。延庆区充分发挥自身优势和主观能动性，强化各级宣传部门相互联系，及时跟踪报道。认真组织和实施了重大环保纪念日主题日公益宣传纪念活动，组织开展了以“保护生物多样性”“节约集约利用资源倡导简约绿色生活”“保护绿水青山，共建美丽家园”“小萌芽、小萌花带我们逛世园”等为主题的宣传教育活动，大力扶持志愿类环保组织，现有实名注册环保类志愿者

3 414 人，在世园会延庆月举办生态延庆推介会，参加中国生态文明论坛十堰年会及重庆武隆绿色发展论坛并做典型发言，宣传推介延庆区生态文明和“绿水青山就是金山银山”成果及典型做法，积极借助报纸、电视、微信、微博、小视频等媒体平台开展宣传教育，完成中央电视台《延庆，看见美丽中国》公益宣传片的拍摄，策划举办生态文明建设成果展，在各媒体平台报道生态文明建设相关新闻 100 余条，微信、微博及小视频阅读量超过 331.3 万，并在中小学开展生态文明教育课，在各级单位领导干部中开展生态文明培训，居民“绿水青山就是金山银山”意识逐步增强。

# 第6章

# 广东省深圳市南山区

## 6.1 区域概况

### 6.1.1 区位概况

#### 6.1.1.1 行政区划

南山区是改革开放打响“第一炮”所在地，位于深圳市西南部，辖区土地面积187.53 $km^2$，海岸线长43.7 km。全区共下设8个街道办，107个社区居委会（见表6-1）。其中，南山区人民政府驻南头街道。

表6-1 南山区行政区划概况一览表

| 街道 | 社区居委会 | |
|---|---|---|
| | 数量 / 个 | 名称 |
| 南头 | 12 | 南头城、田厦、大新、大汪山、前海、红花园、南联、马家龙、莲城、星海名城、同乐、安乐等 |
| 南山 | 14 | 南园、南光、向南、荔芳、北头、风华、登良、阳光棕榈、学府、南山、荔林、荔湾、月亮湾、桂湾等 |
| 西丽 | 12 | 阳光、留仙洞、丽城、新围、白芒、麻磡、西丽、曙光、松坪山、大磡、丽湖、牛城等 |

续表

| 街道 | 社区居委会 | |
|---|---|---|
| | 数量 / 个 | 名　称 |
| 沙河 | 17 | 白石洲东、白石洲、白石洲西、东方、高发、光华街、华夏街、明珠街、上白石、下白石、文昌街、香山街、新塘、新华、星河街、塘头、中新街等 |
| 蛇口 | 13 | 东角头、湾厦、海湾、渔一、渔二、海滨、海昌、南水、大铲、雷岭、内伶仃岛、围仔、深圳湾等 |
| 招商 | 11 | 花果山、水湾、五湾、赤湾、沿山、桃花园、四海、兰园、桂园、文竹园、海月等 |
| 粤海 | 16 | 大冲、粤桂、科技园、深圳大学、高新区、海珠、创业路、龙城、麻岭、南油、后海、京光、名海、蔚蓝海岸、铜鼓、滨海等 |
| 桃源 | 12 | 龙光、珠光、平山、塘朗、福光、长源、桃源、龙联、龙辉、大学城、峰景、龙珠等 |
| 总计 | 107 | — |

#### 6.1.1.2　地理交通区位

南山区处于粤港澳大湾区核心地带，位于珠三角黄金入海口，与香港、澳门隔海相望，坐拥深圳湾、前海湾，是深圳建设湾区经济和“21 世纪海上丝绸之路”桥头堡的重要门户，同时也是粤港澳大湾区建设主要阵地，位于珠三角一小时经济圈、香港半小时经济圈之内，地理区位优势明显。

### 6.1.2　自然环境

#### 6.1.2.1　地形地貌

南山区为半岛、海湾地貌带地貌，以台地和平原为主，丘陵和阶地次之。全区地势总体由北向南逐渐降低，超过 90% 的区域海拔在 200 m 以下，海拔 200 m 以上的区域仅有北部羊台山（海拔 587 m）、中部塘朗山（海拔 430 m）、南部大南山（海拔 336 m）。全区从北向南可分为北部山丘盆地区、中部低丘台地区、南部低丘平地区三级地形。另外，从前海到后海分布月亮湾、妈湾、赤湾、蛇口港、东角头港等五个海湾，珠江口中有内伶仃岛、大铲岛、洲岛等一系列岛屿。南山区土壤以花岗岩风化土层为主，岩性为含石英砂粒的硬质黏土，沿海湾一带岩性为淤泥和砂层（表 6–2）。

表 6–2　南山区各类地形占比

| 序号 | 地形 | 海拔 /m | 面积 /$km^2$ | 比例 /% |
|---|---|---|---|---|
| 1 | 平原 | <200 | 180.56 | 96.32 |
| 2 | 丘陵 | 200 ~ 500 | 6.87 | 3.66 |
| 3 | 山地 | >500 | 0.04 | 0.02 |

### 6.1.2.2　气候特征

南山区属亚热带海洋性气候，四季温暖湿润，雨水充沛，日照充足。多年平均气温为 22.4℃，年平均相对湿度为 79%，年平均日照时数为 2 120.5 h。风速以偏东风为主，多年平均风速 2.5 m/s，东北部最小风速不足 1 m/s，西南部毗邻海湾，最大年均风速可达 3 m/s。降水量分布略有不均，夏多冬少，降水多集中在 4—10 月，占全年降水量的 90%。

### 6.1.2.3　河流水系

南山区地表水包括大沙河、小沙河、白芒河、麻磡河、大磡河、双界河等 27 条河流，西丽水库、长岭皮水库 2 座水库，以及近海海域为西部海域范围内的深圳湾。根据深圳市人民政府发布的《关于颁布深圳市地面水环境功能区划的通知》（深府［1996］352 号）、《关于调整深圳市生活饮用水地表水源保护区的通知》（深府［2015］74 号），划定南山区各类水体环境功能区（见表 6–3）。

表 6-3　南山区水环境功能区划

| 功能区 | 级别 | 适用水体 | 范围 | 面积 /km$^2$ | 保护目标 |
| --- | --- | --- | --- | --- | --- |
| 一般景观用水区 | — | 主要河流 | 大沙河、长岭皮河、双界河、桂庙渠、铲湾渠、小沙河、后海河 | — | Ⅴ类 |
| 饮用水水源 | 一级 | | 西丽水库一级水源保护区 | 8.88 | Ⅱ类 |
| | | | 长岭皮水库水源一级保护区 * | 3.67 | |
| | 二级 | | 西丽水库水源二级保护区 | 19.23 | Ⅲ类 |
| | | | 长岭皮水库水源二级保护区 * | 4.31 | Ⅱ类 |
| 近海域 | — | 近海域 | 深圳湾和珠江口海域 | 43.37 km（海岸线长） | Ⅲ类 |

注 *：长岭皮水库为跨南山区与龙华区水库。

### 6.1.2.4　海湾特征

南山区的主要海湾有深圳湾、蛇口湾、赤湾、妈湾、前海湾等。其中：深圳湾又称后海湾，位于深圳市西南，是伶仃洋中由东侧九龙半岛、西侧南头半岛相夹而形成的内海湾，有深圳河、大沙河等河流流入湾内，湾口宽约 6 km，自湾顶至湾口长约 16 km，建有深圳湾公园。蛇口湾，在狮山和蛇口山之间，建有蛇口港、蛇口渔港。赤湾，位于南头半岛南端，正面向海，三面环山，港内水深 13 m，回淤轻微，具有建设深水港的条件，是海水深入陆地的典型海湾，建有赤湾港。妈湾，位于南头半岛西南端，在珠江口东岸、赤湾之北，水深 12 ~ 13 m，可通航 2 万 ~ 5 万 t 级海轮，建有妈湾港。前海湾，位于南头半岛西部，面向珠江口，为国务院批准的具有部分省级管理权限的前海深港现代服务业合作区所在地。

### 6.1.3 资源利用

#### 6.1.3.1 水资源

南山区水资源较为丰富，河流有大沙河、小沙河、双界河等，其中大沙河是南山区最大的河流，纵贯南山区南北，干流长 13.7 km，流域面积为 92.99 $km^2$。水库有西丽水库、长岭皮水库，西丽水库是深圳市东部水源的输水枢纽，也是南山、宝安、福田区等饮用水的重要水源地，该水库集雨面积为 29 $km^2$，总库容 3 239 万 $m^3$。除常规水资源以外，辖区水资源还包括雨水利用、再生水利用、海水资源利用等 3 种非常规水资源。

#### 6.1.3.2 土地资源

南山区行政区域土地面积为 187.53 $km^2$，建成区面积 112.22 $km^2$，城市建设用地面积为 106.74 $km^2$，北部以山体、水库为主，南部以建设用地为主。南山区将全区山林、绿地全部纳入基本生态控制线范围，控制区域达 70.02 $km^2$，占辖区总面积的 37.3%。北部主要分布为羊台山、塘朗山、西丽水库和长岭皮水库等山林、水域，荔枝、龙眼等果园林地比例较高，建设用地零星分布在山体和水库周边；南部集中为工业区、商业区和居住区。

#### 6.1.3.3 动植物资源

南山区动植物资源丰富，有国家一级稀有濒危保护植物桫椤、珍稀野生苏铁种群长源苏铁，有鸟类、兽类、爬行类、两栖类野生动物 314 种。在内伶仃岛国家级森林和野生动物类型自然保护区，有白桂木、土沉香 2 种国家二级保护植物。动物资源方面，有国家一级保护动物蟒蛇和国家二级保护动物 20 种。其中：兽类 3 种，分别是猕猴、穿山甲、水獭；鸟类 15 种，分别是岩鹭、鸢、赤腹鹰、凤头鹰、松雀鹰、普通鵟、鹗、游隼、燕隼、红领绿鹦鹉、褐翅鸦鹃、小鸦鹃、草鸮、领角鸮、斑头鸺；两栖类 1 种，虎纹蛙；爬行类 1 种，三线闭壳龟。此外，还有昆虫 474 种。

#### 6.1.3.4 旅游资源

南山区是深圳市旅游基地，集都市观光、度假休闲、主题公园、文物古迹等多种生态旅游产品于一体。都市观光有羊台山、塘朗山、深圳湾公园、大学城、华侨城湿地公园等；度假休闲有深圳野生动物园、青青世界、海上世界等；主题公园有世界之窗、锦绣中华、民俗村、深圳欢乐谷等，其中深圳华侨城旅游度假区是国家首批 5A 级旅游景区；文物古迹有南头古城、赤湾左炮台、天后宫、信国公文天祥祠、宋少帝陵、解放内伶仃岛纪念碑、中山公园等。2011 年，“大运春茧”“深港长虹”“蛇口晨曦”“南山叠翠”“滨海观潮”“深湾流彩”“新安故地”“碧海伶仃”被评选为“南山八景”。2019 年，大南山、大沙河、西丽湖、深圳湾滨海休闲带、深圳人才公园、深圳湾广场、海上世界、欢乐海岸被评选为“南山新八景”。

#### 6.1.3.5 生态文化品牌

南山区被誉为“深港文化之根”，拥有省级文物保护单位 1 处，市级文物保护单位 10 处，区级文物保护单位 18 处。其中，南头古城拥有 1 730 余年的悠久历史，是深圳最具规模的历史文物旅游景点；屋背岭商代遗址被评为 2001 年度“全国十大考古新发现”，填补了珠江三角洲及港澳地区陶器编年的一段空白；赤湾天后宫是我国沿海地区最大的拥有 99 道门的天后宫，南头赤湾丝路历史文化古迹，入选“广东十大海丝地理坐标”。此外，南山“醒狮舞”“向南侯王诞”“开丁节”获评深圳市非物质文化遗产。自 1999 年举办以来，南山荔枝文化旅游节迄今已连续举办 21 届，持续打响“世界荔枝在中国，中国荔枝在深圳，深圳荔枝在南山”的特色文化品牌。

### 6.1.4　社会经济

#### 6.1.4.1　人口状况

南山区人口密度大，人才红利持续凸显。2018 年，南山区常住人口为 149.36 万人，人口增长迅速（主要是移民增加），年均增长 7.8%。全区人口密度接近 8 000 人 /$km^2$，人口分布不平衡，总体是南密北稀。常住人口来自全国各地，有多种方言，通常交流使用普通话，原住民主要方言为广府白话（粤语）。南山区是全市科技创新最为活跃的城区之一，人才总数达 68 万人，总数居全市第一，其中高层次人才比例达到 39.3%，位居全国首位，拥有深圳市 67% 的全职院士、80% 以上的深圳“孔雀计划”团队和人才、83% 的国家“千人计划”人才，领航计划人才总数近 2 300 人。

#### 6.1.4.2　经济发展状况

南山区 2018 年 GDP 总量为 5 018 亿元，连续 6 年稳居全省第一、全国第三，同比增长 9.1%；人均生产总值约为 5.2 万美元，达到世界一流水平。全区经济继续保持绿色高质量发展，战略性新兴产业占 GDP 比重大于 42%，高新技术企业总量突破 3 500 家，“四上企业”增至 6 026 家，总量全市第一。文化产业增加值超 1 000 亿元，占全市一半以上。在全面落实减税降费政策的基础上，辖区税收增长 11%，达 1 498 亿元；公共财政预算收入增长 12.8%，达 268.2 亿元。完成固定资产投资超 1 300 亿元，增长 21.6%，规模全市第一。资源能源集约利用水平进一步提升，万元 GDP 水耗全国领先。

# 6.2 “绿水青山就是金山银山”实践探索成效与问题分析

## 6.2.1 “绿水青山就是金山银山”实践探索进展与成效

### 6.2.1.1 推动污染综合治理，环境质量持续改善

自20世纪90年代开始，随着南山区经济总量的快速增长，各类污染物排放增加，配套污水管网、污水处理设施等跟不上城市发展的速度，全区大气环境质量、水环境质量逐年下降。21世纪初期，污染状况最为严重，2004年南山区灰霾天数为187天，全年有一半以上的时间均处于灰霾笼罩之下；全区河流水质基本为劣Ⅴ类，其中大沙河化学需氧量、氨氮、总磷超标率为100%。急剧恶化的环境质量，直接影响了居民的生活与营商环境，人民群众改善环境质量的呼声日益高涨，为此，10多年来，南山区一直大力实施环境综合整治。

一是系统性的统筹污染治理工作。南山区政府出台了《关于加快推进生态文明示范区建设的决定》《南山区环境保护和生态建设“十三五”规划》《南山区大气环境质量提升计划实施方案》《南山区治水提质行动方案》等文件，系统地推进了环境质量改善工作。

二是成立专门机构。成立南山区水污染治理指挥部、南山区大气污染防治指挥部、南山区全面推行河长制工作领导小组、南山区海绵城市建设工作领导小组等机构，研究制订环境治理方案，合理分工各项工程任务，高效地推进环境质量改善工作。

三是强化产业转型升级。区委、区政府着眼未来，把改善环境质量作为提升全区竞争力、释放绿水青山福利的重要内容，以壮士断腕的决心将玻璃制造、印染、电镀线路板、印刷等一系列高污染产业全部清退，森帝木业、景丰电子、广进化工等大型污染企业全部迁出南山。

四是组织治污专项行动。连续实施“利剑行动”“雨季行动”等系列专项活动，严厉打击非法排污行为，整治水源保护区环境违法企业，集中

力量，全面排查，精准打击“散乱污”工厂。

五是强化污染减排。连续多年大力实施污染减排工作，加大工作力度，将任务落实到各部门，强化结构减排和工程减排，2018 年南山区二氧化硫排放量为 1 279.4 t、氮氧化物排放量为 4 288.7 t、化学需氧量排放量为 6 549.2 t、氨氮排放量为 761.6 t，实现了总量控制目标。

六是重点实施大气污染全来源治理。重点开展妈湾电厂烟气脱硝改造工作，作为全市唯一的燃煤电厂，如今的妈湾电厂 $SO_2$、$NO_2$ 等污染物排放水平全面优于欧盟、美国标准，全球最低。运用政府补贴形式，强化“黄标车”淘汰，率先推广国Ⅳ、国Ⅴ、国Ⅵ标准车用油；强化清洁能源推广，不断降低燃煤、重油等一次性能源使用，南山热电厂实施全市首个“热电联产”项目，一举“拔掉”29 根大烟囱，每年减少 11 000 t 重油使用；全区公交车已实现 100% 纯电动化、工业锅炉 100% 完成清洁能源改造，加强蛇口港、赤湾港码头岸电改造，实现集装箱大型货轮停靠港口期间停止运行发动机，减少尾气排放；加强餐饮油烟管控，辖区内大型餐饮企业（6 个灶头以上）全部安装餐饮油烟净化设施；加大施工扬尘管控，深度践行施工扬尘“七个 100%”管控，加强道路扬尘管控，重点区域每天清扫三次以上（图 6-1）。

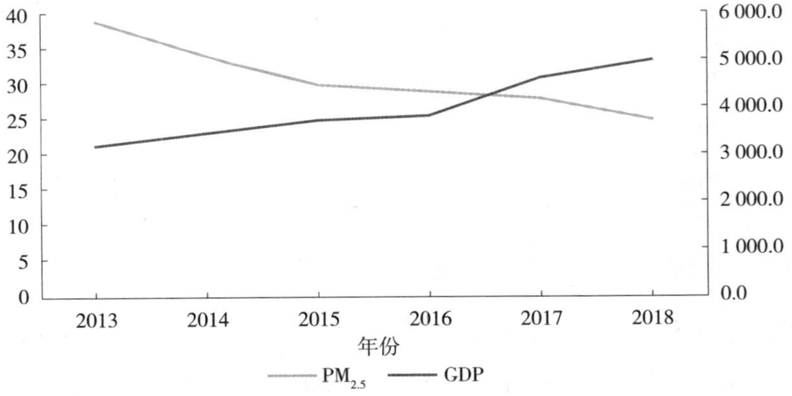


图 6-1 2013—2018 年南山区 GDP 和 $PM_{2.5}$ 浓度变化

七是加强水环境整治。总投入约60亿元，累计完成993个小区雨污分流改造，建成西丽污水处理厂，升级改造蛇口污水处理厂，南山、蛇口、西丽三大污水处理厂处理能力为70万t/d，污水收集处理率达97%；推动大沙河、后海河等开展河流综合整治工作大力整治桂庙渠、铲湾渠、双界河等黑臭水体，实现不黑不臭。

从2000年开始，南山区开始系统性地治理水污染、大气污染，经过不懈的努力，到2018年，在人口增加50万人、GDP增长409%的情况下，全区大气环境质量改善取得重大突破，灰霾天数从2004年的187天锐减到20天，创1991年以来新低；近年来，全区空气优良率总体保持在90%以上，2018年$PM_{2.5}$年均质量浓度下降至25 μg/m$^3$，达到世界卫生组织第二阶段标准，是国内空气质量最好的发达城区之一。辖区内河流水环境逐步改善，2018年，大沙河、长岭皮河等9条河流稳定达到Ⅳ类水质，桂庙渠、铲湾渠等5条河流脱黑脱臭，西丽水库水质稳定达到地表水Ⅲ类标准。其中，大沙河水质变化情况见表6-4。

表6-4　大沙河水质变化情况

| 年份 | 平均综合污染指数 | 水质类别 |
|---|---|---|
| 2014 | 0.242 | 劣Ⅴ类 |
| 2015 | 0.292 | 劣Ⅴ类 |
| 2016 | 0.158 | Ⅴ类 |
| 2017 | 0.150 | Ⅳ类 |
| 2018 | 0.131 | Ⅳ类 |

### 6.2.1.2　强化生态铁线保护，生态空间不断优化

改革开放以来，南山区产业规模快速增大，建设用地不断增加，在发展经济的同时，如何加强自然生态空间的保护，成为一道亟须解决的难题。21世纪以来，南山区逐步开始探索生活、生产、生态“三生”融合发

展空间，通过划定受保护地区范围，加强生态保护，在维护全区生态功能的同时，较好地实现了环境保护与经济社会协调发展。

一是率先划定水源保护区范围。1992 年，南山区率先在全国划定水源保护区范围，明确界定西丽水库一级、二级和准级保护区域；1995 年、2000 年、2015 年、2018 年，南山区结合水源保护需求不断地优化西丽水库水源保护区范围，用一道严格的“铁线”守护全市生命源泉。

二是率先探索划定基本生态控制线。2005 年，根据全市的统一安排部署，南山区探索划定基本生态控制线，根据《深圳市人民政府关于进一步规范基本生态控制线管理的实施意见》加强管理。目前，全区共 70.02 $km^2$ 土地被纳入基本生态控制线范围，占全区面积比重为 37.3%，对生态空间实现了应保尽保。

三是探索划定生态保护红线。2016 年，南山区在基本控制线的基础上，结合上级生态保护红线要求及成果，从维护南山区自然生态安全的角度出发，识别南山区生态保护红线划定范围，将国家级自然保护区（内伶仃岛）、国家级湿地公园（华侨城国家湿地公园）、水源一级保护区、郊野公园等 26.18 $km^2$ 土地划入生态保护红线，占南山区总面积的 13.96%。基本形成了南山区保护与发展并重的生态空间保护格局。

四是建设国家级保护区。早在 1984 年，建成内伶仃岛—福田自然保护区，全面保护岛内野生动植物，保护区在 1988 年晋升为国家保护区，2006 年被国家林业局列为国家级示范保护区。同时，认真谋划建设华侨城湿地公园，建成全市首家国家级湿地公园，公园成为国际候鸟重要的中转站和栖息地，每年有数万只候鸟南迁北徙在此停留。

目前，南山区 70 $km^2$ 的土地受到了严格保护，水源保护区、山体、水体等生态系统正常运转，生态环境状况指数逐年增加，2018 年森林覆盖率达 35.2%，生态环境状况指数（EI）达到 64.1（图 6-2），国家二级保护兽类猕猴恢复至 900 多只，中华白海豚重现蛇口海域。

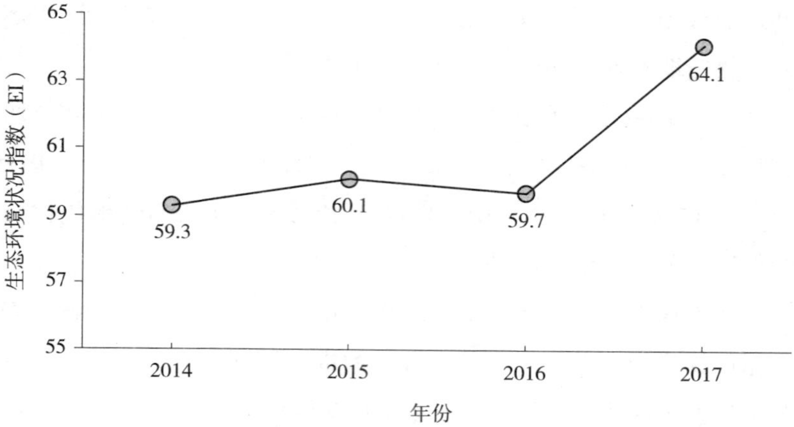


图 6-2　南山区生态环境状况指数（EI）

### 6.2.1.3　打造科技创新高地，绿色发展成效明显

改革开放前期，大量“三来一补”、劳动密集型企业落户南山区，在创造经济效益的同时，大幅增加了区域污染物排放总量。进入 21 世纪以来，南山区紧抓国家产业结构调整和升级机遇，逐步淘汰高污染、高排放、低产出企业，大力发展低消耗、低排放、高产出、高科技含量的高新技术产业，实现环境保护和经济发展的“双赢”。

一是狠抓产业淘汰。南山区严格设置全区产业准入条件，从严禁止资源浪费、污染环境等产业落地发展，针对辖区内已建成污染企业，要求严格达到废水、废气、废渣排放标准，对严重超标排放的企业坚决予以淘汰。以“三来一补”企业为例：1993 年，全区“三来一补”企业总数达到峰值，为 330 家，总产值 2 亿元，占工业企业总量的 59.67%，经过产业淘汰，到 1996 年，“三来一补”企业总数降至 152 家，占全区工业企业总量的 35.72%，淘汰了大量污染排放高、资源消耗强度大的企业。其中，仅南头半岛就关闭了 40 家印染、电镀线路板企业。

二是加快产业升级。全面推广清洁生产审核、循环经济建设等，出台《关于加快推进发展循环经济的实施意见》，编制循环经济发展规划、推动企业向绿色低碳、资源节约集约发展，系统性地推进全区产业升级工作。重点推动月亮湾循环经济产业园建设，将餐厨垃圾处理和垃圾焚烧发电厂炉渣综合利用、电厂热能综合利用、污泥综合处置和中水回用作为园区产业链条的核心，辐射多个相关联企业和月亮湾生态社区，通过能量、物质等的循环及综合利用，逐步实现园区层次的物质、能量与信息集成，有效削减区域污染物排放。此外，蛇口工业区建成“南海意库”、医疗器械产业园，南油工业区成功改造为动漫基地，华侨城工业区转型升级为华侨城创意文化园，成为深圳市创意文化网红圣地。

三是发展高新技术产业。1985 年在南山大冲片区建成深圳科技工业园，1986 年广东省第一家高新技术在园区成立；1991 年，正式成为全国首批国家级高新技术产业开发区。1996 年，深圳科技工业园正式升级为深圳市高新技术产业园区，园区范围扩大为南区、中区和北区，时至今日，深圳市高新技术产业园成为全市高新企业的集聚地，是全国面积最小、单产最高的高新区，腾讯、阿里巴巴、百度、大族、中兴等多个行业巨头、上百家上市企业扎推聚集，被誉为“北有北京中关村，南有深圳高新区”，已成为全国高新产业的典范代表。

多年来，南山区主要依托“五链联创”大力发展高新技术产业。以企业创新为主体，依托企业间的物质、资金、技术等形成“企业链”；由龙头企业带动，形成上下游完备的“产业链”；以技术创新、产品创新、品牌创新、产业组织创新、商业模式创新等形成“创新链”；从融资平台、股权投资及投融资体系方面着手，构建“投资链”；坚持“软环境”“硬环境”一起抓，营造一流营商环境，完善“生态链”。多年来，南山区通过有形的手，撬动市场无形的手，把企业链、产业链、创新链、投资链、生态链有机融合在一起，形成相互依存、链条完整的专业性闭环，推动全区经济绿色、高质量发展。

2018 年，南山区 GDP 达 5 018 亿元，连续 6 年全省第一、全国第三；“四上”企业增至 6 026 家，总量全市第一；高新技术企业增至 3 500 家，战略性新兴产业占 GDP 比重大于 42%，全年专利申请量超 6 万件，占全国总量的 12.8%，数量最多。2018 年，全区单位土地产出 GDP 26.8 亿元，较 1990 年增长 138 倍，人均 GDP 约 34.4 万元，较 1990 年增长 9 倍。与此同时，全区资源集约利用水平进一步提升，2018 年，万元 GDP 能耗低于 0.39 t 标准煤，万元 GDP 水耗仅为 4.2 $m^3$，较 2006 年下降 220%。南山区先后获评中国百强区榜首、中国创新百强区榜首、中国工业百强区第三，绿色发展实力得到全国一致认可（图 6-3）。

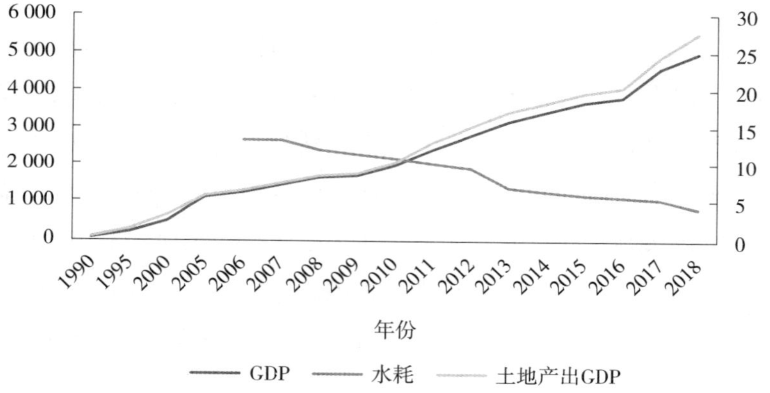


图 6-3　南山区经济发展质量

#### 6.2.1.4　创新旅游发展模式，丰富提升生态价值

相对于旅游资源丰富的城市，南山区境内无名山大川，生态旅游产业基础相对薄弱，南山人不断创新旅游产业发展理念，在开发已有旅游资源的同时，也在全国率先创新建设锦绣中华、世界之窗等微缩景区，将中国、全球知名旅游胜地复制到南山，既创造了生态环境优美景区，也带来了持续高质的生态旅游效益。

一是全国首创建设微缩生态景区景点。1989 年建设国内第一个人文主题公园——锦绣中华微缩景区；1991 年建成中华民俗村，集聚全国少数民族民俗风情，中国、美国、俄罗斯等 40 多个国家元首先后在景区内栽种了雪松、龙柏树等20多种友谊树；1994年建成世界之窗旅游景点，仿建了五大洲130多个自然风光、奇观古迹等，2001年被授予首批国家5A级旅游景区。此外，建成青青世界、深圳野生动物园、赤湾天后宫等一系列自然景观、非物质文化遗产景点。通过巧夺天工的设计、独具匠心的人文视角，南山区将原来的荒山废石，变成富有自然景观、人文特色的绿水青山，成为全国领先的旅游开发模式，生态旅游“南山模式”在全国得到推广，北京的“世界公园”、上海的“环球乐园”、长沙的“世界之窗”、无锡的“太湖影视城”等均取得了巨大成功。

二是全力打造南山荔枝文化旅游。作为深圳特产，南山荔枝被誉为“中华之珍品”，以优质品种糯米糍、桂味、妃子笑为主，成为全国首个被授予国家原产地地理标志产品保护证书的荔枝产品。南山区充分依托南山荔枝生态品牌，突出“文化＋生态＋旅游＋美食＋惠民生”，自1999年以来成功举办21届南山荔枝文化旅游节，该活动成为南山区展现城区新形象、新风貌、新亮点的重要平台，促进了南山旅游、生态、文化的深度融合。2019年6月25日，第21届南山荔枝文化旅游节隆重开幕，本次活动以“畅游湾区乐享南山”为主题，通过为期一个多月的旅游狂欢、文化惠民、交流推广等系列活动，充分展现了南山“吃、住、游、娱、购”等文化、旅游、商贸亮点。

三是建设优质共享生态休闲场所。在兴建旅游景点发展旅游产业的同时，南山区坚持以人为核心，将全区的绿水青山资源、滨海岸线资源，予以科学规划、景观提升，建设打造为免费向市民开放的市政公园，将绿水青山资源直接转化为民生福利。截至2018年，建成公园135座，成为居民生态休闲好去处。据统计，仅2019年“五一”期间，深圳湾公园就接待游客109万人次。

1998年，锦绣中华、世界之窗、中华民俗村、欢乐谷、青青世界等5大景点，全年共接待游客超过900万人次，营业收入为13.6亿元，占GDP比重达到5%。截至2017年，全区旅游景点接待游客1 160万人次，旅游营业收入为59.8亿元。

#### 6.2.1.5 探索体制机制创新，转化通道逐步贯通

改革开放以来，南山区经济体量、人口数量快速增长，土地资源紧缺，生态环境压力增大，且南山区地处改革开放最前沿，一贯勇于对标世界一流，力争环境保护、民生福利等高质量发展，一贯坚持建立科学合理、运转高效的体制机制，以满足人民群众日益增长的美好生活需求。

一是创新建立生态文明考评机制。深圳市从2007年全国首创环保实绩考核到2013年生态文明建设考核以来，南山区坚持用好“市考核”和“区考核”两个抓手，将生态建设、污染治理等重点工作纳入考核，进行合理分工，严格考核，将考核结果作为干部任免奖惩的“关键票”，严格实施“一票否决”制度，树立良好的“绿色”政绩观。编制完成辖区自然资源资产负债表，试点开展离任审计工作，严格落实“党政同责，一岗双责”。

二是深入实施生态环境综合治理机制。建立南山区水污染治理中心、南山区大气办、南山区海绵城市建设办公室等专门治理机构，全面形成“1+N”生态文明统筹、管理机制，配套完善信息报送、督察督办机制；全方位实施河长制、湖长制，启用河流巡管智慧管理系统“河务通”，全面覆盖27条河流，7座湖库，创新“互联网+河长制”监管模式，形成“全面监管、巡办分离、智慧管控”河道管理新格局；创新推动环保主任制度，构建以政府为主导、企业为主体、社会组织和公众共同参与的环境治理体系，促进环境监管重心向环境影响大、居民关注度高的方向偏移，不断强化“关键点”——生态环境优化，持续注重“落脚点”——民生改善；实施环保审批制度改革，全国首创环评备案制度，将环境影响较小的建设项目由登记改为备案，极大地方便了餐饮等行业经营者。全力推动行政资源向环境监管倾斜，生态环境部门人力、物力向环境影响大、社会关注度高的项目倾斜，集中精力查处污染重、影响大、群众反映强烈的环境问题。

三是全面推动资源综合利用制度。严格产业准入，制定《南山区节能减排“十三五”规划》《南山区“十三五”能源消费强度和总量“双控”实施方案》等计划，对超出能耗和排放准入条件的“两高”项目一律不予审批、立项、备案、开工建设。2015 年以来共开展节能评估、审查项目高达 1 000 个；建立健全节能减排资金鼓励制度，制定《南山区自主创新产业发展专项资金节能减排分项资金实施细则（试行）》等奖励制度，不断加大财政资金投入，推进节能项目建设；严格落实最严格的水资源管理制度，严控供水管网漏损，受益人口达 60 多万人；开展 131 个节水型居民小区、6 个重点用水行业节水型企业和 122 家节水型公共机构的节水载体创建活动；推动合同节水，深圳职业技术学院实行 EMC 综合节水改造，成为广东省第一家实现合同节水的高校。近年来，在经济持续高速增长的情况下，用水总量呈基本持平趋势，万元 GDP 水耗 4.2 $m^3$（图 6-4），万元工业增加值水耗 1.01 $m^3$，处于全国领先水平；完善绿色民用建筑激励制度，全区新建建筑 100% 达到绿色民用建筑标准，截至 2018 年年底，通过绿色建筑标识认证项目共 202 个，“南海意库”获“全国绿色建筑创新奖”一等奖。

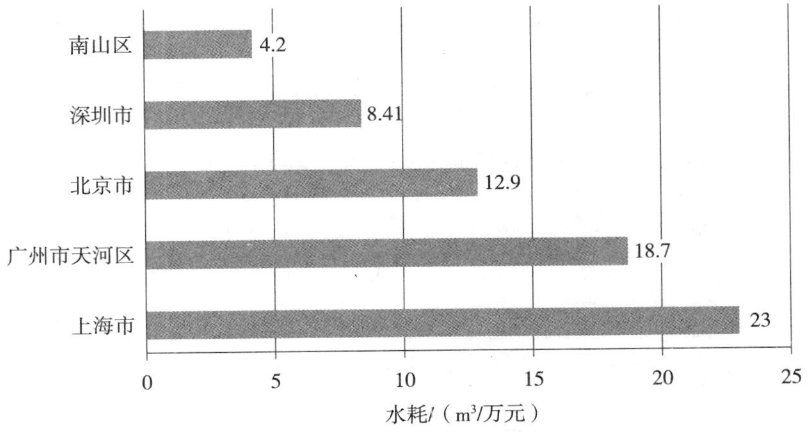


图 6-4　南山区万元 GDP 水耗与国内其他城市比较

#### 6.2.1.6　构筑绿色宜居生活，提升市民绿色福祉

习近平总书记强调："发展，说到底是为了社会的全面进步和人民生活水平的不断提高。"南山区一直践行"以人为本"的执政理念，坚持保护为民，发展为民，不断加大社会民生投入，推动全区城市品质提升、景观提升、收入提升，积极建设现代化宜居宜业城市，推动实现更舒适、更便利、更健康、更美好的生活环境。

一是建设品质城市"惠"民。加快城中村综合整治，通过十大治理行动，对全区 32 个城中村实施"整旧、改破、清脏、治乱、增美、添绿"改造，目前有 15 个城中村高分通过验收，渔二村、南水村整治将文化与民俗深度融合，成为深圳最具历史文化底蕴的宜居街区；全面释放绿色福利，一张蓝图推进公园体系建设，全区公园总量达 135 个，加快立体绿化建设，2018 年新增立体绿化面积 6 万 $m^2$ 以上。全区每万名常住人口拥有一个公园，绿化覆盖率达 53.03%、森林覆盖率 35.2%，2017 年人均公共绿地面积达 16.99 $m^2$（图 6–5）。

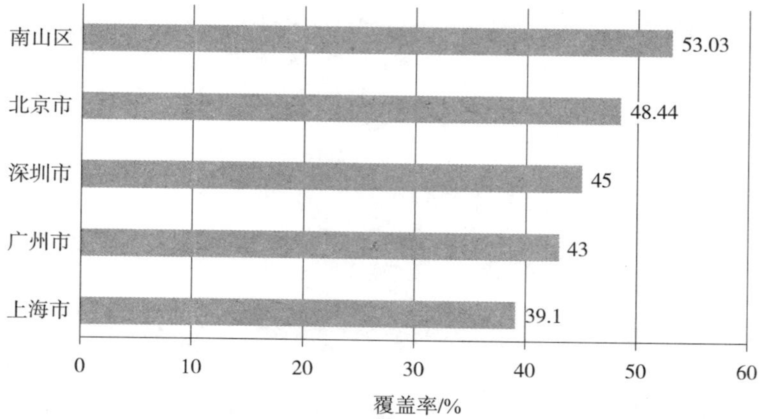


图 6–5　南山区绿化覆盖率与国内其他城市比较

打造"三大精品"工程提升城市魅力。在风光迤逦的深圳湾畔建设深圳最美海岸带，打通建设 7.25 km 深圳湾滨海休闲带西段（图 6–6），16.2 km

都市最美海岸线全线贯通，成为深圳市又一亮丽名片；在后海金融商务总部基地，建设全国首个以人才为主题的公园——深圳人才公园，与 15 km 深圳湾滨海长廊相呼应，组成一幅景观错落有致、层次分明的滨海风景画；构建一廊，在大沙河沿岸建设 13.7 km 的生态长廊，形成一条串联深圳大学城、深圳高新区、深圳湾最美的景观轴。一带、一园、一廊互联互通，串珠成链、珠联璧合，市民休闲空间从公园绿地拓展到湖畔河边，构建山水相依、水城共融的城市特色景观。

图 6-6　深圳湾滨海休闲带

二是打造宜居城市“利”民。加快提升城市宜居水平，打好宜居社区建设“6+4+3”的组合拳，辖区创四星级宜居社区总数达 99 个，覆盖率达 98% 以上，建成了一大批特色精品社区，“社区宜居水平、社区公共服务水平、居民生活幸福指数”节节攀升，“南园模式”在全国推广，获评“全国社会治理优秀基层示范点”。不断提升全区教育、交通、医疗等三大福利，南山先后被评为“全国义务教育发展基本均衡区”“全国中小学校责任督学挂牌督导创新区”“全国第一批教育信息化综合应用优秀试点区”，打造“集团化办学”金字招牌；立体化交通体系不断完善，西丽高铁站规划取得重大突破，南山将迎来高铁时代，公交站点实现 500 m 全覆盖，站点密度全国领先，建设全国第一条智慧化道路——桂庙路，为市民提供全方式、全过程的个性化出行服务；提供一流的医疗资源，沙河社康、深圳湾社康获“国家级卫生服务中心”称号，“国家慢性病综合防控示范区”复审成绩全国第一。开放全国首个“移动互联网医院群”暨南山“看病易”服务平台及全国首个共享医疗信息化平台，实现 6 家医院和 89 家社康中心医疗信息互通互认，打通“从社区到医院、从门诊到住院、从医疗到健康”的全流程、全链条服务体系，使患者满意度大幅提升。

三是全力推进垃圾减量分类。南山区创新实施“4+4+3+9+1”全链条工作模式，建立起 9 大分类分流体系，打造了全市首个园林式、花园式一体化的垃圾分类环境生态园，建成全国首个垃圾分类智慧督导平台——“E 嘟在线”小程序，形成了统一、规范、有效的“管理员、组长、督导员”三级督导机制，有效地破解了生活垃圾分类减量的日常管理难题，实现“集中分类投放 + 定时定点督导”的 3.0 版本率先升级。2018 年，南山区生活垃圾产生量为 1 006 177.05 t，其中通过焚烧、填埋方式处理的为 710 159.76 t；通过 9 大分类分流体系实现垃圾分类减量 143 763.23 t，加上社会再生资源体系回收的 152 254.06 t，全区生活垃圾总减量率达到 29.42%。全区 566 个住宅小区全部完成生活垃圾减量分类达标小区创建 84 所中小学校完成垃圾分类学校创建，实现垃圾减量分类达标全覆盖，在全市绩效考核评比中，南山区生活垃圾分类工作领跑全市。

#### 6.2.1.7 注重生态文化培育，凝聚共建共治格局

一是融合生态理念，“厚”传承文化底蕴。不断传承深港文化之根，南山区敢于承担历史重任，完美描绘出“绿水青山就是金山银山”之间的历史文化“河流”。充分将生态、绿色、人文等理念与历史文化深度融合，推动南头古城环境整治、修缮、保护及利用，不断深挖赤湾史料，通过史料、文物、影像等多种方式再现赤湾乃至古代海上丝绸之路的历史，南

头—赤湾被评为“广东省海上丝绸之路”十大地理坐标之首，点亮“绿水青山就是金山银山”文化弘扬的新地标，南头古城入选全市“十大特色文化街区”。加强“非遗”传承，开展形式多样非遗展示、展演、讲座、雅集等，推进“非遗”保护和传承工作持续深入；通过鲜明、绚丽的色彩及年轻活力的构图，将18项非遗及城市文化地标绘成《南山非遗文化地图》，以新思维、新视觉、新方式展现南山辖区的非遗和文化地标，“辞沙”再现祭海大典，“绿水青山就是金山银山”文化厚重感不断深化。

二是发扬创新文化，“筑”创意产业高地。南山区将生态环境的地域宽度、地域文化的底蕴深度和“绿水青山就是金山银山”理念高度融合，立足中心城区建设和市民文化需求，不断夯实“绿水青山就是金山银山”文化理念，高标准推进南山文化馆、西丽文体中心、蛇口文体中心等“一街道一文体中心”建设，连接南山博物馆、深圳湾体育馆、南山文体中心、保利剧院，形成新的文化地标群，南山博物馆成为市民找寻深圳乃至岭南历史文化之根的地方。文化创意产业实力飙升，通过“全速抓旧改、全力抓保留、全面抓集聚”，华侨城东部工业区实现了从废弃厂房到小资范特色文化产业园的完美蝶变，营造出一个鲜明的后工业时代特色的新型工作、生活空间，为活跃在珠江三角洲和港澳台的文化人、设计师、先锋艺术家提供了创意工作场所，成为融合“创意、设计、艺术”的具有国际影响力的中国创意设计、文化艺术高地，全面提升区域文化创意产业发展实力。华侨城创意文化园入选全市“十大特色文化街区”。

三是注重生态教育，“营”“绿水青山就是金山银山”宣教氛围。打造“1+1+1+N”宣教高地，推动滨海湿地保护基地和生态科普教育基地结合，建立全国首个自然学校——华侨城湿地自然学校，以“一间教室、一套教材、一支环保志愿教授教师队伍”为宗旨，打造“绿水青山就是金山银山”文化宣传样板；高水平建设水土保持科普宣传、水土文化传播示范园——水土保持科技示范园，将生态理念贯穿始终，以水土文化为主线，打造蚝之丘、土厚园、木华园、金哲园等特色园区，成为集科技示范、科普推广为一体的现代化示范平台和寓教于乐的课堂。形成全员化、多元化、立体化“三化”宣传矩阵，利用中央电视台、新华社等形态多样、手段先进、具有竞争力的主流媒体，整合新闻媒体、区域网络平台、公共场所电子屏幕、宣传橱窗、微博、微信等资源，激活全媒体宣传活动。组织社区党委、养护单位、居民代表成立后海河义工监督队，在大沙河设立全市首个“治水护水U站”，广泛开展“零废弃自然艺术季”制作比赛、节水小妙招征集、“护河志愿者”招募、“发现美丽南山”随手拍、节水微讲堂、环保嘉年华等居民易于接受的多元化教育活动，深入生态文明教育。深入实施绿色机关、绿色学校、绿色商场、绿色社区、绿色企业“五大”绿色创建活动，全面打通“绿水青山就是金山银山”理念线上线下融合传播的同心圆，全民共建“绿水青山就是金山银山”的凝聚力和引导力不断迸发。

### 6.2.2 存在的问题和挑战分析

经过30多年的发展，南山区创造了世界工业化、现代化、城市化发展史上的奇迹，环境质量不断好转，成为拥有优质生态环境质量、经济高速发展的中心城区。但是，在发展过程中，也呈现出改革创新进入深水区、环境治理难度大、环境质量与民生幸福需求不匹配等深层次的问题。

#### 6.2.2.1 环境质量改善压力较大

一是空气质量提升难度大，虽然空气质量已达到较好水平，但南山区仍处于高速发展期，人口、机动车数量快速增长，众多基本建设项目同步建设，大气污染总量控制难度加大，空气优良率仍有波动，如何保持、进一步提升大气环境质量，仍是一个长期而艰巨的任务。二是水环境治理压力大，持续快速发展呈现出来的环境问题具有累积性、结构性、压缩性的特征，尽管近年来南山区全面加强了污染治理，环境质量大幅度改善，但是水环境历史“欠账”仍较多，深圳湾近岸海域水质差，治理难度大，仍有部分小河涌水体监测断面为劣Ⅴ类。

#### 6.2.2.2 经济发展与环境容量的矛盾较大

环境容量成为制约深圳可持续发展的刚性约束。一方面，南山区面临地域狭小、资源缺乏、环境容量小等先天不足。另一方面，南山区经济总量大、人口与生产经营企业数量不断增长，经济社会发展对环境容量的需求日益增加，矛盾日益加剧。

#### 6.2.2.3 公众对中心城区绿色共享诉求较高

随着经济的发展和公众文化水平的提高，公众生态文明意识逐步增强，对居住环境质量的要求也不断提高，当前的生态环境质量与公众诉求相比，还存在一定的差距和不足。2018 年，全区环境信访总量高达 11 657 宗，城区大规模建设带来的施工噪声投诉居高不下，城区饮食行业油烟污染整治效果不理想，17 个城中村还未完成综合整治工作，如何进一步提升城区环境质量，让公众拥有更多的获得感、幸福感，成为亟待解决的问题。

#### 6.2.2.4 “绿水青山就是金山银山”转化的体制机制有待完善

近年来，南山区不断探索“绿水青山就是金山银山”转化机制，全力推进生态文明建设，在全国范围内创新开展环保实绩考核、率先推行“环评备案制”等，环境治理制度、生态保护机制等各项措施不断建立完善，但如何进一步改革创新，在环境污染治理、生态空间管控等方面制订更加科学、合理的机制制度，如何进一步完善“绿水青山就是金山银山”转化机制，充分体现“绿水青山就是金山银山”的发展理念，仍需南山区不断地探索，敢于担当，先行先试去研究解决。

#### 6.2.2.5 “绿水青山就是金山银山”文化挖掘和弘扬仍需加强

南山区临近深圳湾，拥有积淀深厚的海洋文化，但在开发利用生态资源和人文资源的过程中，对“绿水青山就是金山银山”文化的挖掘还不够深入，亟须重视对海洋文化精神的认识理解、追求和弘扬。结合海洋文化精神，盘清生态资源家底、精准把握特色、发掘独特优势，开展生态保护、海洋文化等培训，建立海洋文化体验基地，将文化资源优势转化为产业、产品优势，建立南山独特的“绿水青山就是金山银山”文化品牌，扩大南山绿水青山的经济、文化影响力。

南山区毗邻港澳，位于粤港澳大湾区建设的最前沿，粤港澳大湾区建设作为习近平总书记亲自谋划、亲自部署、亲自推动的国家战略，给南山区跨越式发展带来的既是机遇也是挑战。如何紧抓粤港澳大湾区的发展机遇，占领湾区发展制高点，推动城区发展质量持续变优、生态环境持续变美、城区综合竞争力持续提高，这是南山区下个阶段践行“绿水青山就是金山银山”需要迎接的新挑战。

## 6.3 重点任务

### 6.3.1 突出绿色产品供给，建设一流环境质量标杆区

通过坚定污染防治攻坚，深化生态环境保护修复治理，积极强化自然生态空间管控，全面优化改善大气环境、水环境、海湾环境，不断丰富物种多样性，确保生态资源状况稳定增长，构建天更蓝、地更绿、水更清的“山、湖、河、海、生物”自然景观，保障生态产品供给能力，打造绿水青山本底。

#### 6.3.1.1 深化“治气”行动，打造南山蓝可持续品牌

实施精细化的工业废气治理。2020 年完成南山热电厂和广前电力燃气电厂低氮燃烧器升级改造或烟气脱硝改造，推行发电机组余热综合利用。持续推进可挥发性有机物治理，禁止新（改、扩）建生产和使用高挥

发性有机物含量涂料、油墨、胶黏剂、清洗剂的建设项目，组织挥发性有机物区级重点监管企业“一企一策”综合整治，开展道路交通设施 VOCs 减排，护栏翻新、道路标线和标识等涂装全部使用低挥发性有机物含量涂料，细化开展建筑装饰装修工程涂料、胶黏剂抽样执法检查。

实施精细化的交通尾气治理。遥感监测和路检抽检结合，在月亮湾大道、南海大道、深南大道等重点道路设立遥感监测点，实时监控交通工具尾气排放状态，年度上路检测机动车不少于 2 万辆。加快新能源推广利用，加快环卫车更新，除垃圾清运类勾臂车以外，全部使用纯电动环卫车，新建电动汽车充电桩 2 000 个以上，加强新能源汽车利用。建设绿色港口，加快港口岸电设施建设和推广使用，规范港口低碳生产行为，协助设立深—港船舶大气污染物排放控制区。

实施精细化的城市扬尘治理。控制道路扬尘，实施道路尘土量监测考核，加大深南大道、留仙大道、沙河西路、月亮湾大道、南海大道等主干道路清洗力度，提高全域机械化清扫率；实施泥头车分时分区管控，确保 100% 使用新型全密闭泥头车；督促施工工地 100% 落实施工围挡及外架全封闭、出入口及车行道硬底化、出入口安装冲洗设施、易起尘作业面湿法施工、裸露土及易起尘物料覆盖、安装总悬浮颗粒物在线监测设备，将工地扬尘防治纳入辖区城市管理网格化巡查。2019 年年底前，推动完成妈湾电厂煤场全封闭改造。

实施精细化的餐饮油烟治理。建立餐饮油烟智能化管理平台，打通餐饮油烟在线监测、监管、执法全流程，实时掌握各餐饮企业油烟净化器运行状态、餐饮油烟达标排放状况，精细化防控餐饮油烟。确保大型餐饮企业全部安装油烟净化设施并保持正常使用，实施油烟净化设施季度清洗保养。将露天烧烤纳入网格化管理，严厉查处露天焚烧行为。

提高大气综合防控管理能力。利用卫星遥感、实地监测、现场踏勘等技术，编制南山区大气污染排放源清单，明确全区大气污染来源、贡献占比、时空分布、排放总量等信息，为全区大气更精细化的管控提供技术支持。积极探索区域臭氧污染成因及防治对策措施，深化港口等重点片区防治对策措施，加强气候—空气质量协同控制研究，以温室气体控制为重点，提出具体协同控制策略，减少空气污染、气候变化对人体健康的威胁。加快清洁能源推广利用，加大天然气、电能等基础设施建设，鼓励在工业领域、交通领域、生活领域进一步提升清洁能源利用比例。

#### 6.3.1.2 深化“治水”行动，打造河库水清岸绿品牌

持续深化河流综合整治。2021年年底前完成麻磡河流域、白芒河流域、大磡河流域、白石洲排洪渠、双界河安乐支渠、塘朗河综合整治工程和大沙河中下游段综合治理工程（二期），推动“一河一景”建设，全面建成大沙河生态景观长廊，提升河流水环境及河岸景观，打造深圳市的“塞纳河”。

持续深化饮用水水源地保护。实施西丽水库、长岭皮水库周边清违、清障、清淤、清漂、清污“五清”专项行动，全面清理饮用水水源保护区内的违法种植养殖、违法搭建、地下作坊、暴露垃圾等现象，完成燕清溪、丽水河二期建设，研究入库河口湿地建设。研究建设西丽水库一级水源保护区巡逻环道，强化水源保护区范围内巡查。

持续深化城市污水排放管理。深入开展“利剑”系列专项执法，完成全区范围内餐饮、汽修（洗车）、农贸市场、畜禽养殖场、屠宰厂等“三产”污染源排查整治，持续开展污水管网完善及修复改造，2020年完成南山水质净化厂提标扩能，西丽再生水厂提标至8万t/d，持续提升水质净化厂出水水质。全面推动小区开展正本清源，开展查漏补缺工程，完成所有城中村的“雨污分流”改造，实现污水“零直排”。

探索建立面源污染防控体系。根据南山区北部林地果场、南部高密度建成区的下垫面特征，结合面源污染防控特点，开展全区面源污染实地调查、降雨全过程监测，利用模型模式分析，明确面源污染时空分布特征，识别面源污染重点管控区域及存在的问题，从面源污染“源—迁移—汇”

全过程出发，有针对性地提出具体管控措施，形成面源污染防控方案。

#### 6.3.1.3 深化“净湾”行动，打造滨海亲海城市品牌

全面开展入海河流治理。优化完善大沙河、小沙河和后海河入湾河水质达标方案，开展大沙河、小沙河中下游综合整治工程，确保入湾河流全面消除劣V类水。开展大沙河口周边区域生态环保清淤，推动大沙河口至后海内湖附近海域、小沙河口和后海河口周边海域原位生化修复。

全面推进蓝色海湾整治。推动深圳湾水质动态监测、底泥污染调查、海底地形调查和水动力监测，进行底泥淤积、底泥污染物迁移转化规律和感潮河段水沙调控研究，加强深圳湾污水排放治理和清淤工作。推动港区、航道和锚地溢油污染防治，加大老旧渔船淘汰报废和更新改造力度，开展蛇口港区作业污染专项治理。2020年年底前，推动出台管理机制，加大海岸和海上垃圾的清理力度。

全面实施海湾生态保护。开展深圳湾等海域生态环境调查评估，积极推进深圳湾滨海岸线生态化改造规划，开展全面的红树林湿地资源普查，进行沙河西红树增植工程，实施深圳湾红树林湿地、前海湾片区红树林湿地修复工程，保护好沿海红树林，打造生态型海湾城市。加强海陆统筹，严守生态红线，保护自然岸线。组织海湾渔区巡查和部门联合执法，严厉查处各类非法捕捞行为，同时进行鱼、虾等游泳生物的增殖放流，改善生物多样性。保护好沿海红树林，确保深圳湾天蓝、水清。

推进海岛综合整治工程。对内伶仃岛开展专项管护工程，实施环境整治与生态修复，通过恢复植被、保护沙滩、渔业资源增殖放流等措施逐步修复海岛生态系统，保持和提升生态功能，加强海岛周边海域的环境整治和日常监管，实施渔排清理，保护海岛生态资源与自然环境。

#### 6.3.1.4 深化“护土”行动，打造净土无废城市品牌

积极开展土壤污染防治。实施土壤环境保护和质量提升年度行动计

划，以保护和改善土壤环境质量为核心，实施分用途、分级、分类管理，全面掌握全区土壤环境质量状况。加快完成 30.66 $km^2$ 农用地、3 个二级水源保护区土壤环境质量调查；2019 年年底前，完成 38 家重点行业企业用地土壤环境质量调查，初步采样调查和风险分级环境质量调查，对变更为住宅用地、公共管理与公共服务用地的建设地块，由土地使用权人开展土壤污染状况调查。将土壤环境质量告知环节纳入重点行业企业用地土地转让管理。2020 年年底前，探索污染地块多部门联合监管工作机制，建立污染地块环境监督管理模式，受污染地块安全利用率达到 95%。

#### 6.3.1.5 深化“增绿”行动，建设物种多样性中心城

推动城市生态自留地实施严格保护管理。积极落实“绿盾”行动。内伶仃岛是全国唯一的发达中心城区的国家级自然保护区，要大力协助其做好建设和管理，保护好极具重要性的野生动植物资源。

打造保护南山生物多样性重要载体。优化提升羊台山、塘朗山、大小南山等森林资源，加快大小南山裸露山体修复，建立危险边坡台账，强化危险边坡治理。推动大南山公园、小南山公园、荔香公园等公园的改造，开展环湖绿道等重大生态项目建设。加强西丽水库、长岭皮水库水源保护区的林分改造和林种改造，逐步实施休果还林、退耕还林，加快串联山体、河流、水库、海域等的生态廊道建设，建设覆盖全区、贯通全区的生态廊道体系。推进深圳湾滨海岸线生态提升整治工程建设，实施沙滩养护提升行动，开展南山人工沙滩修复工程，提升人才公园的鸟类重要栖息地功能，吸引黑脸琵鹭等全球极度濒危鸟类栖息。

多举措增加全区“绿量”。严格落实全市裸土地复绿工作的要求，及时开展复绿工作；强化道路交通绿化养护，实现精细化管控。加大立体绿化力度，每年选取一批建筑、立交桥等开展立体绿化工程建设，实施“全城屋顶绿化项目”，完成妈湾城市能源生态园科普教育馆等建筑外观的景观绿化工程。

#### 6.3.1.6 深化“红线”管控，筑牢城市生态安全屏障

强化生态保护红线刚性约束。严格控制开发利用活动对生态空间的占用和扰动，严格红线范围内的大南山公园、塘朗山郊野公园、羊台山森林公园、内伶仃岛国家级自然保护区、西丽水库及长岭皮水库饮用水水源一级保护区及深圳湾红树林栖息地等重点区域管控，确保生态空间面积不减少，生态功能不降低，生态服务能力逐步提升。

严守生态空间管控。严厉打击各类侵占、破坏行为，联动各相关部门、各街道，积极配合、落实生态红线管控工作，配合推进红线勘界及台账系统、监测监控设备网络和监管平台建设。强化生态保护区的用地巡查和管护工作，设立生态保护红线标志，形成易识别、严管理的空间范围，定期实施生态红线监管评估。

#### 6.3.1.7 深化“织网”工程，建立智慧环境监控体系

打造“空天地源一体化”的智慧环境管理系统。利用互联网、大数据、云计算等信息技术，整合大气、河流、水库、海湾、生态资源、排污口、重点污染源等信息要素，实现全区生态环境管理智慧化。

建立覆盖全区的数字化大气监测体系。实施全区大气网格化微站监测，建立一街一站的大气监测网，压实基层治理职责，将 $PM_{10}$、$NO_x$、$O_3$ 等指标纳入监测范围，实施大气环境提升精细化管控。

建立“厂—网—河—库—海”一体化水质监测感知网。在主要入河排水口、入湾河口、饮用水水源地保护区、箱涵溢流口、水质净化厂进出水口、主要工业集聚区污水管网关键节点、重点排污单位安装水质在线监控装置，建设水环境微型自动监测系统，开展全区水环境水质、水位、水量监测及数据分析服务工作，建立连续、稳定、实时的水质在线监测网，全面掌握水环境质量动态变化。

建立覆盖全域的生态监测“生态站”网。依托大南山、塘朗山、羊台山等重点生态资源区域，推动建设生态监测站，实时监测负氧离子、花

粉、空气微生物、湿度等生态信息，建立野外智慧观测平台，打造涵盖水生生物、重点保护动物、鸟类等生境要素的监测网络。创新开展生态健康评价，建立生态健康评价体系，实施全区、重点保护区域年度生态健康评价。

## 6.3.2 突出绿色低碳发展，建设可持续发展先锋区

通过实行生态空间均衡发展、产业结构转型，开展绿色建筑、热电联产、海绵城市、节水型社会、绿色港口、无废城市建设，深入实施“科技创新＋总部经济”双轮驱动，实现企业绿色低碳转型升级，将生态资源优势转化为绿色发展优势，探索高质量绿色低碳发展路径，打造“创新、协调、绿色、开放、共享”的经济体系，实现经济发展和生态保护的均衡发展，成为建设可持续发展先锋城市主力军，助力深圳实现2022年碳排放达到峰值的目标。

### 实施南北平衡发展，优化布局产业发展空间

将北部地区打造成为“创新智核”。北部生态资源丰富，生态环境较为敏感，定位打造粤港澳大湾区“创新智核”，最大限度地降低对环境的影响。积极落实北部片区协调发展三年行动计划，加快破除航空限高、土地历史遗留、水源三村发展等“瓶颈”，优化创新生态，以大学城科教提升区、石壁龙科教拓展区和西丽中心创新服务区为重点，高标准规划建设面积69.8 $km^2$的西丽湖国际科教城，办好“没有围墙的大学”，促进大学校区、居民社区、产业园区共建共享，重点打造世界一流大学城、国家基础研究和应用基础研究高地、区域协同创新引领区，将科教城建设成为粤港澳大湾区的“创新智核”。

将中部地区打造成为“中国硅谷”。中部集聚腾讯、中兴等高新技术企业，定位打造“中国硅谷”核心区，重点建设以“高新园—留仙洞”为核心的技术创新高地，提升片区居民就业品质及人均收入。建设以高新产

业园为核心的技术创新高地，依托通信产业、计算机产业、软件产业、医药产业、新材料产业、光机电一体化产业集群，重点发展产学研联动、多元化融合为特色的战略性新兴产业体系。着力强化新一代信息技术产业、互联网产业、生物产业和文化创意产业的集聚优势，积极培育小微创新型企业，鼓励发展各类创新创业。积极推进曙光仓储地区产业转型升级，加快建设南山智园二期，引进高端创新企业和重点实验室、检测中心等创新企业、载体和平台，加快建设国际知识创新村。

将南部地区打造成为“城市会客厅”。南部是滨海对外交流的窗口，定位打造粤港澳大湾区的“城市会客厅”，重点培育生态宜居环境，吸引企业总部、高端人才落户。建设贯通深圳湾、后海、蛇口和前海等片区的总部经济带。优化深圳湾超级总部基地。重点发展以“总部+信息服务”为特色的战略性新兴产业体系，强化现代金融、文化创意、科技服务等现代服务业联动发展，加快推动恒大集团、中国电子等项目建设进度，成为展示深圳滨海城市特色和超级经济功能的窗口。高标准建设蛇口太子湾国际总部基地。打造170万$m^2$的“山海融城CBD”，着力发展金融、科技、现代服务业等高端产业，致力于打造以产业集聚人群，成为具有都市滨海风情和中外人文气息的“人居之湾”。建设后海金融商务总部经济区。重点集聚以总部形态为主体、融合金融商务功能的产业体系，形成“特色鲜明、主题突出”的世界级金融街区，打造南山版“华尔街”和“时代广场”。打造前海总部基地。落地一批以汇丰银行、东亚银行、瑞银、国新资本为代表的具有国际影响力企业和以香港会计师、律师、专业人士咨询顾问机构为代表的行业先进性企业，成为亚太地区重要的生产性服务业中心、世界服务贸易的重要基地。

### 6.3.3　实施产业结构转型，建设世界一流城市CBD

推动产业集约节约发展。推动以“西丽湖国际科教城”为核心，集科研教育、高铁枢纽、生态涵养于一体的绿色、生态协调发展区，打造科教高地。推动以“高新区＋华侨城片区＋南头古城”为核心的，集高新技术、文化创意、文脉传承于一体，宜居、宜业的综合发展区。推动以前海蛇口自贸区为核心的“自贸区＋国际化”的国际交往区，打造集对外交流、自由贸易、滨海休闲于一体的休闲、生态特色发展组团，形成特色城市节约集约发展组团。

创建国际科技成果转化示范区。加快“智园、智城、智谷”建设和高新区北区改造升级。加快鹏城实验室、深圳湾实验室、国家超算深圳中心二期、深圳量子科学与工程研究院、哈工大（深圳）重点实验室集群以及若干诺贝尔奖实验室等重大研究机构建设，依托安谋科技（中国）有限公司中国公司，加快粤港澳大湾区集成电路公共创新设计平台建设，推动以商汤科技为代表的人工智能产业在南山集聚，形成源头创新的战略支撑。

探索实施全生命周期绿色生产。对标国际先进生产水平，鼓励企业实施全生命周期绿色生产，探索开展绿色设计试点，推进绿色产品认证。开展“散乱污危”企业综合整治，提高工业企业污染防治能力。推动大型龙头企业实施绿色供应链管理，带动上下游企业实现绿色发展，按照产业分区推动实施绿色生产。

实施产业低碳工程。推动以塘朗工业区、高发科技园、西丽工业区、红花岭工业区等为代表的现代工业园区向高端制造转型升级，重点发展各类战略性新兴产业以及传统优势产业的高端制造环节，如智能装备、通信设备、生物医药、仪器仪表等。继续支持高新区、留仙洞总部基地、中兴工业区、蛇口网谷、TCL 科学园等产业园区的发展，大力发展各类战略性新兴产业的研发设计与检测中试环节，如智能装备、通信设备、生物医药、互联网、温海创意、软件与新型服务、科技服务、专业技术服务等。推动前海合作区、后海、深圳湾等发展绿色总部经济园区。重点发展各类高新技术企业和现代服务业企业的总部管理与市场运营环节，以及相关高端生产性服务业，如金融前台、商务服务、互联网及信息服务、科技服务、文化旅游服务、国际贸易、现代物流等，到 2020 年，全区各类创新型科技企业达到 15 000 家，其中国家级高新技术企业达到 3 000 家。

#### 6.3.3.1 实施节能降耗行动，建设绿色低碳生态城区

加快建设绿色建筑。建设绿色智慧生态城区，新建民用建筑 100% 为绿色建筑。蛇口老镇、南油等片区改造满足国家或深圳市绿色建筑标准的要求。鼓励蛇口自贸区、深圳湾超级总部基地等提高绿色建筑发展目标。加强绿色居住区示范建设，鼓励新建居住区绿色建筑建设达到国家二星级及以上或深圳市金级及以上要求。规模化推动北部片区绿色建筑发展，重点鼓励大型公共建筑、留仙洞战略性新兴产业总部基地、南山智园等按照国家二星级及以上或深圳市金级及以上标准建设。到 2020 年以政府投资为主的大型公共建筑达到国家二星级以上标准，民用建筑达到国家绿色建筑一星技术标准或者深圳铜级标准，达到国家二星级以上标准的比例超过 30%。

加快推广装配式建筑。大力推动装配式建筑从居住建筑向公共建筑、工业建筑以及市政基础设施、水利水电工程等的拓展应用。自 2019 年起，全区新建住宅、宿舍、商务公寓等居住建筑推广实施装配式建筑，建筑面积 5 万 $m^2$ 及以上的新建公共建筑、厂房、研发用房实施装配式建筑；2020 年起，建筑面积 3 万 $m^2$ 及以上的新建公共建筑、厂房、研发用房实施装配式建筑。

推进既有建筑节能改造。率先实施近零碳排放区示范工程，加快低碳技术研发，提高节能、节水、节地、节材标准，大力推进绿色低碳循环发展，大力实施“全城屋顶绿化”工程。积极推动公共建筑、居住建筑等绿色化改造。大力发展屋顶绿化、垂直绿化及绿色建材，推广应用散装水泥、预拌混凝土、预拌砂浆、隔热保温材料，推动建筑工业化。大力推广集中供冷、雨水收集利用、中水回用工程。积极推进太阳能等可再生能源建筑规模化应用，扩大可再生能源产业市场需求。

强化重点用能单位管理。积极落实重点用能单位“双控”目标责任评

价考核，协助推动重点用能单位加强用能管理，实施节能技术改造，大幅提高能源利用效率。严格执行能源统计、能源利用状况报告、能源管理岗位和能源管理负责人等制度。协助推进能源审计，总结用能单位改善能源管理的措施和运行维护的建议。加强重点用能单位能源计量器具的配备和管理，建立健全能源计量管理制度。加强能效标准监督检查，对重点用能单位产品进行抽样检查。

促进交通运输节能。持续提升公交基础设施供应水平，完善多元公共交通服务体系，优化公共交通网络布局，实现高峰期公共交通占机动化出行分担率提高至 60% 以上。加大新能源汽车推广力度，加快充电桩、充电设备设施建设。加强交通运输领域重点用能单位监督管理。继续推进绿色低碳港口建设工作的开展。

加强工业节能。加强高能耗行业能耗管控，全面推行重点耗能行业能效对标。推动清洁生产审核，以高污染高排放行业为重点推动企业开展清洁化改造，通过推广清洁生产先进技术，提升制造业企业绿色清洁生产水平。构建完善的绿色制造体系，鼓励企业园区开展绿色工厂、绿色产品、绿色园区、绿色供应链管理等国家绿色制造示范创建，引导企业园区提升绿色制造能力水平。

### 6.3.3.2 实施热电联产行动，实现能源利用更清洁更高效

推进区域供冷系统建设。践行前海节能环保、低碳生态的建设理念，在前海规划建设全球顶级规模的集中供冷系统，采用电制冷和冰蓄冷技术，建设 10 个冷站、90 km 市政供冷管网，总供冷规模达 40 万冷 t，供冷服务覆盖桂湾、前湾和妈湾三个片区，总供冷建筑面积达到 1 900 万 $m^2$。将妈湾发电厂的蒸汽余热作为动力补充代替传统的电力，实现热电联产，提高能源的利用效率，实现能源的阶梯利用。在妈湾片区探索海水冷却技术的应用，避免冷却塔的使用，减少城市热岛效应和噪声排放，改善城市环境。

#### 6.3.3.3 实施海绵城市建设，优化城市生活空间

构建城区大排水系统。保留和扩大大沙河、小沙河、后海河等水系景观水面，保护和改善城市水生态环境。水务工程、道路工程、城市更新改造等新（改、扩）建项目，全面落实海绵城市要求。充分利用全区公园，因地制宜地建设雨水收集利用设施和大型排水设施，打造“渗、滞、蓄、净、用、排”有机结合的水系统。落实“绿色”与“灰色”相结合的理念，在全区地铁站点、商场、公共设施等灰色建筑中，建设绿色屋顶、集雨设施、综合管廊等海绵设施，满足防洪排涝、雨水利用的需求。重点推动地铁 13 号线科苑大道段地下空间综合开发利用，建设沙河东等 10 km 综合管廊，建立完整的地下城市空间系统，解决科技园片区的交通及配套问题，打造立体之城。到 2021 年，建成区 20% 以上面积达到海绵城市建设要求。

打造海绵城市连片示范区域。全面完成试点区域建设任务，打造一批海绵城市示范项目。加快推动留仙洞战略性新兴产业总部基地、高新区北区、深圳湾超级总部基地和后海中心区等 4 个全市海绵城市重点区域建设，从建筑与小区、道路与广场、公园与绿地、水系、排水设施等五大类出发，分片区、分类别制订海绵城市建设目标，率先建成具有连片效应的示范区域。

#### 6.3.3.4 实施最严格水资源管理，推进节水型社会建设

实行最严格的水资源管理制度，严控水资源消耗总量和强度，建设节水型城市，提高城市洪涝灾害防御能力，结合道路、地下空间、轨道交通建设综合管廊，构建城市地下管线的“生命线”。持续推进优质饮用水入户工程，完成辖区内的小区和自然村的供水管网改造，严控供水管网漏损。持续开展节水型居民小区、重点用水行业节水型企业和节水型公共机构等节水载体创建活动。持续推动合同节水，在大学城片区推广深圳职业技术学院“EMC 综合节水改造项目”的成功经验。开展辖区内规划水资

源论证工作；积极推进再生水等非常规水资源开发利用，持续推进建成一批中水、雨水利用工程。

#### 6.3.3.5 实施绿色港口工程，构建港口低碳发展体系

共建深港国际航运中心。促进深港两地现代物流业深度合作，全面提升国际中转、高端航运服务及供应链管理等综合服务能力，以“深港组合港”形式共建“21 世纪海上丝绸之路”的核心枢纽和重要门户。依托港口，强化商品、技术、资本、信息综合集散功能，大力推动跨境贸易等衍生产业发展，支持供应链管理企业发展。建设招商局港口（华南）运营中心，整合招商局国际全球港口营运资源。鼓励南山骨干物流企业和第三方机构推进智能仓储体系建设，优化运作流程。

大力实施能源管理节能。布局清洁能源管理体系，保障码头清洁能源供应，合理布局疏港交通沿线 LNG 加气站建设，推进港口拖车及港作船舶应用 LNG 燃料，鼓励货运企业使用 LNG 等清洁能源车辆。推动码头电动汽车充电站建设，开展港口能源管理系统建设，探索建立能源在线监测平台，对港区能耗进行实时分析、监控，向管理要效益。

继续开展技术节能示范。继续实施龙门吊“油改电”和混合动力改造，实现龙门吊 100%“油改电”，拓展电力设备推广范围，推动港作车辆实施使用电驱动。协调推进 LED 照明改造、起重机势能回收、电机能效提升等工作。配合珠三角船舶大气污染物排放控制区设立工作，鼓励码头开展船舶岸电设施建设，覆盖率达 80%，靠港船舶转用低硫燃油。到 2020 年，靠港船舶全部使用岸电或低硫燃油。

加强港口生产节能。继续优化港口功能布局、推进港口结构升级加大港口资源整合力度，完善专业化运输系统布局，完善港口集疏运设施，提高集疏运效率。全面推进港口技术改造工作，提升码头设施的专业化和现代化水平。强化港口工程节能设计，加快港口装卸机械技术升级改造，优化港口装卸作业流程与运输组织结构。大力调整港口能源结构，加快发展

高能效电力驱动港口装卸设备，推广电能回馈、储能回用等新工艺、新技术，推进船舶靠泊使用岸电技术改造。到 2020 年，力争使港口能源消费以电力为主。

最大限度地减少港口对海域环境的影响。加强港口建设和运营过程中的环境保护，严格生态环境评价，提高资源集约节约利用和综合开发水平，最大限度地减少对海域生态环境的影响。加强港区污染物排放控制，增强风险防范与应急处置能力。开展渔业增殖放流等补偿措施，提升海域生态系统自我修复能力。建设数字化环保系统，对包括港区在内的污染源进行在线监测监控，全面实施移动执法。

### 6.3.3.6 实施“无废城市”创建，成为绿色发展领跑者

积极推动“无废城市”建设。重点推动生活垃圾减量分类，打造“九大分流、九大分类”的生活垃圾处理“南山模式”，强化生活垃圾无害化处理，加强垃圾收集、运输、资源化利用，提升固体废物无害化处理水平。推动减量化、资源化、循环化，强化对产废企业的清洁生产审核，鼓励产废企业自建分类减量、在线回收或综合利用设施，减少危险废物转移处理量，提升危险废物利用和处置能力，严控危险废物，建立危险废物溯源系统，实现危险废物“产生—运输—处理”全过程实时追踪、智能识别、反向溯源。推动建筑废弃物源头减量、就地利用、资源化利用。2020 年年底前，实现固体废物 100% 无害化处理，生活垃圾分类回收覆盖率 100%。

加强废弃物资源化利用和低碳化处置。以生活垃圾分类投放、分类收集、分类运输、分类处理为主线，建立健全政府推动、全民参与的生活垃圾分类工作机制，推动垃圾减量化、资源化、循环化。2020 年实现全区机关、企事业单位和公共场所全面实施生活垃圾分类，所有住宅区实行“楼层撤桶”，建立居民小区“集中分类投放 + 定时定点督导”模式，实现厨余垃圾分类全覆盖。

高标准建设妈湾城市能源生态园。以“高起点规划、高标准建设、高效能管理”的目标，开创“高效治理，科普教育，绿色旅游，社区回馈”四位一体的综合体建设发展模式，加快推进妈湾城市能源生态园等垃圾焚烧处理设施的建设，促进项目周边社区经济、社会转型升级，着力把项目打造成依法治理、低碳环保、多方共赢的典范。2019 年年底前，日处理量 1 500 t 生活垃圾的妈湾城市能源生态园投入运行。

探索打造“限塑”先行示范。探索开展“限塑”行动，推动大型超市、餐饮外卖行业限制提供一次性不可降解塑料袋和塑料餐具，积极引导公民使用环保购物袋、纸质购物袋、可回收容器等盛放物品，并逐步推广到小型商店、农贸市场等其他场所。逐步推进“绿色外卖”，推动餐饮服务业外卖使用可循环利用的送餐箱、餐具，禁止主动、免费提供一次性餐具，全面使用可降解一次性餐盒。试点推进“绿色快递”，推动快递业加快实施绿色包装，快递网点限制使用一次性不可降解包装袋，鼓励推广“无胶纸箱”和可循环利用的“物流盒”，选择可降解的纸盒填充物。

开展“无废城市细胞”创建活动。以绿色家园系列创建活动推动“无废城市细胞”建设，落实“无废城市”建设要求，创建绿色机关、绿色学校、绿色酒店、绿色商场、绿色企业、绿色医院、绿色街道、绿色社区、绿色家庭等“无废城市细胞”。全面创建“绿色机关”，党政机关、事业单位、国有企业等公共机构全面开展无纸化办公，不提供一次性杯具，做好办公耗材回收，提倡双面打印。逐步打造“绿色酒店”，宾馆、酒店逐步禁止提供一次性日用品。逐步建设“绿色商场”，商场禁止免费提供一次性购物袋，鼓励购物者使用可重复利用的购物篮。

### 6.3.4 突出绿色生活方式，建设优质宜居乐业典范区

打造优质绿色的公共服务体系，积极引导和推动绿色低碳生活，建设亲民惠民的公园城市，藏绿于城、增绿为民，探索建立在生态优美基础上的富裕生活，提升居民满足感、幸福感、获得感。优化城市绿色品质，积

极打造世界一流的营商环境，留住人才，吸引人才，为发达中心城区践行“绿水青山就是金山银山”理念提供典范。

#### 6.3.4.1　提升优质绿色公共服务，建设惠民利民工程

构建便民利民的绿色出行系统。优化发展绿色公共交通，推进交通低碳化，规划建设 1.68 $km^2$ 的西丽高铁新城，2020 年启动光明城站至西丽站建设工程和西丽高铁枢纽主体工程建设，积极纳入国家“八横八纵”高铁网。加快织密轨道交通网，推动地铁 12 号线、13 号线建设，完成 5 号线南延线、9 号线西延线建成投入使用，争取轨道 15 号、20 号、21 号等线路纳入五期规划。完善公交、客运出租汽车智能调度系统、港航海事管理信息化系统建设。推进妈湾跨海通道、沿江高速下海工程，桂庙路、沙河西路和月亮湾大道等快速化改造。积极拓展海上航线，开设南山至中山、珠海等地的水上巴士线路。推动深圳湾口岸功能提升，全面提升与香港的出入境能力。

建设亲民惠民的公园城市。优化提升塘朗山郊野公园、华侨城湿地公园景观，精心管护人才公园、深圳湾公园，启动蛇口山公园、西丽生态公园、廉政公园、大沙河公园、鼎太社区公园、美景街心花园等的建设，打造特色社区公园、街心公园、花漾街区。加快完善大学城、广深高速同乐段等重要门户景观，打造一批“一路一景”的绿化景观大道。依托大沙河、后海河、深圳湾等亲水环境打造高标准碧道，建成大沙河生态长廊。打造大学城、留仙洞、深圳湾、后海、前海蛇口五大片慢行示范区，建成环西丽湖高品质绿道，建设涵盖生态型、郊野型、都市型三类绿道的慢行网络。完善“点”“线”“面”结合的绿化景观精品，构建南山特色的“公园在城中、城在公园中”三级公园绿化体系，实现“开窗有美景，出门可进园”。

打造社会基层服务品牌。实施生态公园全免费开放，积极释放绿色福利。全面升级南山区数据中心和卫生、教育、街道数据分中心，增强城区

“大脑和心脏”的储存运算功能。建立政务服务大数据分析应用平台，打通政府部门之间的“数据烟囱”。深化智慧警务建设，完善智慧指挥、智慧侦查等体系。推广智慧政法、安全、消防、城管等运用，加快智慧园区、社区等试点建设，让城市更聪明、生活更美好。以“蔡坤海警务室”为样板，推广“智慧警务＋便民服务＋群防群治”的“南园模式”，让“南园模式”在全社区落地生根。

#### 6.3.4.2 提升绿色低碳行为标准，推动践行绿色生活

推进轨道、公交、慢行交通“三网融合”。推动实现“1 km 以内步行、3 km 以内自行车、5 km 以内公交、长距离轨道为主”的发展目标。全力推进轨道交通建设，提高前海、蛇口、深圳湾、科技园、留仙洞、后海、大学城 7 个片区地铁站点的密度，持续提高 500 m 轨道交通站点比例。推进智能公交 App 系统、交通规划决策支持系统、智能信号灯控制系统、交通信息共享平台建设，构建公共交通网络，力争打造全国第一条智慧化道路。加大公交站点建设，持续提升公交基础设施供应水平，完善多元化公共交通服务体系，2020 年前，辖区地铁站 100 m 范围内公交站 100% 覆盖。加快慢行系统建设，推动慢行交通复兴，全面完善辖区步行和自行车交通系统，加快轨道交通与慢行设施融合、常规公交与慢行设施融合，配套建设自行车停放区、慢行无障碍设施、接驳风雨连廊等。加快后海文化商业区、深圳湾大街东延段立体慢行系统建设，实现大型山体—自然公园—城市公园—社区公园互联互通，紧密衔接轨道交通和公共交通，形成系统的城市绿色生态路网，以龙华—南山的跨区自行车道为示范，加快建设自行车快速路。

大力引导和推动践行绿色消费。继续推广新能源汽车、高效照明灯等节能产品，鼓励选购高效节水产品、有机绿色无公害农产品，推广使用绿色建材和环保装修材料。推动建立绿色商场、绿色超市、绿色农贸市场等绿色流通主体，支持商场、超市、市场通过设置绿色产品专区、突出绿色

产品标识、定期推介绿色产品、购买绿色产品双倍积分等手段，引导消费者优先选购绿色产品。加大绿色产品政府采购力度，推动将绿色产品全部纳入政府采购品目清单，实施绿色产品政府优先采购和强制采购，逐步加大政府绿色采购力度，扩大绿色产品的市场。

#### 6.3.4.3　提升城市绿色更新能力，加速向可持续城市转变

开展城中村整治和宜居社区建设。加强城中村的物业管理，有效整治城中村“脏乱差”，实施“科技围村”工程，全覆盖安装视频门禁系统，完成所有城中村雨污分流改造，实现污水零直排，打造安全干净、和谐有序的文明新村，形成一批城市“样板村”“优秀村”，树立城中村整治标杆典范，力争将南光社区打造成全市标杆。按照“系统化、品质化、特色化”的要求，积极开展高星级省宜居社区创建，加大宣传力度，形成全民重视创建、支持创建、参与创建的良好氛围。重视街道地域特色资源的保护，城市更新改造过程因地制宜的延续历史文脉、设计街道色彩、打造街道特色名片，形成城市特色名片。

#### 6.3.4.4　提升绿色城市整体风貌，打造世界级城市新客厅

建设深圳湾城市会客厅。高水平规划管理城市天际线，以沿深圳湾海岸线重点片区为载体，打造华润大厦、深圳湾体育中心、深圳歌剧院等粤港澳大湾区城市群“新地标”。加快后海商业文化发展轴的建设，将深圳湾大街打造成深圳的“香榭丽舍大道”。高水平规划建设深圳湾文化设施带，力争未来科技馆、中国设计博物馆等标志性设施落户，实施海岸线景观照明提升工程，构建世界级湾区天际线，实现“海上看深圳、南山最美丽”，打造世界级的深圳湾 CBD。

建设前海城市会客厅。积极优化建筑立面，推动建设以国际会议中心、剧院、深圳市改革开放博物馆和科技专题馆等重大公共文化交流设施群为核心，以及水廊道、桂湾片区中轴线和滨海岸线长廊呈现国际范式的

前海湾滨海风貌，建设“美丽前海、湾区水城”，形成代表中国最先进的具有世界水平的湾区城市窗口形象。

#### 6.3.4.5 提升一流绿色营商环境，建设魅力服务型政府

全方位深化“放管服”改革创新。构建常态化“滴灌式”精准服务体系，持续推进施工许可、市场监管、社会信用等领域改革，推动水、电、气、网等服务便捷化。实施“百千万”企业服务行动计划，梳理100家贡献突出的龙头企业，实施一对一专员服务。持续优化区领导挂点企业和“绿色通道”工作，服务企业1 000家。聚焦企业需求，发挥上市企业、中小企业、企业家联盟等行业协会、组织的作用，举办各类惠企活动，服务中小微企业上万家。

积极深化绿色营商服务。推行“100%一号办”“100%一窗办”“100%一网办”“100%一次办”“100%阳光办”5个“100%服务”。依托数字政府建设，积极探索“秒批”、不见面审批、“主题式服务”等服务新模式，推出100个政务服务事项即来即办、200个不见面审批事项、300个政务服务事项移动终端“指尖办”的“123”专项服务。深化“证照分离”和“多证合一”改革，提高事中、事后监管能力。

持续优化营商环境制度设计。设立规模科技企业的融资担保基金，民营企业通过发行创新创业债券、绿色债券等融资，给予一定的发行规模补贴，搭建“南山科技金融在线平台2.0”，降低企业贷款成本。多渠道筹集人才和保障性住房，推动高新公寓棚改和高新园人才公寓建设。借助司法部粤港澳大湾区法治建设研究基地，推进大湾区营商环境和科技创新法治建设。

#### 6.3.4.6 做强全域生态旅游，打造粤港澳大湾区旅游胜地

打造城市生态休闲旅游基地。依托麒麟山庄、大沙河生态长廊、塘朗山公园、大南山公园、深圳湾滨海休闲带、华侨城湿地，以“城市氧吧”为特色，打造贯穿南北的生态休闲旅游。

打造深圳市主题娱乐中心。依托世界之窗、欢乐谷、民俗文化村、深圳野生动物园等主题公园，打造绿色亲子娱乐的生态旅游。引进世界最先进的声、光、电等技术，围绕华侨城创意产业园，统筹周边恒通城市更新、智慧城、侨城坊等产业资源，重点打造文化创意、电影电视产业集聚区，打造深圳版的“环球影城”。

打造都市观光特色旅游。依托南头古城、赤湾天后宫、左右炮台等历史传统文化景点，优化深港历史文化旅游。推广以华润大厦为核心的深圳湾总部基地、以腾讯大厦为核心的高新园、以海岸城为核心的后海商业街、前海自贸区等世界级商业、商务楼宇都市特色景观，打造都市文化旅游精品。支持企业打造专业展厅、展馆、博物馆，培育工业旅游、科技旅游新业态。

打造高端滨海旅游。发挥中国邮轮旅游发展实验区的政策优势，建设华南地区邮轮游艇门户港、中国大陆主要的邮轮母港之一、国际知名邮轮母港，努力打造高端滨海旅游。加强城区夜景整体设计，实施深圳湾滨海岸线景观照明提升工程，营造国际化滨海夜景灯光带，构建世界级湾区天际线，推动夜间“海上看南山景”，打造高颜值、国际范的山海城夜间景观典范。

### 6.3.5 突出绿色发展机制，建设南山特色全面创新引领区

通过创新建立决策考核、协调跟踪、监督管理、资金投入等“绿水青山就是金山银山”体制机制体系，优化城市绿色发展评价、生态环境治理、公众参与、生态补偿等制度，积极推动“绿水青山就是金山银山”良性转化，为创建“绿水青山就是金山银山”实践创新基地建设提供保障，积极建设更高品质、更高标准的全面创新引领区。

#### 6.3.5.1 推行“城市 GEP”核算，强化绿色指挥棒

根据深圳市发布的全国首个城市 GEP 核算地方标准《盐田区城市生态

系统生产总值核算技术规范》，来推动构建南山区城市 GEP 核算体系，实施南山区“自然生态系统价值”和“人居环境生态系统价值”年度核算，推动“城市 GEP”进规划、进项目、进决策、进考核，丰富“绿水青山就是金山银山”的发展理念，强化绿色指挥棒的作用，探索形成以 GDP 增长为目标、以 GEP 增长为底线的城市发展观，不断满足人民群众日益增长的优美生态环境需要，共享南山区发展成果，提升民生幸福感。

#### 6.3.5.2 推行生态文明考评机制，筑牢生态政绩观

优化升级生态文明考评体系，将各项考核指标任务进行分级，落实责任，重点关注“$PM_{2.5}$平均浓度”“污染减排任务落实情况”“空气质量优良率”“河流、近岸海域及地下水环境质量”“饮用水水源水质达标率”“生态资源指数”“治污保洁工程”7 项生态文明建设指标，并将其纳入区绩效考核。强化污染减排、治污保洁、海绵城市建设、绿色建筑、生活垃圾分类减量等工作内容，探索以街道为单位，通报辖区地表水质监测以及一街一站大气监测数据及任务，用考核机制激励引导生态环保建设工作，形成以考核增压力、以考核提效率、以考核增动力的“绿水青山就是金山银山”建设良好工作机制。全面落实生态环境保护“党政同责，一岗双责”，压实生态环保工作责任。

#### 6.3.5.3 推行“绿水青山就是金山银山”评估机制，创新动态化跟踪

对南山区“绿水青山就是金山银山”实践创新基地建设过程实施动态跟踪评估，定期总结“绿水青山就是金山银山”实践创新机制，积极挖掘“绿水青山就是金山银山”实践创新特色亮点，总结凝练“绿水青山就是金山银山”建设的“南山模式”，按照“成熟一条、推广一条”的原则，依托生态文明建设论坛、绿色论坛进行“南山模式”推广，丰富“绿水青山就是金山银山”内涵，树立发达城市中心城区“绿水青山就是金山银山”建设的标杆和典范，扩大南山在全国“绿水青山就是金山银山”实践

创新建设中的知名度与影响力。

#### 6.3.5.4 推行生态产品市场化机制，打造绿色交易示范

推动开展碳排放交易。按照《深圳市碳排放权交易管理暂行办法》，积极参与实施碳排放管控、碳排放配额管理、碳排放抵消、碳排放监测、履约评价。积极推动辖区企业参与碳排放交易。

积极实施排污许可证管理。优化环境管理，整合、衔接、优化环境影响评价、总量控制、环保标准、排污收费等管理制度，实施更严格、更细化的排污许可“一证式”管理，推进多污染物综合防治和统一管理，强化事中、事后监管，将排污许可建设成为固定点源环境管理的核心制度，根据管理名录，实现排污许可全覆盖，同时逐步将固体废物和环境噪声依法纳入排污许可管理。

#### 6.3.5.5 推行精细环境管理机制，构建多元监管体系

继续推行河长制、湖长制，探索实施海岸线保护“湾长制”。进一步抓好南山区水系、水资源和水安全的统筹规划，解决好水系连通、水资源调配利用和水安全保证问题，出台相关行动计划，全面建立和打通河长、湖长、湾长“三长”联动机制，升级“海域—流域—陆域”水环境保护体系，全面提高河湖近岸海域管护水平，切实发挥好各级河长、湖长、湾长的职能作用，全面提升南山区水生态质量。

精细化管控污染企业。提高辖区企业及工业园区环保意识、环保法律法规及环保管理知识、履行环保主体责任能力，全面落实企业环保主体责任。开展“环保主任”培训，由环保专家在技术层面加强对各单位的指导，确保环保主任了解必备的环保法律法规及违法行为，掌握企业需要落实的各类污染防治、环境风险识别、环境应急处置办法、环境安全隐患排查等环保责任和工作方法，显著提升企业及工业园区参与生态环境保护的积极性。全面推动固定源排污许可制全覆盖，落实排污单位主体责任，强

化证后监管和处罚，实现“一证式”管理。实行最严格的生态环境保护制度，加强生态环境执法，对违法行为“零容忍”。

探索“环保管家”服务新模式。推广工业园区第三方环保服务，搭建南山区企业环保技术服务网格，将环境监管力量延伸到最前线，加强园区内部的资源共享、产业共生、物质及能量循环，由环保专业团队为园区企业招商评估、环境管理制度建设、环保设施运维管理、园区生态化、循环化改造等提供咨询服务，及时发现和解决环境问题，保障绿色智慧工业园区高效运行。优化组合第三方和基层环保队伍，形成企业落实生态环保的共治共建共享合力。

推动“环境信息强制性披露”。在生态环保领域，重点公开环境污染防治和生态保护政策措施、实施效果，污染源检测及减排等信息，探索建立企业违法排污信息披露制度，强化制度约束，督促企业自觉守法。进一步完善生态环境信用评价体系，严控企业污染行为。推广生态环境公益诉讼，鼓励政府机关、社会组织等提请生态环境公益诉讼，推动形成全社会合力。

#### 6.3.5.6 推行生态保护专项补助，守护绿水青山本底

积极落实生态补偿制度。持续对西丽水库周边的麻磡、大磡和白芒（含牛成村）“水源三村”进行生态环保专项补助。并根据实际探索优化对水源保护区重点生态功能区的生态环保专项补助机制，完善相关奖惩机制，在原生态补偿资金之外，2019 年开始每年另行设立 1 000 万元奖励专项资金，鼓励积极配合“水源三村”“西丽三河”整治项目的居民，建立健全“宝库计划”实施方案奖惩机制，对当年考核结果达到绩优的股份合作公司和社区按照股民人数的比例拨付考核奖励金，考核结果为合格或不合格的股份合作公司和社区不予发放，其考核奖励金发放给当年考核结果为绩优的其他股份合作公司和社区，鼓励股份合作公司和社区积极做好水源保护区的各项工作。

#### 6.3.5.7 推行“绿水青山就是金山银山”投入机制，提供示范创建保障

充分发挥公共财政在“绿水青山就是金山银山”实践创新基地建设方面的导向作用，开展生态环境保护市场化机制研究，建立吸引社会资本投入生态保护工作机制，引导民间资本积极参与“绿水青山就是金山银山”实践创新基地的建设。加大生态环境领域的财政资金投入，加强对循环经济、清洁生产、节能减排、节地节水节材等相关项目和企业的政策支持，构建财政、金融、民间资本等多种类型资金参与“绿水青山就是金山银山”实践创新基地的发展格局。

### 6.3.6 突出绿色文化创新，建设粤港澳大湾区文化展示区

通过历史传统文化与现代文化的交融，积极传承非物质文化遗产，从文化创意、生态文化品牌、文化交流、文化教育宣传等方面出发，积极构建和弘扬南山区色彩缤纷、特色丰富的“绿水青山就是金山银山”文化体系，推动“藏美于城、增美于心”，打造粤港澳大湾区“绿水青山就是金山银山”文化的核心展示区。

#### 6.3.6.1 做强深港文化品牌，保护弘扬历史文化

共塑粤港澳大湾区人文精神。充分挖掘南头古城历史人文瑰宝，推动南头古城保护、修缮和利用，加快南头古城历史文化街区建设，打造岭南特色文化小镇，重塑深港文化之根。组织举办各类文化遗产展览、展演活动，保护、宣传、利用好文物古迹、文化遗产和非物质文化遗产，支持弘扬岭南文化，深化南山特色“绿水青山就是金山银山”文化的内涵。

强化粤港澳大湾区文化交流。联合港澳文化、体育协会，打造一批国际性、区域性品牌的赛事和活动，增强举办全球赛事的能力，支持粤港澳大湾区市民广泛参与。举办深港澳青少年交流活动，策划深港澳青少年文化交流季等常态化活动，开展综合性和生态文明建设专题性科普活动，开

展青少年研学旅游合作，建设一批研学旅游示范基地，强化深港澳青少年的传统文化、“绿水青山就是金山银山”文化和爱国主义教育。

#### 6.3.6.2 做强海洋生态文化，传承海洋生态文明

积极拓展南山海洋文化命脉。围绕“辞沙”祭妈祖大典、“开丁节”“侯王诞祭典”等特有的传统海洋民俗，每年定期举办海洋文化相关的论坛，深挖赤湾天后宫为“海上丝绸之路”枢纽站的意义，建设赤湾文博圈，将南山区打造成绿色“海上丝绸之路”的文化前哨站，推进南山海洋文化的产业化与创新。

#### 6.3.6.3 做强绿色创意文化，突出生态文化创新

依托具有文化企业集聚空间性质和孵化器功能的“文化产业园区”“文化产业基地”“教育培训基地”，融入生态环境保护理念，积极融合生态、创新、创意元素，支持创意文化旅游创新平台、创客空间、创新基地等新型众创空间发展，在旅游形态中赋予生态文化内涵，通过文化再造展现创意文化旅游魅力。擦亮华侨城创意园等品牌，新建 2 ~ 3 个文化产业园区，支持时尚创意产业发展，构建粤港澳大湾区文化创意产业带。

#### 6.3.6.4 做强特色生态文化，打响南山荔枝生态品牌

打响“南山荔枝”生态文化品牌效益。推动地理标志产品“南山荔枝”规模化产业化经营，做好果农和果园承包者的生产经营管理，探索实施生态化、精细化生产，实现稳定产出，在高度发达中心城区开拓一片绿色农产品基地。继续办好“南山荔枝文化旅游节”，以“南山荔枝”为纽带不断提升全区旅游业现代化、集约化、品质化、国际化水平，促进旅游、科技、金融、文化相互融合。

#### 6.3.6.5 做强基层环境教育，推进“党建 + 环境教育”

建立“党建 + 环境教育”模式，按照“一中心一特色”的原则，借

助党群服务中心阵地，建设“绿水青山就是金山银山”文化教育基地，发挥党群服务中心引领作用，为公众提供生动直观、特色鲜明、功能多样的环境宣传教育场所，通过“大讲堂”“微课堂”“小体验”等形式，开展形式多样、寓教于乐的生态环境宣教活动，全面倡导绿色生活、低碳生活，全面构建全民学习、参与支持生态环境保护的全社会行动体系。

#### 6.3.6.6 做强立体宣传体系，打造“绿水青山就是金山银山”宣传示范

建立“绿水青山就是金山银山”理念宣传矩阵。依托公交、地铁车载电视、公交站台展板、商场、广场户外大屏等各类宣传媒介构建立体化宣传矩阵，全面打通线上线下生态文明意识宣传同心圆。充分依托华侨城湿地公园自然学校、青青世界、深圳市水土保持科技园等环境教育基地，发挥南山文化馆、创意园、南海意库、深圳动漫园等载体作用，打造生态文明全民参与的新格局。

打造多类型绿色主题教育载体。将华侨城湿地、大沙河生态长廊打造成集生态科普、生态旅游、生态保护、生态恢复示范等功能于一体的以自然生态保护为主题的宣教基地；将内伶仃岛国家级自然保护区打造成全国森林类型和野生猕猴种群保护的保护区示范；推动辖区内中小学和高等学校建成“绿色学校”，打造成绿色教育典范，建设以生态文明理念为主题的人文教育基地。

探索建立特色生态文明宣教活动品牌。组织开展生态文明、“绿水青山就是金山银山”理念诗词会等居民喜闻乐见的知识竞赛活动，推动机关、企业、学校开展生态文明相关主题教育，提高社会公众的生态环保意识，全面普及生态文明相关知识。

## 6.4 可复制、可推广的“南山特色”典型案例

### 6.4.1 创新污染治理模式

南山区作为改革开放的一面旗帜，曾经是深圳的产业配套区、重污染工业区和能源基地，工业的迅速崛起带来了经济的发展，但环境问题也日益突出。空气环境质量方面，20 世纪 80 年代，南山地域阴霾天气年均 9.5 d。90 年代，由于工业、交通烟尘污染加重，阴霾天气上升到年均 84 d，2003 年，全年有阴霾天气 135 d，大气环境质量急剧下降。水环境质量方面，由于水环境容量小，生活污水大幅增加，污水收集处理能力不高，错接乱排问题较多，导致南山区河流污染严重，为此，南山区政府举全区之力，全力攻坚、精准施策、铁腕治污，探索出环境污染治理“南山模式”，交出了一份出色的环境质量改善成绩单。

案例 1：打赢蓝天保卫战，形成“南山蓝”独特风景

南山区坚决实施打赢蓝天保卫战战略，大力开展大气污染防治行动，创新实施呵护“南山蓝”六大工程，全面调整产业能源结构，全力整治大气污染源，蓝天保卫战成效显著。

一是加快产业结构调整与能源结构优化。加速推进南山区产业结构升级，清退家具制造、平板玻璃、印染等重污染行业，关停广进化工等重污染企业 34 家，推动波顿香料生产线搬迁，推进 30 余家家具生产企业完成绿色转型升级。推进能源结构调整，辖区内的柴油锅炉全部实现清洁能源改造，完成南山热电厂“油改气”工程，南山热电厂成功转型为利用清洁能源发电的环保型企业，基本实现二氧化硫和粉尘等污染物的零排放。

二是加快推进扬尘污染整治。严格落实绿色施工措施，要求建设工程工地严格落实扬尘污染防治“7 个 100%”，对符合《建设工程扬尘污染防治技术规范》（SZDB/Z 247—2017）中各项管控措施要求的项目，施工围

挡及外架实现全封闭，出入口及车行道全部实现硬底化，出入口全部安装喷淋设施（图 6-7），易起尘作业面全部采取湿法施工，裸露土及易起尘物料全面覆盖，出入口全部安装 TSP 在线监测和视频监控系统，有效防控工地扬尘污染。

图 6-7 工地喷淋设施

严控道路扬尘污染，加大道路清扫频次，实现辖区内主次干道、快速路道路的冲洗率、机械化清扫率达 100%。开展裸露土地复绿，对卫星遥感照片显示的裸露斑块实施全面整治，2015 年以来，累积开展裸露土地复绿 400 块，复绿面积约为 418 万 $m^2$，严控裸地产生扬尘污染。

三是全力开展机动车排污综合提标工程。采取环保—交警联合执法的模式，全力开展机动车执法检查，坚决打击排放超标的车辆上路行驶，全区 24 h 禁行黄标车。大力推广使用新能源汽车，推进电动车辆充电桩建设，建成物流集中区、大型商场充电桩 1 347 套，建成出租车充电桩 896 套，实现新能源公交车 100% 全覆盖。

四是加大非道路移动机械污染监管力度。非道路移动机械使用广泛，使用率高、污染大，一台国Ⅲ及以下标准的非道路移动机械尾气排放量相当于 50～80 辆小汽车，南山区全力开展装载机、推土机、挖掘机、打桩机、铲车等非道路移动机械污染防治监管工作，南山区近三年来累计检测柴油非道路移动机械 484 台次，责令使用废气排放超标机械的单位开展治理或更换清洁能源机械，杜绝使用尾气排放超标机械。

五是切实推进重点行业污染治理。辖区内重点 VOCs 监管企业全部完成综合整治工作。完成妈湾电厂绿色升级改造，实现燃煤电厂超低排放。完成妈湾电厂专用码头岸电设施及蛇口港、赤湾港船舶岸电设施的改造，真正实现船舶停靠期间大气污染物零排放，进一步改善港区的大气环境质量。开展辖区内加油站油气回收治理工作，完成 37 家加油站、3 家油库的回收改造，助力臭氧污染防控。

六是全面实施绿色生活工程。严格控制餐饮业的油烟排放，全区规模化以上餐饮企业已全部安装油烟在线监控设备，开展全区餐饮及露天烧烤专项执法行动，严格查处露天烧烤、露天焚烧等违法行为，维护空气质量。

2018 年，南山区空气质量优良率为 92.3%，$PM_{2.5}$ 年均质量浓度下降至 25 $\mu g/m^3$，灰霾天数降至 20 d，达 28 年来最低水平（图 6-8）。

图 6-8 “南山蓝”成为常态

### 案例 2：创新治理大沙河，形成“绿水青山就是金山银山”共生示范

大沙河作为传承南山记忆的“母亲河”，纵贯南山全境，承载着一代代南山人的美好生活与记忆。新中国成立初期，大沙河河中行驶着大量的采沙船，周边居民盖房也直接从河里取沙，由此得名“大沙河”。然而，随着经济的迅速发展及人口的急剧增加，大沙河水体污染负荷大，超过河流自净能力，水质恶化严重。南山区对症下药，创新“综合整治—景观提升—产业升级”治理模式。

一是分段分步开展河道综合整治。2008 年以来，启动大沙河综合整治工程，通过源头杜绝污水入河、分段分步综合整治、强化日常管养保洁 3 大举措对大沙河进行治水提质工作。首先，开展正本清源，对流域内 20 个城中村进行雨污分流改造，对部分老城中村、老住宅小区错接雨污排水管等问题进行纠正，从源头实现雨污分流，避免生活污水污染河流。其次，大沙河实施分段分步整治工程，先后开展河口水闸工程、上游段综合治理工程、中下游段综合治理工程，通过挡潮蓄水、底泥清淤、河岸截污、补水增容等多项措施，改善河道水质。最后，强化日常管养保洁，河道清洁实现全河段覆盖，每天开展河道巡查，对河面垃圾、违法排污等问题快速反应，立即处置，大沙河水质得到极大改善，达到地表水Ⅳ类标准。

二是实施生态景观长廊项目。按照“国内领先、国际一流”标准，根据大沙河的定位，规划建设大沙河生态长廊，全长约为 13.7 km，总建设面积约为 95 万 $m^2$，充分展现了南山区未来城市发展与河道景观的完美结合。最南边深圳湾大沙河出口段，设置包括赛艇等水上运动型项目，让公众更亲近水岸；在河道中游，设计以城市森林特色为主的，为公众提供休憩娱乐的空间；大学城段注重年轻特色与高等院校文化氛围相结合，以英国剑桥大学的设计为模型，让文化、城市的青春朝气与河流融为一体。大沙河生态长廊与深圳湾滨海休闲带、人才公园互联互通，串联南山区南北

两大片区，构建山水相依、水城共融的城市特质，为市民提供一个舒适宜人的滨河浪漫空间。

三是推动河道周边经济转型。南山区借鉴美国硅谷、日本筑波科学城等全球创新中心的先进经验，沿大沙河布局一条南北走向的科技创新轴，从北到南把大学城、留仙洞、高新区等片区连成一个整体，打造深圳全球创新之都核心区。上游串联深圳大学城清华大学研究生院、北京大学研究生院、哈尔滨工业大学研究生院等高端创新要素聚集；中游留仙洞片区及高新产业园区，战略性新兴产业总部基地正吸引众多企业，成为未来引领产业高端发展的新平台；下游深圳湾畔，与一条东西走向的湾区总部经济带相交，集聚国际资本、顶尖人才、总部企业等高端资源，将南山区建设成为世界级创新型滨海中心城区。

如今大沙河河口断面达到Ⅲ类水质，优良的水质也让大沙河成为赛艇运动和市民休闲的乐园（图 6-9、图 6-10）。

图 6-9　市民在大沙河体验赛艇

图 6-10 大沙河生态长廊美景

## 6.4.2 构建产业可持续发展模式

随着经济的迅速崛起，南山区也面临着“成长的烦恼”，工业园区更新改造、传统工业转型升级都成为需要破解的难题，面对这些困难，南山区迎难而上，提出由“工业立区”向“生态立区”转变的发展思路，经过10 余年的摸索及实践，依托“大湾区、自贸区、高新区、科教区”四区叠加的优势，探索出一条经济与生态协同发展的绿色发展路径。

案例 1：妈湾电厂绿色改造，超低排放达世界一流水平

为保证深圳持续快速发展，1989 年深圳市决定修建一个大型火力发电厂——妈湾电厂，它提供的电源约占深圳市电源的 1/3，为国民经济和社会发展做出了巨大贡献。同时，作为高耗能、高污染的燃煤电厂，妈湾电厂经过持续不懈的环保先进技术应用和管理模式的创新，实现超低排放，清洁生产水平已相当于世界火力发电厂一流环保标杆——日本矶子火力发电厂。

一是国内首例采用烟气海水脱硫工艺。在控制二氧化硫污染方面，1998 年妈湾电厂 4# 机组完成了全国首套海水烟气脱硫系统建设并成功投入运行。2007 年全部 6 台机组完成海水烟气脱硫系统建设并投入使用，实际脱硫效率超过设计效率。2013—2015 年完成全部机组深度脱硫改造，脱硫效率均达到 97% 以上。

二是国内首次实施低氮燃烧器改造。在控制氮氧化物方面，2009—2014 年，全套机组完成低氮燃烧器改造及 SCR 脱硝改造，脱硝综合效率均达到 85% 以上，直接减少氮氧化物产生量约 50%。妈湾电厂的降氮脱硝改造成为我国同类型机组第一个成功案例，并荣获中国电力科学技术进步二等奖，改写了我国降氮脱硝的技术路线。

三是深度除尘效率达 99.9% 以上。在烟气除尘方面，为了更加高效地除尘，妈湾电厂利用国内、国外先进技术，改变原有的高压静电除尘方法，对全部进组进行深度除尘改造，除尘率均达到 99.9% 以上。

四是国内率先实施码头岸电上船工程。在国内电厂率先采用国际先进技术，2015 年在妈湾港区实施码头岸电上船工程，全国首创“低压变频，低压上船”模式，岸船使用率 100%，年减排废气约 2 500 t，是目前我国最成功、使用率最高的码头岸电工程，为深圳市“码头岸电”的推广应用乃至创建国家岸电示范城市起到引领示范作用。

1998—2015 年，妈湾电厂经过不断创新，从重污染高耗能企业转型成为清洁能源企业，妈湾电厂的节能降耗改造模式示范引领全国乃至世界火力电厂的清洁改造，为保障全市电力供应、改善大气质量做出了巨大贡献（图 6-11）。

图 6-11 妈湾电厂实现超低排放

案例 2：创新构建“蛇口模式”，引领工业转型升级

成立于 1979 年 1 月 31 日的蛇口工业区（招商蛇口的前身）打响了中国改革开放的第一炮，其开发建设不断紧跟中国改革开放实际和国际产业转移升级规律，成功创立了享誉海外的“蛇口模式”，其从“三来一补”及“三资”企业集中地发展到粤港澳大湾区重要的总部经济集聚地、自贸区，以产业绿色升级为核心的“新蛇口模式”又一次用行动创造了“金山银山”。目前，“新蛇口模式”已在苏州、漳州、湛江、揭阳等全国 13 个产业新城与园区进行推广，漳州开发区成功实现了样本复制，进一步验证了“新蛇口模式”的可行性。同时，“新蛇口模式”也在“一带一路”沿线国家取得了突破性进展。

蛇口模式 1.0：紧抓邻港区位优势及经济特区政策优势，20 世纪 70 年代末—80 年代，蛇口区域大力引入“三来一补”及“三资”企业，区内经济以五金、电子代加工、油气加工、外贸、货运码头、散杂货为主，挖掘了南山区改革开放的第一桶金。此时的企业多是简单来料加工型企业、技术落后淘汰性产业、“三废”严重与污染处理达不到世界先进地区标准企业、技术含量低的劳动密集型企业。

蛇口模式2.0：20世纪90年代，随着工业迅速崛起，大力发展第三产业，以租地收入、供水供电等工业配套服务为发展核心。重点发展了南海石油后勤服务、蛇口港物流基地等。

蛇口模式3.0：21世纪初，紧抓互联网发展浪潮，大力发展新兴战略产业，同时重点对老旧工业进行退出、升级。结合2009年提出的“再造新蛇口”战略，一方面将区域制造业、加工业陆续退出，将散杂货码头、油气码头搬迁，面粉厂、油脂厂铝制品厂等临港工业进行外迁，在此基础上打造融合高科技和文化产业的互联网基地——“蛇口网谷”（广东省产业转型升级突破点及深圳市“十二五”规划战略新兴产业基地），引入苹果、IBM、广和通、世纪互联、香港卫视、启迪控股等知名企业。另一方面将“三洋电机”等旧厂房改造为文化产业网红集聚地“南海意库”（图6-12）“价值工厂”，将“海上世界”升级为综合商业区。

图6-12　深圳十大创意园之首“南海意库”改造前后

蛇口模式4.0：紧抓“自贸+”及“总部经济”的契机，发展金融、现代物流、信息服务及科技服务，打造了“前港—中区—后城”的蛇口运营模式。随着2015年4月中国（广东）自由贸易试验区挂牌成立，打造太子湾总部基地，依托其辐射作用，形成集亚太供应链总部基地、离岸金融实验区、离岸医疗试验区等于一体的“自贸+”产业群。同时兴建升级了“花园城”“海上世界”“太子湾邮轮城”等三个高端商业和商务中心，吸引了一些企业总部的入驻。

### 6.4.3 打造改革创新的“南山样本”

南山区作为全国改革的先锋城区，1979 年，蛇口工业区在蛇口成立，“蛇口模式”在国内外引起轰动。20 世纪 90 年代，南山区开始建立社会主义市场机制体制，各项改革全面铺开。1998 年，南山区委提出“不求所有、但求所在”的发展战略，推动改革的深入发展，南山区成为改革开放最前沿的经济热土。

案例 1：改革开放再出发，前海发展先行示范

前海，地处深圳蛇口半岛西侧，珠江入海口东岸，具备得天独厚的海、陆、空区位优势，多年前的前海只是一片海滩，如今在滩涂填起的土地上，耸立了一座新城。2012 年，习近平总书记视察前海时在这里发出“改革开放再出发”的号召，要求前海“依托香港、服务内地、面向世界”“打造最浓缩最精华的核心引擎”。2015 年，深圳前海蛇口自贸片区正式挂牌成立，片区总面积为 28.2 $km^2$。经过几年的发展，前海蛇口自贸区俨然发展成为一座绿色生态之城、智慧创新之城、前沿开放之城。2018 年 10 月，习近平总书记再一次来到深圳，肯定了前海的发展模式，并要求研究出一批可复制、可推广的经验，向全国推广。

一是综合规划，构建面向未来发展的新模式。汇聚国际先进规划智慧和经验，依托优越的海、湾、河自然条件，提出要以“前海水城”为核心理念，努力探索以滨水个性、产城融合、紧凑集约、高效便捷、低碳生态为特色，面向未来的城市发展新模式。编制完成《前海深港现代服务业合作区综合规划》，形成“三区两带”的空间格局，将桂湾、前湾、妈湾三大片区定位为核心商务区、综合发展区和保税港片区，构建滨海休闲带和综合功能发展带，连通三大片区，实现工作与生活、商务与休闲的相互辉映。前海将被全力打造成“滨水个性之城”“产城融合之城”“紧凑集约之城”“高效便捷之城”“低碳生态之城”，逐步成为粤港澳国际一流湾区

建设的强大引擎。

二是深港合作，打造粤港澳合作新引擎。为香港企业发展拓展空间，组织实施利港惠港的“万千百工程”等，推进港资企业集聚发展，打造港资企业集聚区和转型升级引领区。成立深港青年梦工场，打造深港青年“双创”平台，累计孵化创业团队356家。构筑深港融合的法治环境，全国11家粤港澳合伙联营律师事务所试点中有7家落户前海。

三是制度创新，打造自贸区改革新标杆。全国率先推出商事制度改革，实现外商投资“一口受理”，企业登记及备案时间从20天缩短至2天，到现在的“秒批”。深化贸易便利化改革，推动智能化通关、全球中心仓等改革试点。加快金融开放创新，汇丰前海证券有限责任公司首次突破了外资不能控股以及单一牌照两大限制，并面向全世界推广。利用大数据构建社会信用体系，搭建跨部门协同监管平台，深入开展事中、事后监管改革。创新区域开发建设的体制机制，成立全国首个以法定机构模式主导区域开发治理的公共组织——前海深港现代服务业合作区管理局。深化人才管理改革试点，吸引境外高端人才和企业落户前海。

四是高质量发展，加快构建现代产业体系。前海的产业结构主要是以金融、现代物流、信息服务、科技服务、文化创意、专业服务等6大产业为主。推进“总部+制造基地”“研发+生产基地”建设，充分发挥内地与世界经济交流的平台作用，助力内地和珠三角产业转型升级。招商引资招旗舰项目、大项目。截至2018年年底，自贸区内世界500强设立企业总量达356家，内地上市公司设立企业总量达994家。

五是“一带一路”联通，打造高水平对外开放门户枢纽。加快与“一带一路”沿线国家实现“硬联通”。推动“中国深圳”和“中国前海”船籍港获批设立，推动航运中心建设和航运要素加速聚集。推动与“一带一路”沿线国家“软联通”。推出自贸区首个“一带一路”法治地图，建设跨境投资贸易公共服务平台等。

六是精雕细琢，打造大湾区国际化城市新中心。党中央、国务院批准的《粤港澳大湾区发展规划纲要》赋予了前海“国际化城市新中心”的定位，持续推进自贸新城建设，打造“绿色、低碳、智慧、森林、水城”。同步加快建设公共设施、建设粤港澳大湾区交通枢纽中心，建设“数字前海”“智慧前海”。

2018 年，前海蛇口自贸区经济总量、产业能级迈上新的台阶，全年注册企业增加值 2 510 亿元，进出口额达 6 087 亿元，新推出 95 项制度创新成果，其中有 11 项在全国复制推广，成为国内发展速度最快、效益最好、质量最高的代表性区域之一（图 6-13）。

图 6-13 改革再出发——深圳前海蛇口自贸区

案例 2：勇当改革排头兵，环评备案制全国推广

南山区积极发扬先行先试的改革创新精神，在全国率先推出以“环评备案制”为核心的审批制度改革。2013 年 10 月 23 日，原南山区环境保护和水务局向深圳长城科技公司发放全国首份“环评备案凭证”。对一些污染少、原来只需要填报环境影响登记表的项目，由环评审批制改为环评备案制，环境污染极少的项目直接豁免备案，大幅减少审批程序，同时对环境影响较大、需编制环境影响报告书的项目，不放宽审批条件，强化审批过程管理，逐渐建立“严进严管”的环保监管体制，形成了“一减一加”的工作良好循环模式。

一减：即减少污染极少项目审批程序，基本不造成环境污染，对周边群众影响非常轻微的项目，免予环保手续，如茶馆、面包店、奶茶店、咖啡店、粥粉面制售等，服装清洗门店、无水洗车、卫生美容服务场所、健身房，产品研发检测，软件、电子信息系统制造等，为企业面对市场壁垒和各种“路障”做“减法”。

一加：即为政府行政效率做“加法”，就是“抓大放小”，通过优化行政资源配置，使行政资源向环境监管倾斜，环保部门人力、物力向环境影响大、社会关注度高的项目倾斜，集中精力查处“污染重、影响大、群众反映强烈”的环境问题，强化了环境监管的“紧箍咒”，实现重点行业和企业监管 100% 全覆盖。

自启动“环评备案制”改革以来，环保项目审批数量减少 90%，全区行政审批提前办结率达 100%，第三方进行的跟踪评估结果显示，100% 的企业对改革的时效性和效率性感到满意。南山区“环评备案制”改革成效显著，得到了专家、学者和媒体的广泛关注，受到了社会各界的肯定，《人民日报》《中国环境报》等多家主流媒体都竞相报道，2017 年 1 月 1 日，环境保护部在全国实行环境影响登记表备案管理，南山区“环评备案制”改革工作做法和经验正式在全国推广，打造了“环评备案制”改革的“南山模式”。

### 6.4.4 创全国中心城区文化旅游典范

提起深圳旅游，很多人第一时间想到的是南山的世界之窗、锦绣中华、欢乐谷、深圳湾等著名景点，南山区也成为全国主题公园密度最高的行政区域。20 多年来，南山区的旅游业飞速发展，从旅游业一片空白到今天的旅游产业基地，南山区旅游业的发展再现了又一个“深圳奇迹”。

案例 1：深度探索城市生态旅游，打造华侨城度假群

南山区围绕城市景观旅游这一主题，依托南山区绿水青山的优势，在

南海之滨、深圳湾畔，规划建设了中国最为集中的文化主题公园群，以丰富的文化含量、优美的自然风光为特点，打造具有都市特色的城市生态旅游品牌，形成了一套“文化主题游—娱乐主题游—都市休闲游”等并存互补的都市旅游生态模式，是中心都市生态旅游再探索，是南山区探索“金山银山”与“绿水青山”转化路径的重要体现。

一是全国首个世界文化主题公园——世界之窗。世界之窗开业于 1994 年，占地 48 万 $m^2$，投资 6.5 亿元，以弘扬世界文化为主题，再现了 118 个世界著名景观，规模宏大，是全国首个以弘扬世界文化精华为主题的大型文化旅游景区。在中国主题公园发展史上呈现出特殊的“世界之窗现象”，紧紧围绕世界文化这个主题，从微缩景观起步，融入生动活泼、气势辉煌的文艺表演，实现了旅游资源和旅游产品“从无到有、有中生特”的良好发展局面，经济效益和社会效益突飞猛进，树立起了中国主题公园的业界标杆。

二是全国首个民俗文化旅游景区——中国民俗文化村。中国民俗文化村于 1991 年建成开业，占地 20 万 $m^2$，是中国第一个集各民族民间艺术、民俗风情和民居建筑于一园的大型文化旅游景区，以“二十七个村寨，五十六族风情”的丰厚意蕴赢得了“中国民俗博物馆”的美誉。依托深圳市作为中国改革开放“窗口”的特殊区位优势，中国民俗文化村的建设汇聚了全国各族文化，弘扬了中国多民族的文化特色，成为让世界更了解中国的平台，促进了中国旅游业的发展。

三是全国投资规模最大的现代乐园——深圳欢乐谷。在世界之窗、中国民俗文化村两个主题公园成功的基础上，根据旅游者追求参与、互动的需求特征，集参与性、互动性、娱乐性、趣味性于一体的深圳欢乐谷应经济大潮的兴起而生。深圳欢乐谷于 1998 年成立，以参与体验型游乐场为主，深圳欢乐谷得改革开放之天时、得地处南海之滨深圳之地利、得人文荟萃文化交融之人和，为游客提供更精彩的游玩体验，引领主题公园产业的发展潮流。

四是中国最具国际风尚的都市娱乐目的地——欢乐海岸。欢乐海岸依托南山区海岸资源，包含都市文化娱乐区、绿色休闲度假区、滨海旅游区、自然湿地保护区四大功能区域，总占地面积124.96万$m^2$，集文化、生态、旅游、娱乐、购物、餐饮、酒店、会所等多元业态于一体，是中国最具国际风尚的都市娱乐目的地。

### 案例2：打造荔枝文化旅游品牌，搭建经济文化交流桥梁

苏东坡品尝岭南荔枝时即兴作诗："日啖荔枝三百颗，不辞长作岭南人。"南山荔枝果实外观鲜艳，品质优良，驰名中外，早已成为岭南荔枝中的佼佼者。南山荔枝文化旅游节自1988年开始举办，已有30多年的历史，以"荔行天下·欢聚南山"为主题的南山荔枝文化旅游节，以荔为媒，通过多种旅游文化活动，让世界认识南山、了解南山，促进南山与世界各国经济、文化等全方位的交流与合作，扩大南山的国际影响力。

产品推广阶段（1988—1997年）。荔枝节原本是深圳市的市节，是深圳人民一年一度的传统节日，建立荔枝节的主要是借鉴国内外一些城市的经验和做法，每逢节日到来都会吸引大量游客，品荔枝已经成为内外联谊，进行经济、文化交流活动的桥梁。南山荔枝文化旅游节首要目的是推广南山荔枝品牌，打开荔枝的对外销路，对当地农业经济、文化的推广起到很大的促进作用。

文化推广阶段（1997—2012年）。2012年旅游节是继深圳世界大学的运动会后的第一届，与往届不同的是，"后大运时期"的南山，处在新的、更高的起点上，"以荔为媒，以荔为友，以荔为形，文化为核"，宣传南山丰富的旅游资源，宣传南山的投资与人文环境，拓展了南山的旅游市场，起到了宣传南山、开拓市场、促进交流的重要作用，突出了南山大文化、大旅游的特色，以南山荔枝文化旅游节为媒介，向全世界推广南山区的开放态度、发展潜力及优良的营商环境。

城区推广阶段（2012年至今）。南山荔枝文化旅游节见证了深圳的高

速发展，见证了南山的成长奇迹。南山荔枝文化旅游节是践行南山现代化经济体系建设的一个缩影，通过发挥旅游业的带动作用，不断提升城区现代化、品质化、国际化水平，有效助力世界级创新型滨海中心城区建设，以荔枝文化旅游节为媒介，向全世界展示了自信、时尚、现代的国际化滨海城区风采（图 6-14）。

图 6-14　荔枝旅游周盛大开幕

案例 3：创新湿地建设先进理念，形成共享传播生态典范

华侨城湿地，占地面积约为 68.5 万 $m^2$，有逾 4 万 $m^2$ 的红树林及众多原生动植物，是地处现代化大都市腹地的滨海红树林湿地。华侨城湿地不仅是城市中央滨海湿地生态博物馆，也是深圳首家国家级湿地公园（图 6-15），其以“保护性修复”为主、“共享生态、传播生态”为辅的开发模式，改变了都市人的生活方式，传播生态环保理念，推动滨海湿地保护与生态科普教育相结合，使其成为国际化大都市的“生态瑰宝”。

一是保护生态，打造城市中心“绿肾”。2007 年，华侨城湿地成为全国首个企业受托管理的城市湿地。华侨城集团秉承“生态保护大于天”的建设理念，投资逾 2 亿元，成立专业部门、邀请生态科研团队，历时

图 6-15　华侨城湿地公园

5 年，对华侨城湿地进行了综合治理。开展鸟类、底栖鱼类、水质等多项生态科研监测，维护和管理红树林、芦苇和咸淡水生境，华侨城湿地成为国际候鸟重要的中转站、栖息地，每年有数万只候鸟南迁北徙在此停留，优质的生态环境吸引了 100 多种、数千只鸟类在此栖息，包括黑脸琵鹭等 10 种国家级保护鸟类、7 种中国濒危鸟类、8 种广东省重点保护鸟类。其中，黑翅长脚鹬在深圳地区被发现的唯一繁殖地就是华侨城湿地。华侨城湿地以其原生态的环境资源、优美的植被景观成为城市中心“绿肾”。

二是回归生态，共享城区“生态绿洲”。华侨城湿地与深圳湾水系相通、生物资源共有，与周边的主题公园、深圳湾滨海休闲带形成了规模宏大的城市生态旅游区域。华侨城以半保护区的管理方式，实行“网上预约，限制人数，免费开放”，在充分保护自然的前提下，为都市人提供亲近自然、回归生态的平台，打造出独特的自然生态与现代文明相融合的休闲空间。

三是传播生态，开创全国自然教育先河。华侨城湿地虽然是中国最小的国家级湿地公园，但却是全国自然教育做得最好的湿地公园，建立了全国第一家自然学校——华侨城湿地自然学校，将生态教育工作推上了新的台阶。华侨城湿地形成“政府主导、公众参与、多方支持”的环境教育新模式，秉承“三个一”（一支环保生态组“红马甲”、一支环保志愿教师“绿马甲”、一支来自高校的志愿者）宗旨，采用“在大自然中学习自然”的体验式教学方式进行生态环境保护科普知识，让公众能够感受到大自然的生命之美与和谐，重建人与自然之间的情感联结，从而培养守护自然的承诺与责任感，催生环保行为。

华侨城湿地作为地处中心城市腹地的生态湿地，其荣获的“国家级滨海湿地修复示范项目”的称号，肯定了华侨城湿地在滨海湿地修复、管理体制等领域的创新和成绩，也成为全国首个获此殊荣的项目。

# 第 7 章

# 广东省河源市东源县

## 7.1 区域概况

### 7.1.1 区位概况

东源县，隶属广东省河源市，前身为河源县、河源市郊区，1993 年 11 月设县，是广东省面积第二大的县。东源县地处广东省东北部，东江中上游，位于北纬 23°22′—24°15′，东经 114°19′—115°22′。东邻龙川县、梅州市五华县，北接和平县、连平县，南靠河源市区和紫金县，西连惠州市龙门县、韶关市新丰县，是珠江三角洲与粤北山区的接合部，东西长 130 km，南北宽 66.6 km，面积 4 070 $km^2$。惠河高速公路、粤赣高速公路、梅河高速公路和规划中的昆汕高速公路与 205 国道、京九铁路、广梅汕铁路、梅河高速公路、粤赣高速公路纵贯全境。县城所在地仙塘设有年吞吐量为 300 万 t 的火车货运站。境内的东江、新丰江两条主航道，通航里程达到 110 km，百吨轮船可直达广州市。

### 7.1.2 行政区划

截至 2005 年 12 月 31 日，东源县辖 20 个镇（仙塘镇、灯塔镇、骆湖镇、船塘镇、顺天镇、上莞镇、曾田镇、柳城镇、义合镇、蓝口镇、黄田镇、叶潭镇、黄村镇、康禾镇、锡场镇、新港镇、双江镇、涧头镇、半江镇、新回龙镇）、1 个民族乡（漳溪畲族乡）。

### 7.1.3 历史沿革

东源县的前身为原河源县的主体。河源县成立于南朝永明元年（公元 483 年），距今 1 500 余年。1988 年 1 月，国务院批准，撤销河源县，设立河源市，将原河源县 3 个镇划为源城区，其余 24 个乡镇划为郊区。1993 年 11 月 8 日，民政部批准撤销河源市郊区，设立东源县，县城设在仙塘镇木京。

### 7.1.4 气候概况

东源县地形北高南低，东西两侧多山，苏家围客家乡村旅游区以丘陵为主。山地面积占全县总面积的 60%，河流、水库水面占 10%。海拔 1 000 m 以上的山峰有七目嶂、缺牙山、桂山、燕子岩、鳌鱼峰、蝉子顶、五指山 7 座，其中以黄村镇与五华县、龙川县交界的七目嶂为最高，主峰海拔 1 318 m。主要河流为东江，发源于江西省寻邬县那坑山，干流全长 480 km，流经东源县流域面积 3 378 km$^2$。其次为东江一级支流新丰江、黄村河、曾田河、康禾河（又名红岗水）和久社河 5 条，东江二级支流叶潭河和船塘河 2 条。

东源县属中亚热带季风区，气温高，湿度大，日照时间长，雨量充沛。年均气温为 20.7℃，极端最高气温为 39.3℃，最低气温为 −4.5℃。年均相对湿度 77%，无霜期 335～345 d。年均降水量 1 567～2 142.6 mm，主要降水时间集中在 4—6 月。

### 7.1.5 自然资源

#### 7.1.5.1 土地资源

东源境内有 22.67 万 hm$^2$ 丘陵山地，耕地面积 2.01 万 hm$^2$。其中水田

15 300 $hm^2$，沙坝地 4 700 多 $hm^2$。

#### 7.1.5.2 水资源

东源县境内（含新丰江水库）水域面积 3.6 万 $hm^2$。其中宜渔面积 3 万 $hm^2$。有库容 139 亿 $m^3$ 的新丰江（万绿湖）的优质水，有年均流量 82.3 亿 $m^3$ 的东江水，为深圳、东莞、香港等地提供充足的优质生活用水和工业用水。全县可供开发利用的水力资源 22.36 万 kW，截至 2010 年，已开发水力资源 17.8 万 kW。

#### 7.1.5.3 矿产资源

东源县已探明储量有 10 类 32 个矿种，主要矿种为铁、稀土、萤石、石灰石、瓷土（高岭土）、花岗石等。其中萤石储量 588 万 t，铁矿储量 1 984 万 t，瓷土 5 000 万 t，花岗石 1.4 亿 $m^3$，石灰石 1 亿 t 以上。

#### 7.1.5.4 动植物资源

东源县内动物种类有 164 种，其中属国家二级保护动物的有水鹿、苏门羚及白鹇等，还有人工驯养的东北梅花鹿。植物种类有 800 多种。

### 7.1.6 社会经济概况

东源县包含三个经济片区：205 国道和高速公路沿线乡镇为工业经济区，重点开展招商引资，发展外源型经济；东片乡镇为资源经济区，重点利用当地矿产资源进行深加工，发展内源型经济；万绿湖库区乡镇为生态保护区，重点发展生态农业、生态林业和生态旅游业。2017 年，全县实现地区生产总值（GDP）1 132 123 万元，同比增长 5.4%，三次产业结构由上年的 15.7∶41.4∶42.9 调整为 14.8∶41.9∶43.3，其中第一产业增加值为 167 401 万元，同比增长 4.5%，产业发展趋势保持平稳，全年新增市级以上农业龙头企业 6 家；第二产业增加值为 473 806 万元，同比增长 4.9%，产业增加值占全县经济总量的 41.9%，比上年度提升 0.5 个百分点；第三产业增加值为 490 916 万元，同比增长 6.2%，产业增加值占全县经济总量的 43.3%。

2017 年，按卫计部门常住人口统计口径计算，全县出生人口为 8 787 人，出生率为 13.86‰；死亡人口为 3 341 人，死亡率为 5.27‰；自然净增人口为 5 446 人，自然增长率为 8.59‰。年末全县公安系统统计总户籍人口为 586 243 人，其中男性为 299 346 人、女性为 286 897 人。

## 7.2 “绿水青山就是金山银山”实践探索成效与问题分析

### 7.2.1 “绿水青山就是金山银山”实践探索进展与成效

#### 7.2.1.1 率先开展生态文明示范创建

东源县委、县政府高度重视生态文明建设，于 2016 年率先在粤东西北地区启动创建国家生态文明建设示范县工作，印发了《东源县创建生态文明建设示范县工作方案》，组织编制了《河源市东源县生态文明建设规划（2016—2025 年）》（以下简称《规划》）；2016 年 11 月，《规划》通过专家论证，2017 年 4 月上报广东省环保厅和环境保护部备案；《规划》实施至今，东源县在生态制度、生态环境、生态空间、生态经济、生态生活和生态文化等方面取得了较好的进展，全县可持续发展能力全面提升，实现了生态与经济协调发展。

截至目前，东源县建成省级生态示范镇 3 个，省、市级生态示范村 79 个。

#### 7.2.1.2 创新生态文明体制机制，巩固生态优势

实施主体功能区差别化考核机制，对新丰江库区锡场、半江、新回龙、双江四镇强化生态环保质量考核。探索建立新丰江库区生态环境保护管理长效机制，按照东源县生态发展区、经济发展区主体功能区的划分，

对县域乡镇实行差异标准考核和“基数加因素法”（基数法即以建制镇为单位统一确定生态发展乡镇和经济发展乡镇的公用经费基数；因素法即根据乡镇管理公共事务的工作量、干部编制数和户籍人口数为因素来分配公用经费）来分配乡镇公用经费，体现功能区发展与考核的差别化，鼓励乡镇在保护好环境的前提下，根据自身的资源禀赋和基础条件，发展生态特色产业。

出台了《东源县全面推行河长制实施方案》和《关于东江水环境综合整治绩效评价及奖惩的意见》，保护水环境。全面实施河长制，结合山区中小河流是治水的“毛细血管”的实际，因地制宜地实施河段长制。由当地镇政府主要领导担任河长，同时将河道全部切块包到各有关村，由村党支书担任河段长，并明确“河长”和“河段长”的责任，加强河道的日常管理。同时，加强对东江河流水环境综合整治量化评价考核，强化水环境整治责任落实。实施河长制、河段长制和水环境综合整治绩效评价及奖惩措施后，东源县的水安全、水生态、水环境发生显著变化，由河源东源县环境监测站出具的东江水综合整治水质报告显示，东源县 14 条考核河流的水质均出现了明显好转。

探索建立生态补偿机制。以粤港水源地新丰江水库作为突破口，探索对上下游地区间建立横向生态补偿制度。推动坚持生态有价，“谁受益、谁补偿”，“谁破坏、谁付费”的原则，切实加强对因饮用水水源保护区、自然保护区、重要生态功能区等移民和作出贡献的人民给予生态补偿，以更好地促进生态保护工作。

探索编制自然资源资产负债表，立足于《广东省开展领导干部自然资源资产离任审计试点工作方案》，通过核算东源县自然资源资产变动情况了解领导干部任职期间政府对各项自然资源的使用管理情况，以此作为领导干部绩效考核以及离任审计的重要依据，对出现自然资源资产重大损坏的要进行终身追究。

### 7.2.2 存在的主要问题与挑战分析

随着经济社会的发展、人口的增长和城镇化步伐的加快，发展与资源环境的矛盾比以往任何时候都更加突出，东源县在国家和省的生态功能区划及国土空间规划中都属于需要保护而禁止和限制发展的地区，为了保护万绿湖水库等生态系统和珍稀濒危动植物物种，工业建设和发展受到很大限制，从而影响了区域经济发展。

## 7.3 重点任务

### 7.3.1 积极推进生态文明建设

#### 7.3.1.1 划定生态保护红线，打造广东绿谷先锋

完成东源县生态保护红线划定工作，加快推进生态保护红线精准化勘界落地，实行生态保护红线分类管理，建立东源县生态保护红线数据库，提升精细化管理水平。作为广东省和香港的重要饮用水水源地，以及广东省的生态屏障，东源县将生态安全格局确定为：一心（新丰江水库即万绿湖核心）、三区（西部水源保育区、北部生态农业区、东部生态旅游区）、三带［新丰江河岸带、合江（船塘顺天河）河岸带、东江河岸带］、四中心城镇（仙塘镇、灯塔镇、船塘镇、蓝口镇）及多生态节点（万绿湖、东江两个国家级湿地公园，新丰江、康禾两个国家级森林公园，新港省级自然保护区、康禾省级自然保护区等 8 个自然保护区，21 个乡镇集中式饮用水水源保护区）。通过制订生态安全格局各要素的生态管控策略与导则，以实现引导生态功能良性、错位、互补发展，保护核心生态资源，将东源打造成广东绿谷先锋和生态高地。

### 7.3.1.2 完善环境支撑体系，巩固生态环境优势

通过继续强化《东源县水污染防治行动计划实施方案》的实施，加强新丰江、东江流域环境整治，系统推进水污染防治、水生态保护和水资源管理工作，全力保障水生态安全。通过加快黄标车淘汰、严格控制扬尘污染、适时扩大调整禁燃区、实施居民燃气工程、优化工业能源消费结构等措施综合整治，确保空气质量全年优良。通过制定并实施《东源县土壤污染防治行动计划实施方案》，以改善土壤环境质量为核心，以保障农产品质量和人居环境健康为出发点，坚持“预防为主、保护优先、风险管控”的原则，突出重点区域、行业和污染物，实施分类别、分用途、分阶段治理，形成“政府主导、企业担责、公众参与、社会监督”的土壤污染防治体系，促进全县土壤资源永续利用。

大力实施东源县整县推进城乡环境综合整治 PPP 项目建设，该项目是粤东西北地区 20 个示范县整县推进生活污水和垃圾处理设施建设项目之一，列入广东省政府 2017 年 10 件民生实事，项目总投资 16.7 亿元，涉及全县 21 个乡镇 283 个村（居），服务人口 43 多万人，分 3 个片区实施。东源县县城生活污水处理率达 85% 以上，乡镇一级污水处理设施全覆盖，80% 以上的农村生活污水得到有效处理，全县 90% 以上的行政村生活垃圾得到收集、转运和处理；农村生活垃圾有效处理率达到 90%。确保东源县居民生活污水及生活垃圾得到有效处理，以及河流水体治理取得积极进展，基本解决了影响人民群众健康的环境污染问题。

### 7.3.1.3 建设现代生态产业体系，实现“绿富”双赢

立足粤北生态屏障区，明确产业发展方向。优先发展高附加值、低污染产业。充分利用珠三角地区的辐射和带动功能，依托资源和生态优势，重点发展以高附加值、低污染为主导的先进制造业和战略性新兴产业。

大力发展生态工业。做优做强健康水产业、食品、医疗特色产业，建设发展“互联网 +”“物联网 +”、电子信息、新能源、新材料、生物医药、

智能装备制造、节能环保等产业。明确县域工业园区发展重点，把县域工业园区改造成为“经济快速发展、资源高效利用、环境优美清洁、生态良性循环”的循环经济示范园区。

#### 7.3.1.4 完善生态文明制度体系，落实生态资源监管

（1）健全绿色高效的决策制度。把生态环境保护贯穿于东源县党委和政府综合决策的全过程，严格实施生态文明建设规划。针对环境保护与经济发展的重大问题，做好统筹决策，坚持绿色发展理念，坚持综合决策环境咨询制度，严格执行环评和“三同时”制度，严格把关项目准入审批，从决策源头预防环境污染。

（2）建立生态有价评估制度。制订东源县 GEP 核算体系的框架、原则和技术方法，启动开展 GEP 核算，通过测试评估逐步完善 GEP 核算体系，探索编制自然资源资产负债表。对东源县水资源、森林资源、土地资源等主要自然资源资产的存量及增减变化进行分类核算，客观评估东源县经济主体对自然资源资产的占有、使用、消耗、恢复和增值情况，准确把握东源县经济社会发展的资源消耗、环境代价及生态效益。

（3）完善生态环境监管制度。完善排污许可证制度，引导规范排污行为；健全资源有偿使用及生态补偿制度，均衡多方生态利益；研究制订万绿湖船只管理长效机制，确保新丰江水库水上交通安全与秩序；推进河长制，保障水质安全；扩大环境信息公开，强化公众监督力度。

（4）推行生态优先考核制度。完善绩效考核体系，提高生态文明建设工作占党政实绩考核的比例；制订实施有效的经济政策，鼓励和支持社会资金参与生态文明建设，形成“政府主导、市场推进、公众参与”的多元化资金投入机制。

### 7.3.2 加快农业现代化建设

紧紧围绕打造“农业特色县”，争当“广东绿谷先锋”的总目标，以

灯塔盆地国家现代农业示范区建设为平台，以创建国家农业可持续发展试验示范区为抓手，促进农业供给侧结构性改革，推进农业资源优化配置和产业功能合理布局，构建资源节约、环境友好的现代生态农业产业体系，促进一、二、三产业深度融合。建设以农民合作社为主要载体、让农民充分参与和受益，集循环农业、创意农业、农事体验于一体的田园综合体。

#### 7.3.2.1 转变农业发展方式，提高农业发展水平

（1）调整农业生产结构，发展特色产业。加快推进农业供给侧结构性改革，把结构调整放在突出位置。坚持实施藏粮于地、藏粮于技战略，开展粮油绿色高产创建，集中建设装备优良、集中连片的水稻、花生万亩高产示范片，大力促进良田、良种、良法、良机、良制有机结合，建设绿色有机水稻生产基地、高产优质花生专用原料基地、特色精品杂粮杂豆生产基地，实现粮油生产优质高产高效。东源县粮食年播种面积稳定在 47 万亩以上，年粮食总产量保持 22 万 t 以上；花生种植面积达到 11 万亩以上，产量 2.2 万 t 以上；粮油高产创建示范基地种植面积达到 30 万亩，年产量达到 20 万 t。围绕打造深莞惠经济圈优质“菜篮子”，扩大蔬菜种植面积，力争年蔬菜种植面积 12 万亩以上，年产量 40 万 t 以上。以灯塔盆地国家现代农业示范区核心区建设为载体，着力发展板栗、蓝莓、柠檬、茶叶等特色产业，加大有机食品、绿色食品、无公害农产品和农产品地理标志产品开发力度，形成“一县数品”和“一镇一业”的发展格局，实现生态效益和经济效益的同步提升，为山地特色产业体系构建提供示范，板栗、蓝莓、柠檬、茶叶、笋竹、柑橘、火龙果、灵芝等基地种植面积分别达到 40 万亩、6 万亩、5 万亩、7 万亩、2 万亩、3 万亩、1 万亩、5 000 亩。

（2）提高农业组织化程度，提高农业产业化水平。坚持以农户家庭经营为基础，培育、壮大种养大户、家庭农场、农民合作社和农业龙头企业等新型农业经营主体。坚持规范化、标准化和品牌化发展原则，提升产前、产中、产后专业化经营服务能力，加快培育综合服务型与产业带动型

专业合作社，推进综合服务型专业合作社与农产品经销商合作、联营，开展农产品直销活动，推进农户和家庭农场与合作社联合开展产后加工、流通环节的紧密合作，提高生产经营专业化分工与协作水平；扶持产业带动型专业合作社引导农户和家庭农场开展绿色食品、有机食品和农产品地理标志认证，通过试点示范、展示展销、品牌传播、品牌营销等方式，加大对农牧业品牌的培育、塑造、营销推介和宣传保护。东源县市级以上农民专业合作社示范社、家庭农场、农业龙头企业分别达到 120 家、400 家、100 家以上。扎实推进现代生态农业科技示范园区建设，稳定和完善农村基本经营制度，加快健全土地经营权流转市场，东源县土地流转规模经营比例达到 40% 以上。

（3）坚持科技兴农，强化科技支撑。充分发挥东源县与广东省农业科学院全面合作的契机，鼓励东源县产业化龙头企业、科技型农业企业与科研院所建立农业发展技术创新合作关系，共建“政 + 研 + 企”科技合作平台，合作成立企业技术中心、工程技术（研究）中心、工程实验室等研发机构 2～3 家，建立农业科技成果转化交易平台，积极探索“项目 + 基地 + 企业”“科研院所 + 高校 + 生产单位 + 龙头企业”等现代农业技术集成与示范转化模式，引导农业科技推广服务向多元化、专业化方向发展。壮大农业科技创新人才队伍，依托农业科研、推广项目和人才培训工程，加强资源环境保护领域农业科技人才队伍建设，着力提高农业科技应用水平。

#### 7.3.2.2 加强农业资源保护，推动农业绿色发展

（1）制订农业现代化发展规划，实现农业资源有力保护和高效利用。按照“全面规划、分步实施、总体布局、重点建设”要求，从空间布局、产业重点、发展方式、目标路径等方面谋划，注重农业资源的保护和利用，注重农业元素与自然、文化、城镇化发展有机融合，注重发展休闲农场、观光农业、乡村旅游、科普教育、农家乐等形式的休闲农业。落实和完善耕地占补平衡制度，建成基本农田数据库。实施耕地质量与保护提升

行动，加强耕地质量调查评价与监测。

（2）保障农业发展能力。坚决打好农业面源污染防治攻坚战，围绕“一控、两减、三基本”大力推广高效缓释肥、有机肥、低毒低残高效农药和绿色防控，扎实推进化肥农药使用量零增长行动。减少畜禽养殖业污染源排放，推进重金属污染耕地修复，推广测土配方施肥技术和养殖业废物无害化处理技术。

（3）强化农业监管执法，保障农产品质量安全。建立健全县、镇二级监管网络建设，组建农业综合执法机构，加强东源县农业综合执法体系建设，深入开展农产品质量安全县创建活动。加强建立全程监管制度，提高农产品质量追溯体系覆盖率。严格执行农产品质量安全准入制，加强农产品质量安全检测站和人员队伍建设，加大抽检力度和覆盖面，建立农产品质量安全“黑名单”制度。

#### 7.3.2.3 培育壮大绿色农产品品牌，提高农业竞争力

推进品牌标准化基地建设。强化名优农产品标准体系，建设具有一定规模的品牌标准化生产核心展示基地，重点建设水稻、板栗、灵芝、仙湖茶、客家酿酒、油茶品牌标准化生产展示基地。按照各品牌标准化的操作规程，做到统一品种、统一技术、统一服务、统一管理，确保产品品质。积极开展“三品一标”农产品认证，年创有机、绿色、无公害和农产品地理标志农业产品品牌认证 5 个以上。

推进区域农产品公用品牌创建与整合。以农产品地理标志和特色农产品专业乡镇建设为依托，引入现代要素进一步壮大提升“霸王花米粉”“望郎回板栗”“万家富板栗”“上莞仙湖茶”“尤力克柠檬”等传统名优品牌，打造培育一批以有机、绿色、生态为特色的粮油、林果、蔬菜、食用菌、茶叶、中药材、畜产品、水产品等知名产品品牌，促进产地品牌统领与品种品牌特色相结合，统一整合已形成的有机茶叶、板栗、柠檬、灵芝、蜂蜜等多而杂的品牌，做强、做大、做优农产品品牌，树立东

源农产品的整体形象，提高在珠江三角洲、港澳地区农产品市场的知名度和影响力。

加强农业品牌营销与监管。通过策划举办以“品牌农业”“粤北特色农产品品牌发展”“特色乡镇、美丽乡村”“绿色生态可持续”为主题的论坛、会展等宣传活动，加强知名品牌宣传推介和市场开发，进行农产品品牌的营销与整合。创新品牌营销方式，重点发展电子商务、直销配送等新型营销模式，实现线上线下结合，建立长期稳定的销售渠道。建立农产品品牌监管机制，规范公共品牌使用的授权和监管办法，强化政府部门对品牌的管理与维护，统筹推进东源县农产品品牌战略。

#### 7.3.2.4 搭建农业发展新平台，促进一、二、三产业融合发展

（1）大力发展农产品加工物流业，推进农业全链条延伸。依托“一平台四园区”（“一平台”是指东源县物流综合信息电商服务平台；“四园区”是指仙塘综合物流园区、船塘农副产品物流园区、灯塔农副产品物流中心、蓝口工业物流中心），打造东源县区域现代农产品物流枢纽，建设区域农产品物流交易中心、区域农特产品仓储加工集散中心、农产品电子商务跨境电商服务中心与现代农业金融服务中心等，构筑河源市乃至粤东北地区优质特色农产品对外销售窗口与平台体系。引进农产品加工企业、物流企业分别达 50 家、10 家以上。

（2）大力发展休闲农业与乡村旅游，促进一、二、三产业融合发展。利用“旅游 +”“生态 +”等模式，推进农业、林业与旅游、教育、文化、康养等产业深度融合，以环万绿湖生态观光农业区、灯塔盆地生态农业旅游体验区、东江上游特色水果观光农业区、苏家围客家乡村旅游区、康泉十八国际生态健康旅游城等区域为重点，开发森林探险、健康养生、林果采摘、水上漂流、会议培训、休闲垂钓、民俗旅游、农事体验等多功能、体验型、创意型的休闲观光农业项目，加强休闲观光农业基地基础设施、特色产业和公共服务平台建设，发展培育一批农业产业特色鲜明、乡土文

化浓郁、田园风光优美的休闲农业与乡村旅游示范村镇，着力推动形成特色产业、生态资源、区位条件、民俗文化有机统一、互促互进的农旅融合发展新格局。

（3）大力发展农村电子商务，提高农业信息化水平。采取“政府＋运营商＋平台”的模式，鼓励农业龙头企业积极参与农产品电商网络销售平台建设，培育发展大型、知名的农产品流通电子商务企业。鼓励农民合作社、家庭农场、种养大户、农产品批发商等借助阿里巴巴、京东、邮政等第三方平台设立特色农产品专卖店，创建网上零售特色品牌，建立网上零售终端，重点扶持50个农产品电商示范村，促进线上线下融合发展、城乡商品双向流通，激活农村市场，全县农产品电子商务交易占农产品交易总额的比重达到20%以上。

### 7.3.3 建设全域旅游示范区

坚持旅游产业全域化引领，对县域旅游资源、相关产业、生态环境、公共服务、体制机制、政策法规、文明素质等进行全方位、系统化的优化提升，构建“产业围绕旅游转、产品围绕旅游造、结构围绕旅游调、功能围绕旅游配、民生围绕旅游兴”的发展新格局，做大做强东源县“绿色生态、温泉养生、乡村休闲”三大旅游品牌，全面提升“广东绿谷·健康东源”旅游形象，确立东源县旅游产业战略性支柱产业的地位，形成以旅游业带动和促进县域经济社会协调发展的旅游经济发展新模式。

#### 7.3.3.1 全面提升生态旅游产品的特色吸引力和市场影响力

着力推进万绿湖生态旅游核心区和东江旅游产业带、康泉旅游产业带、灯塔盆地生态农业旅游产业带等“一湖三带”建设，全面提升东源旅游核心竞争力。以万绿湖创建国家5A级旅游景区、国家生态旅游示范区为抓手，以万绿湖国家湿地公园为依托，大力发展万绿湖生态观光、环保科普教育、森林康养、水文化产业，全面提升万绿湖旅游品牌效应；结合东江国家湿地公园和仙塘、义合“特色小镇、美丽乡村”的建设，深入挖掘客家文化、苏氏文化、红色文化、水文化和竹文化，努力打造“文化东江、休闲东江、动感东江”的旅游品牌；以康禾温泉国家森林公园为依托，以康禾旅游小镇、森林小镇建设为载体，以康禾、黄田省级新农村连片示范建设工程为抓手，以康泉十八国际生态健康旅游城等旅游重点项目建设为龙头，全面提升乡村休闲、温泉养生旅游品牌效应；以灯塔盆地建设国家级现代农业示范区为契机，着力开发生态农业旅游资源，大力实施“一镇一业”“一村一品”旅游工程建设，着力构建成规模型、品牌型、生态型的灯塔盆地现代农业旅游新格局，努力将东源县打造成乡村休闲旅游目的地。着力打造以“绿色生态、温泉养生、乡村休闲”为主题、以“万绿亲水游、东江风情游、温泉康养游、乡村趣味游、绿色徒步游、摄影采风游”等六类特色旅游线路为重点的东源旅游精品线路，不断拓展旅游客源新市场。

### 7.3.3.2 全面推动生态旅游 + 其他产业融合发展

（1）加强旅游与农业的融合。扶持发展创意农业、农耕体验、农业观光、农业科普教育、农业综合体、农业公园，加快农产品向旅游商品、农业基地向休闲度假基地转化的步伐，打造富裕农民的新兴支柱产业。

（2）加强旅游与林业的融合。打造以森林公园、湿地公园、自然保护区、森林小镇和绿道网为主要载体的森林旅游示范基地、自然科普教育基地。

（3）加强旅游业与交通的融合。优先规划建设“一湖三带”旅游交通节点，重点打造桂山旅游大道、东源大桥至义合旅游大道“东江百里长廊”、康泉旅游大道“最美旅游公路”，努力构建“对外快速联通，对内全面畅通”的旅游交通路网。

（4）加强旅游与文化的融合。深入挖掘东源县生态文化、客家文化、红色文化、恐龙文化、名人古迹文化、移民文化、美食文化、茶文化、温泉文化、畲族文化等内涵；注重特色旅游商品创意设计，培育开发体现东源特色文化的旅游商品品牌。

（5）加强旅游业与医疗的融合。充分发挥中医药的独特优势，发展东源县健康旅游产业，推进东源县健康养生旅游示范基地和示范项目建设。

（6）加强旅游业与水利的融合。将文化创意元素和观光休闲功能融入水利工程规划设计中，让游客能够亲水、玩水、乐水，将“绿水青山”转化为“金山银山”。

（7）加强旅游业与工业的融合。探索产业“科技创新＋旅游”的模式，逐步形成“参观＋体验”或“参观＋科普”的工业旅游模式。

（8）加强旅游业与互联网的融合。进一步完善信息服务体系，建设东源县旅游信息公共服务与咨询网上平台，具备线上导览、在线预订、信息推送、在线投诉等功能，打造东源智慧旅游平台。

#### 7.3.3.3 全面完善全域旅游供给要素

发展多元化旅游住宿体系，全县力争建成省级休闲农业与乡村游示范点 12 个以上、星级乡村旅游民宿 12 户以上、精品度假酒店 6 个以上、汽车营地 2 个以上。大力发展旅游购物，开发具有东源特色的，集观赏性、实用性与纪念性于一体的纪念品和旅游商品，加快构建东源特色旅游商品体系，培育一批地方特色旅游商品品牌。发展健康至上的休闲娱乐业，推动旅游文化娱乐休闲配套设施建设，重点推动表演型、参与型、康体型、科技型娱乐项目开发运营，完善县城公园、博物馆、图书馆等休闲娱乐资源配置，构建主客共享的休闲娱乐业。

#### 7.3.3.4 全力提升绿色生态旅游发展水平

加强旅游资源和遗产资源的保护，加强恐龙化石、特色古村、古镇、古街、历史遗迹、历史建筑及非物质文化遗产的保护，处理好遗产保护与旅游业发展之间的关系；加强旅游开发和生态环境保护，建立健全东源县生态环境保护制度，严格执行国家环境保护相关法律法规；做到尊重自然、保护自然、亲近自然，争创自然科普教育基地。强化环境影响评价约束，对不同类型的旅游资源开发活动进行分类指导，规范东源县旅游开发行为；创新绿色发展机制，加快推进以绿色景区、绿色饭店等为代表的绿色旅游标准，推进绿色旅游产品、绿色旅游企业认证制度，统一绿色旅游认证标志，引导企业执行绿色标准，推进万绿湖创建国家生态旅游示范区；建立健全环卫体制，改善环境卫生状况，提高居民生活品质；加强对企业环境卫生的检查指导，引导各企业落实各项环卫规定，做到东源县环境优美，卫生清洁。

### 7.3.4 打造林业生态高地

深入推进新一轮绿化东源大行动。大力实施林业生态建设和生态资源保护，打造林业生态高地，突出绿色惠民富民效益，让“绿水青山”变成“金山银山”。县财政每年安排 3 000 万元资金用于深入推进新一轮绿化东源大行动，全县森林覆盖率达到 73.8% 以上，基本建成以高速公路为主的绿色廊道，建设乡镇森林公园 21 个，打造以省级自然保护区、国家级森林公园和国家级湿地公园为亮点的绿色生态品牌，形成以国家级、省级森林公园为龙头，带动乡镇森林公园、村级休闲公园、社区公园等小公园、小广场建设的森林公园体系，拓展群众生态出行、享受低碳生活的新空间，建立比较完善的森林生态体系。

#### 7.3.4.1 加强森林资源保护管理

严格实行林地用途管制，严厉打击未批先占、少批多占等非法征占用林地行为，加强饮用水水源区、自然保护区、东江两岸、万绿湖等周边森林资源管理保护，禁止以破坏生态环境为代价的开发性建设。切实做好生态修复工作，坚持因地制宜，有计划地实施好水源区的植被恢复、林分改造工作，做到保护和修复同步推进。认真落实森林限额采伐制度。全面加强森林防火综合防控，采取多种形式开展森林防火宣传教育工作，落实森林防火行政首长负责制和问责制，加强护林扑火队伍建设，严厉打击山火肇事者和野外违规用火行为，严格执行生产性用火审批制度。加强松材线虫病综合治理，加强监测预报，严控疫木非法外流，严控疫情扩散蔓延。

#### 7.3.4.2 着力提升森林质量

结合生态景观林带完善提升工程，全面提升高速公路、国道、省道等交通要道沿线和东江两岸的森林质量，选用生长快、防火效果好的乡土常绿阔叶树种进行补植套种。推进桉树林改造，将已纳入生态公益林范围的、水源涵养林区内和重点旅游风景区（包括周边）的桉树林作为重点，采取业主自行改造、政府协助改造、政府回收等措施，逐步改造桉树林 8.16 万亩，解决了之前因种植桉树带来的问题，恢复了原有生态，提升森林质量，扩大生态优势。加强碳汇林抚育管护，在完成省下达东源县年度碳汇造林任务的基础上，重点抓好碳汇造林中未成林的抚育工作，做到“多种树、种好树、管好树”，对前几年的碳汇造林进行连续多年的抚育，确保尽快郁闭成林。

#### 7.3.4.3 大力推进森林公园和乡村绿化美化建设

结合森林进城围城工程，做好东源县森林公园、湿地公园的规划建设，每个乡镇建设 1 个以上镇级森林公园；东源县每年建设示范性森林公园不少于 4 个，东源县建成城镇示范性森林公园 21 个（其中新丰江库区内 5 个，库外 16 个）。不断提升新丰江国家森林公园、万绿湖国家湿地公园、新港省级自然保护区和康禾省级自然保护区的建设管理，加快推进东江国家湿地公园和康禾温泉国家森林公园的规划和建设。以建设森林小镇为目标，以“万村绿”、生态文明村和生态文明示范镇建设为载体，积极营造乡村风水林、水源林，努力打造“一村一品、一村一景、一村一韵”的美丽生态乡村，切实改善和提高农民生活环境质量，拓展群众享受绿色生态的空间。

#### 7.3.4.4 加强绿色产业惠民建设

科学发展特色经济林。坚持“因地制宜、突出特色、规模发展”的原则，引导山区林农种植油茶、茶叶、优质水果、木本药材等特色经济林。大力发展林下经济。加快建设专业合作社，扶持发展各具特色的林下种植和林下养殖，开展林地立体复合经营，推动林下经济集约化、规模化、标准化、产业化发展。加大特色生态旅游产品的策划推广。加快发展“森林人家”“林家乐”、观光采摘、森林康养等森林旅游业，将休闲旅游与红色旅游、地方特色、民俗文化等元素结合起来，打造优秀森林生态旅游品牌，促进林农加快脱贫致富，实现绿色惠民全覆盖。做好生态补偿，提高生态公益林补偿标准，通过生态公益林补偿，来增加林农收入。

### 7.3.5 建设生态休闲城市

坚持“万绿之都、活力东源”的城市定位，突出生态特色，坚定不移地走生态文明发展道路，坚持分类指导，注重绿色 GDP，致力“双赢”发展，提高发展质量。努力建设具有客家文化特色的“宜居、宜业、宜商、宜休闲”的生态休闲城市。

#### 7.3.5.1 合理布局，构建中心城区绿色发展体系

根据东源县城现有的功能布局，打造“三片十区”的空间发展格局。遵循“集约集聚、组团发展、产城融合、绿色低碳”的发展思路，合理布局公共服务、公共休闲、居住配套、商业服务、工业产业、生态保育等功能，加强滨江地区城市设计指引，提升滨江地区用地综合利用效率和景观风貌。加大对南园古村、苏家围、东江画廊、东江国家湿地公园等历史与自然资源的保护与开发力度，充分挖掘阮啸仙故居的红色教育资源，塑造“现代与传统相融，自然与人文并重”的东江生态旅游产业长廊。依托万

绿湖区位优势和自然资源，打造华南最大的生态旅游胜地。打造中轴线公园，串联规划的中心湖、江北市民广场和城际轨道枢纽广场，构成公共绿地休闲区，打造东源展示现代城市生态文明形象的“城市客厅”。建设都市田园景观系统，规划江南花卉展示廊道，规划观塘农业（果林）观光廊道，推进高速、国道、省道等对外联通性道路的生态景观林带建设，打造展示城市形象的重要窗口。

#### 7.3.5.2 优化路网，打造产城融合发展体系

构筑一体化综合交通体系。以广惠城际轨道交通、粤赣高速公路、梅河高速公路、东环高速公路、快速环线等为骨架的区域交通网络，形成“南融珠三角、北接粤东北、赣南地区”的一体化综合交通体系。加快与市区路网的对接。在今后三年县城规划 29 条市政道路基础设施建设项目。加快推进 205 国道东移工程，完善滨江大道、西环路、东环路、东环快速路 4 条连接市区的交通通道，东源大道向东延伸至蝴蝶岭工业区，形成贯穿东源县城与河源市区的 6 条城市干道，推进市、县同城化。构建“六横六纵”骨干路网。进一步优化东源县城内部的横向交通和纵向交通，优先改造 205 国道、加快东环快速环线、东源大道至蝴蝶岭大道、东环路、滨江大道等东西向干线路网建设，推进力升路、仙银大道、东源二桥、东源三桥、东源四桥等南北向交通设施建设，增强东江两岸交通联系，构建“六横六纵”骨干路网，完善城市道路系统化。推进园区扩能增效，打造工业经济新增长极。充分发挥好科技创新在园区建设中的重要作用，以科技创新支撑引领产业发展，加快经济发展方式转变和经济结构调整。将产业园作为加快工业大县建设和新型工业化进程的“龙头”园区和主战场来抓，重点发展总部经济和个性化定制产业。依托滨江发展优势，引导蝴蝶岭和仙塘工业园内的商业、居住等功能在此集聚，并吸引河源市其他地区的中小企业在此集聚，培育民间金融、协会等配套功能，发展成为河源市中小企业总部基地。确定按照“规划好、建设快、设施全、特色强、机

制活、环境优、效率高”的发展要求，以速度、质量和效益为中心，以科学规划为先导，以加强园区基础设施建设和招商引资为重点，以大力培育和发展规模企业为抓手，坚持“节约用地、环保至上、产业集聚、以税为准”和“开发一片、建成一片、投产一片”的原则，逐步形成新材料、新电子、智能制造、产业聚集，把产业园建成效益园区、生态园区、阳光园区和工业新城，与县城建设实现“产城融合、产城互动”。

#### 7.3.5.3　依山傍水，构建绿色休闲慢行体系

以东江沿岸的两条滨江路，九条水系两侧的滨水绿道，城市中轴线绿道，以及各城市干道防护绿地，组成城市绿色慢行系统。依托滨江水系资源，建设串联各滨水旅游资源的水上休闲交通系统，形成体现东源山水特色和文化魅力的水上旅游线路，在休闲于东江画廊的同时了解客家文化，东江 76 km 长的画廊展现的是一幅幅宁静抒情的南国特有的田园风光风情画卷。置身于“山水画廊”之中，真实地体会“船在江中游，画在两岸走”的奇妙感觉。规划两条山林郊野绿道，将东源县内自然生态保持良好的新丰江国家森林公园、东江国家湿地公园、千秋岭山地公园、梧桐山森林公园串联为一体，打造出两条欣赏田园风光和体验山林野趣的绿色景观通道。

#### 7.3.5.4　望山见水，构建理想社区、特色小镇、美丽乡村体系

将现代化社区要求的功能布局和岭南水乡传统的空间形态结合起来，打造“望山见水”的“理想社区”模式。规划范围内的九条东江支流贯穿每个社区组团，达到“处处滨水、步步见绿”的效果。依托东江干流，将“理想社区”模式演绎到全城，引导城市自然生长，融入山水格局之中，进而塑造一个“理想城市”。加强东江沿岸建筑密度和高度控制，打造集旅游、观光、商务、休闲于一体的现代化滨江岸线。将义合生态区打造成集高端度假、休闲养生、文化娱乐等功能于一体的生态休闲区。保留苏家

围古村及南园古村的古村落特色，活化旧村滨水空间，营造文化村落慢生活，创造有别于城市喧嚣的文化村落。升级改造工业区，依规拆除违章建筑，促进部分淘汰产业厂房功能的置换，完善行政办公综合区，塑造工业园生活服务区，通过主要道路、慢行系统及水网联系各居住区及服务中心等，围绕城市公园、组团广场、商业中心等公共空，塑造展示创意文化、历史特色的理想社区体系。创建4个特色小镇（仙塘镇创建创新智造工贸小镇、义合镇创建苏氏诗歌文化小镇、新港镇创建碧湖思源旅游小镇、康禾镇创建康泉禅茶颐养旅游小镇），以及6个美丽乡村（义合镇下屯村、新港镇双田村、康禾镇仙坑村、漳溪乡嶂下村、新回龙镇东星村、蓝口镇礤头村）。

### 7.3.5.5 科学规划，构建均等化的基本公共服务设施体系

打造特色文化，提升教育水平。以培育县城文化中心功能为目的，重点在木京片区完成东源县文化科技中心、新丰江水库移民纪念馆等一批配套公共设施建设。整合县职业技术学校、县卫生职业技术学校、县教师进修学校等中职教育资源，形成“一园多校”的办学模式。推进东源县崇文中学、东源县第三小学等大批中小学和幼儿园建设，同时通过引进高端学校，推动教育事业均衡发展，有效地缓解了入学难、入园难的问题；树立健康理念，完善医疗设施。强化东源县人民医院、中医院、妇幼保健院、城卫生监督所和疾病预防控制中心健康管理理念，推进人民医院新院和第二人民医院及精神科医院的建设工作；整合体育资源，优化体育配置，全面提升体育发展水平，形成合作互动、共同发展的新格局。东源县县城建设奥林匹克体育中心，在主要的公园、滨江岸线预留城市公共体育活动空间，在洋潭村、南园古村、义合镇等组团居住区预留配套公共体育设施用地；发展养老机构，完善服务功能。打造成辐射粤东西北的“东源健康养老基地”——金桃源养老产业园，依托东源县人民医院新院和毗邻的河源市卫生学校将“健康养老、快乐养老”打造成东源县乃至河源市的城市名片。

## 7.3.6 大力实施创新驱动发展

### 7.3.6.1 抓主导产业招商，促产业集聚发展

坚持走生态文明发展道路，坚持把绿色发展理念贯穿到发展的全过程，大力发展绿色生态经济，围绕电子信息、智能制造和物流产业招商，努力做到专业化招商、市场化招商、国企招商、定向招商、平台招商、龙头项目招商和战略合作伙伴协同招商，确保引进高质低耗的项目，推进智能制造产业集聚发展。每年要引进 9 个以上亿元的智能制造产业项目，每年要引进 2 个以上物流企业。近年来引进的铭镭激光智能装备制造公司、泽宇智能工业科技有限公司等智能制造行业企业，合同投资金额超过 10 亿元，预计年产值超过 12 亿元，形成智能制造产业集聚效应。

### 7.3.6.2 抓工业转型升级，促工业绿色持续发展

坚持工业绿色发展，狠抓工业转型升级，全面完成工业技术改造三年行动计划，大力实施绿色化技术改造，加快新技术推广应用，深入推行企业清洁生产。发挥省、市、县三级技改创新专项资金的杠杆作用，引导企业加大技改投入、加快推进“机器换人”等。每年推进 10 家以上企业进行技术改造，重点改造提升建材、食品、陶瓷、石英石等资源型传统优势产业；每年推动 2 家以上企业进行清洁生产审核认定。

### 7.3.6.3 抓科技创新驱动，促进新旧动能转换

大力实施创新驱动发展战略，全面落实《关于全面深化科技体制改革加快创新驱动发展的实施意见》（东委办发〔2016〕8 号）有关政策，鼓励企业加大科技投入和产品研发力度，建立完善研发机构，培育经济发展新动力，加快推进知识创新、技术创新、协同创新和转化应用，全面提升全县科技创新能力与产业竞争力。每年新增市级以上研发机构 5 家以上，新增高新技术企业 5 家以上，新增专利 50 项以上。

### 7.3.6.4 打造“粤东西北地区创新驱动发展示范县”

聚焦创新驱动，布局驱动创新，着力实施农业科技园区建设、深圳盐田（东源）产业转移园提升、创新型企业培育、创新平台打造、创新人才聚集、专业镇转型升级试点示范、知识产权创造应用、“金科产”三链融合等八大工程，增强自主创新能力，争创经济发展新优势。围绕“结构持续优化、竞争力明显增强、总量较快增长”的产业发展目标，依托东源生态资源优势、旅游资源优势、文化底蕴优势、科研优势及产业基础优势，以技术的群体性突破支撑引领产业集群发展，促进经济转型升级。基本形成以现代生态农业为特色引领、现代服务业为重要支撑、战略性新兴产业为重点依托的现代产业新体系。加大政府对企业创新的支持力度，引导和支持优质创新要素向企业集聚，进一步增强企业的创新主体地位。提高自主创新产品在政府采购、公共资源交易中的比重，加强产学研合作，推动联合共建研发创新平台，强化科研院所和高校对企业技术创新的源头支持。加大对科技型中小微企业的扶持力度。推动建立以政府为引导、企业为主体、全社会广泛参与的区域科技创新体系。加快出台人才引进政策，创新人才引进与培育模式，强化人才激励制度，建立健全人才服务体系，着力打造粤东西北地区人才高地。积极推进东源县科技创新中心、东源广工大现代产业协同创新研究院、技术转移中心、科技企业孵化器、技术产权交易、质量检测、行业协会等科技服务机构建设，促进科技成果转化及产业化。积极搭建科技金融服务平台，开展科技保险试点，推动科技企业上市融资，促进“金科产”三链深度融合。实施知识产权和标准战略，增强知识产权创造、保护和应用能力，全力打造市场化、国际化、法制化的营商环境，激发创新发展活力。

# 第 8 章

# 山东省烟台市长岛县

## 8.1 区域概况

### 8.1.1 区位概况

长岛，又称庙岛群岛，是山东省唯一的海岛县，由 151 个岛屿组成，其中有居民岛 10 个。岛陆面积为 56.8 $km^2$，海域面积为 3 541 $km^2$，海岸线 187.8 km。辖 10 处乡镇（街道、开发管理处），40 个行政村，总人口为 4.2 万人。

### 8.1.2 县位概况

长岛位于胶东、辽东半岛之间，在黄海、渤海交汇处，南倚蓬莱，北邻旅顺，西守京津，东望日韩，整个岛屿纵列于渤海海峡，南北长 72 km，东西宽 30.8 km，约占渤海海峡宽度的 3/5，是进出渤海必经的“黄金水道”，战略位置十分突出。

### 8.1.3 自然状况

长岛具有独特的海洋生态系统，是渤海最重要的生态屏障，被誉为“海上聚宝盆”和“海洋环境的晴雨表”。长岛天蓝海碧，林秀崖险，自然风光秀美，林木覆盖率达到 54%，对县际生态系统发挥着重要的调节功能和涵养作用。长岛冬暖夏凉，气候宜人，年均气温 12.5℃，年均降水量为 545 mm，素有“海上仙山”“天然氧吧”之称。

### 8.1.4 资源状况

长岛拥有省级以上水产种质资源保护区 8 处，是著名的“鲍鱼之乡”“扇贝之乡”“海带之乡”。长岛有海洋动物 282 科 650 种，盛产 30 多种经济鱼类和 200 多种贝藻类水产品，是我国海上物种的“博物馆”。长岛是鸟类迁徙的重要中转站和斑海豹的洄游地，年途经候鸟 320 多种，种类约占全国的 22%；年栖息太平洋斑海豹 400 余只。长岛海岸风光独特，素有“海上盆景”之称，是国家级风景名胜区、自然保护区、森林公园和重点生态功能区，拥有我国唯一的海岛型国家地质公园，被誉为“北方最美的群岛”。

### 8.1.5 经济社会状况

2018 年长岛实现生产总值 77.8 亿元，同比上年增长 0.5%；一般公共预算收入 1.43 亿元，比上年增长 12.1%。社会消费品零售总额 25 亿元，比上年增长 8.5%；城乡居民人均可支配收入分别达到 3.56 万元和 2.22 万元，分别比上年增长 8% 和 9%。

## 8.2 “绿水青山就是金山银山”实践探索成效与问题分析

### 8.2.1 “绿水青山就是金山银山”实践探索进展与成效

（1）围绕全域生态保育，多领域、立体化开展生态修复治理

山上，拆除了全域 80 台风机并完成了生态修复，对南北长山岛 25 万 $m^2$ 裸露山体实施了高次团粒绿化喷播治理（图 8-1），绿化造林 380 亩、退化林改造 1 000 亩。

图 8-1 高次团粒绿化喷播治理

岸上，大力开展退岸还滩工程，累计拆除侵占自然岸线的育保苗场 67 万 $m^2$，整治修复岸线 20 多 km。陆上，全域实施了岛外车辆“控进”、岛内车辆“控牌”的“双控”措施，在山东省率先构建起以纯电动公交车、旅游观光车和新能源共享汽车为支撑的绿色公共交通体系；实施了城区集中供暖“以电代煤”的改造（图 8-2），全域推广“清洁煤炭 + 节能环保炉具”替代应用模式，淘汰燃煤锅炉 500 余台，推广节能环保炉具 1 300 余台；狠抓扬尘治理，建筑工地全部落实降尘措施，城区建筑用混凝土实现资源整合，南北长山岛主干道路实现环卫保洁一体化，实施了全域禁止燃放烟花爆竹，空气质量指标明显改善，大气质量持续稳定在国家二级标准。启动了全域生活垃圾分类，10 处有居民岛屿实现了垃圾外运和热能分解全覆盖；分步推进有居民岛屿污水处理设施建设，实现城乡污水处理全覆盖。同时，全面落实辖区生态环境空间管控、生态环境承载力调控要求，制定了产业准入负面清单，启动了生态资源本底调查和生态立法工作，科学划定了生态红线，切实做到产业定位服从生态要求。

（2）围绕基础设施提升，坚持打基础、利长远，全力以赴补齐基础设施短板

交通方面，长岛港陆岛交通码头陆域回填和 16 处千吨级泊位主体完

工，综合枢纽工程启动建设。长岛完成了道路“白改黑”12.5 km，配套改建地下综合管网 9.2 km、海绵型人行道 4.2 km，打造了舒适安全的交通路网。

图 8-2　城区集中供暖“以电代煤”改造

供水方面，建立了跨海引水、海水淡化、雨水积蓄等多重保障机制，实施了城乡供水管网改造，完成了城区 2 000 t/d 海水淡化站改（扩）建，让海岛群众吃上长流水、放心水（图 8-3）。

图 8-3　构建安全供水格局

供电方面，积极推进北部岛屿海缆更新改造，开工边远海岛智能微电网示范工程，打造全域双回路双主变的安全电（图 8-4）。

图 8-4 全域双回路电网建设

城乡建设方面，以精品、精致、精细的理念统筹城乡规划建设，聘请同济大学专家重新修编城市总体规划，有序推进旧区旧村改造、美丽渔村标准化建设、违建整治等城乡风貌提升工程，打造宜居宜游的新环境（图 8-5）。

图 8-5 打造宜居宜游新环境

（3）围绕绿色发展，大力实施经略海洋和乡村振兴战略

大力发展生态旅游。统筹自然生态资源、传统村落资源、海洋文化资

源，划定生态涵养区、休闲度假区和运动观光区三大功能区，精心打造海岸休闲组团、海上环游组团、渔家风情组团、文化体育组团，打造“玩得好、留得下、记得住、叫得响”的深度体验产品，全线运营南北长山环岛旅游慢行服务系统，获批全国首个3A级海上旅游景区，创建省级旅游度假区和国家5A级旅游景区规划通过专家评审，连续举办了环岛马拉松、海钓等文体赛事，海岛旅游市场持续升温。

大力实施精准营销，抢抓与浙江旅行社协会战略合作机遇，在杭州举办“海上仙山生态长岛”品牌发布会、旅游首发式和广场宣传推介活动；围绕蓬长旅游一体化发展，与蓬莱市联合赴东北三省举办“蓬长仙境之旅”宣传推介活动；策划推出“烟台人游长岛”特色优惠活动。大力发展生态渔业。积极推进多功能平台、人工鱼礁、深远海养殖网箱等海工装备布局应用，大力推动海洋牧场开发向规模化、工程化、信息化、绿色化方向发展（图8-6），引领近岸养殖向深远海转移。全县累计建成生态海洋牧场24.6万亩，获批3处国家级海洋牧场、3处省级海洋牧场、5处省级休闲海钓钓场和11处市级休闲渔业基地，投用2种多功能海洋牧场平台，投放生态型人工鱼礁1 400多座。

图8-6 海洋牧场

### 8.2.2 存在的主要问题和挑战分析

长岛生态系统脆弱，森林植被树种单一，部分山体裸露残损，生态保护修复难度大。溢油污染事件时有发生，严重影响了海洋生态环境安全。长岛财力不足，随着各类支持民生政策相继出台、各项改革深入推进，财政刚性支出压力逐年加大。

## 8.3 重点任务

### 8.3.1 科学谋划空间发展格局

立足资源禀赋、环境承载能力和现有基础，遵循自然规律和经济规律，坚持全域统筹、陆海统筹、城乡统筹、节能减排统筹，合理确定保护与建设布局，统筹安排生产、生活、生态等设施，划定永久保护岸线、生产生活岸线、基础设施建设控制线、历史文化保护线和生态红线，合理确定各类用地用海布局，推动形成生态涵养区、休闲度假区、运动观光区三大功能区。

（1）生态涵养区。重点包括砣矶岛、大钦岛、小钦岛、北隍城岛、南隍城岛及附近海域，岛屿总面积为19 $km^2$，海域面积为1 808 $km^2$（其中，自然保护区核心区面积为6.9 $km^2$、缓冲区面积为1.05 $km^2$、实验区面积为6.523 $km^2$）。严格划定生态保护红线，限制外来人口进岛落户，支持自然减员，探讨实施生态移民，鼓励北五岛居民到南长山岛、北长山岛居住、生活和就业，逐步减少驻岛人口数量，恢复海岛的原始地貌、植被覆盖。科学保护自然景观和海洋生物，严格禁止各类建设项目，鼓励离岸深远海规模化确权，科学布局人工鱼礁和海底藻场，打造海洋牧场生态方，恢复海洋自然生态。根据各类保护区的功能定位和范围界限，加大海洋种质资源和生物物种的保护力度。

（2）休闲度假区。重点包括南长山岛、北长山岛、庙岛、小黑山岛、大黑山岛及附近海域，岛屿面积为 16.3 $km^2$，海域面积为 533 $km^2$（不包括自然保护区核心区面积为 3.9 $km^2$、缓冲区面积为 0.986 $km^2$、实验区面积为 9.655 $km^2$）。控制庙岛、小黑山岛、大黑山岛现有人口规模。坚持"一岛一特色、一岛一聚集"，一座海岛突出一种建筑风格和文化内涵，建设具有浓郁地方风情的海岛小镇，做到建筑景观化、特色化。统筹自然生态资源、传统村落资源、海洋文化资源，精心打造渔家风情组团、海岸休闲组团和海上环游组团，形成功能完善的旅游产品集聚区。优化南长山岛、北长山岛的空间结构，科学规划公共服务区，实施绿化、美化等生态保护和修复工程，完善旅游综合服务功能。提升妈祖文化影响力，将庙岛打造成北方妈祖文化的交流中心。做好大黑山岛、小黑山岛的保护性开发，建设地质构造、史前文化等科考研究基地。科学确定旅游承载量，建立进岛游客预警机制，严格控制岛外车辆进岛。

（3）运动观光区。重点包括南五岛和北五岛之间的无居民岛屿及周边海域，岛屿面积为 2.8 $km^2$，海域面积为 462.5 $km^2$（不包括自然保护区核心区面积为 3.3 $km^2$、缓冲区面积为 0.027 $km^2$、实验区面积为 1.088 $km^2$）。坚持保护优先，岛、海统筹布局，完善旅游设施，加快提升旅游功能，丰富旅游线路、旅游业态，增设旅游体验项目，开发旅游新品种，提高旅游品位层次，推动旅游业向中高端转型发展。打造"海上石林、海鸟天堂、海豹乐园"长岛旅游品牌和国家级海洋运动基地。

### 8.3.2 加速"绿水青山"转化为"金山银山"

把绿色发展作为根本前提，按照新旧动能转换的总要求，立足长岛特色和优势，推进生态旅游、现代渔业等生态友好型产业转型发展。

（1）创新发展生态旅游业。推动旅游业态提质换挡。引入国际自行车、马拉松等品牌赛事，推出竞走、越野跑等项目，打造全国体育旅游休闲基地。加快营运船舶提档升级，开通长短结合、辐射各岛的海上旅游航线，重点发展游船、潜水、轻艇等体验型旅游和游艇、帆船等竞技型海上运动。积极培育邮轮、研学等旅游新业态，开发推广海洋牧场、海防军事夏令营等旅游产品。大力发展海钓、岛钓旅游，打造中国北方知名的休闲垂钓目的地。加快提升旅游服务能力。积极引进国际知名品牌高端度假酒店，建设一批特色文化主题酒店，探索发展旅居融合的产权式度假酒店。推动“渔家乐”改造升级、集群化发展，打造精品民宿。统筹推进“智慧旅游”规划建设。积极发展旅游专线车、旅游观光巴士和观光电瓶车，支持发展共享电动汽车、共享单车。深入推进旅游“厕所革命”，扩建一批A级标准旅游厕所。努力打造特色旅游品牌。突出“海上仙山”主题品牌，通过举办具有海岛特色的节庆、赛事和展销活动，打造长岛生态旅游特色知名品牌。增设观鸟、猛禽环志科普等生态旅游项目，设计、制作具有海岛特色的旅游纪念品。开发海岛森林氧吧、海珍品美容保健等项目，培育海岛养生度假品牌。搞好策划推介，加大营销力度，扩大生态旅游知名度和影响力。突出生态旅游重点区域。按照政府统筹、特许经营的方式，集约发展岛屿旅游。以长山列岛国家地质公园、长岛国家级海洋公园等为依托，重点打造九丈崖、月牙湾、万鸟岛、望夫礁等景区，建设成为生态旅游的集聚区。支持“蓬长龙”旅游一体化发展，构建一体化旅游营销平台和发展协调机制，探讨设立综合旅游开发公司，支持在蓬莱和龙口建设长岛旅游综合服务基地。

（2）优化提升现代渔业。加强种质资源保护。发挥各类保护区的功能作用，严格按照划定的范围界限进行保护管理，确保生态系统安全。保护好皱纹盘鲍光棘球海胆、许氏平鲉2个国家级水产种质资源保护区，以及栉孔扇贝、魁蚶等6个省级水产种质资源保护区。培育优良品种。以水产种质资源保护区、省级以上水产原良种场为重点，依托中国海洋大学、黄海水产研究所等，建设海水养殖优良种质研发中心和水产种业基地，提高良种培育能力。到2020年，新增1处省级以上水产原种场，培育建设3处“育繁推一体化”种业基地。建设海洋牧场。以生态环境承载能力为基础，以信息化物联网等智能设备为支撑，科学布局现代化海洋牧场。重点突破海洋牧场多功能平台、深远海大型智能网箱等装备化建设，实现海水养殖集约化、装备化和智能化。推进近岸渔业向离岸深海发展，做好长岛海参、鲍鱼、扇贝、海带等标志性品牌，建设优势海产品健康养殖基地和优质海洋食品生产基地。到2020年，科学布局建设各类海洋牧场25处。培育建设3处国家级海洋牧场示范区和4处省级海洋牧场示范项目。发展休闲渔业。推广“旅游＋渔业”模式，开发渔区观光、渔事体验、科普教育等休闲渔业项目。大力发展海洋游钓业，支持重点企业建立规模化、规范化的海钓俱乐部或海钓基地。统筹推进投放新型礁、放流恋礁鱼、建造标准船、美化海岸线、提供餐饮救助等工程建设。建成大钦岛、南长山岛2处省级休闲海钓示范基地和50艘标准海钓船。

（3）培育发展海洋文化产业。①传承海岛传统文化，保护性修复北庄遗址、猴矶岛灯塔等历史遗存，保护经典海草房、典型军营等文化资源。②保护传承非物质文化，实施非物质文化遗产项目代表性传承人扶持计划，研究创新砣矶砚、木帆船、刺绣、渔家号子等非物质文化遗产项目。③弘扬新时代海洋文化核心价值观，抓好海岛特色文艺作品创作，打造海岛影视拍摄基地和艺术创作基地，规划建设渔业文化展示平台。推进图书馆、文化馆、档案馆改造，启动美术馆、规划馆建设，新建一批综合文化站、文化服务中心和历史文化展示场所。④培育一批文化旅游龙头企业，建设以海洋为主题的文化创意产业基地和文化产业集聚区。⑤塑造长岛海洋文化品牌，创新办好中华妈祖文化节、世界海岛经济论坛、北方渔俗文化节等活动，开发长岛渔号、长岛秧歌等文化展示体验产品（图8-7）。

### 8.3.3 不断加强生态产品供给和保护能力

把生态保护作为第一要务，建立健全生态保护与修复长效机制，加大对海洋生态系统、海洋生物资源等进行保护或修复的补偿性投入，统筹实施“山水林海岸城”全域系统保护修复，开展海洋生态补偿试点，加快构建边界清晰、功能明确、管控有效的生态综合保护体系。

图 8-7 长岛民俗文化

（1）强化海陆环境保护与修复。①严守生态保护红线。严格落实主体功能区制度，统筹各类空间性规划，推进“多规合一”。②编制实施国家重点生态功能区产业准入负面清单，严禁破坏生态系统功能的开发建设项目。③强化生态红线管控作用，统筹渤海海洋生态红线区、长岛国家级自然保护区、庙岛群岛海豹省级自然保护区管控，落实生态环境空间管控、生态环境承载力调控、环境质量底线控制等环境引导和管控。④落实国家级自然保护区总体规划，对自然保护区进行勘界，竖立界碑界桩，有步骤地对居住在自然保护区核心区与缓冲区的居民实施生态移民。⑤完善生态环境保护责任制和问责制。a. 修复整治损毁山体。严格执行自然保护区、生态功能区等相关规定，加强裸露山体生态治理，进行全域生态保育，最大限度地恢复和保持海岛原有地形地貌。对地质遗迹和易发生地质灾害的有居民的岛的 30 处山体进行勘查整治，消除安全隐患。b. 修复整治海岛岸线。实施海岛岸线整治修复工程，拆除岸线破旧建筑，严禁违法开采、捡拾岸线球石，还原保护岸线自然状态。⑥重点建设护岸和防潮堤工程 26 km，减轻海岸侵蚀，保护海岸生态环境和自然景观。实施绿化美化工程。⑦选择适合海岛生长的抗病耐旱树种，加大对新造林地的管护抚育力度，努力恢复植被原貌，美化海岛环境。⑧提升自然保护区的能力建设，开展荒山、道路、村庄绿化美化，植树造林 8 000 亩，其中改建造林 5 000 亩，建设绿色通道 60 km（图 8-8），美化村庄 40 个。⑨强化营林措施，因地制宜地进行树种更新，提高林分质量。对居民区附近和主要风景区，增加观赏树种，适当配置其他彩色树种，营造四季彩色林带，提高景观效果。⑩强化海洋生态保护。严格落实海洋功能区划，除必要的交通、生产、生活设施以外，停止围填海活动，逐步清理围海及陆基养殖设施。科学建设海洋牧场和人工鱼礁群，控制近海养殖密度和养殖面积，开展生物种群修复，严格禁渔期管理，保护和修复海洋生态系统。合理布局养殖用海区域，建立海洋环境承载力预警机制，加强海水水质监测，减少养殖对水质的影响。发挥藻类、林木的固碳、汇碳功能，加快发展碳汇产业。⑪统筹陆海环境整治。加强海上污染源管理，将港口环卫设施、污水处理设施纳入城市设施建设规划，提高船舶和港口防污设备配备率，提升含油污水、化学品洗舱水、生活污水等处理能力。实施船舶压仓水管理，严格控制船舶、港口倾废排污。积极推广污水集中处理，分步推进有居民岛屿污水处理设施建设。清理非法排污口，强化直排海污染源监管。推动岛内垃圾离岛处理，支持海产品骨干企业在岛外设立生产加工基地。严格落实禁燃区污染防治规定，加强城市扬尘、锅炉废气综合治理，支持海水源和地热源开发利用，探索实施城区供暖煤改电、煤改气，机动车油改气、油改电工程，船舶推广使用低硫油和岸电，进一步改善大气质量。⑫保护生物种群。通过风机拆除、封山育林、海底森林营造、增殖放流等手段，建设和管理好长岛国家级自然保护区、海洋公园、地质公园等，为鱼类、海豹、鸟类等生物种群的繁衍生息创造良好环境，保持生态平衡。逐步消除高污染、高破坏性海水养殖品种。加强动植物检验检疫，建立外来物种入侵预警机制，减少外来物种对长岛渔业资源和野生动植物的负面影响，保护长岛生物资源的原生性和多样性。

图 8-8 长岛县绿色通道

（2）推进资源集约节约利用。集约利用海域资源。科学布局用海区域，改变粗放用海模式，将城镇、港口、休闲旅游设施、海洋牧场等布局与海域功能区划和主体功能区划相衔接，提高海域资源利用水平。节约利用水资源。完善水资源管理制度，推广应用节水新产品、新工艺、新技术，推行取水、供水、用水全过程节水方式，加大中水回用力度。加强水资源保护，严格控制地下水开采，积极推进雨水集蓄、海绵城市建设，扩大涵养水，防止海水入侵。集约节约利用土地资源。严格实施土地利用总体规划，落实最严格的节约用地制度，实现建设用地总量和土地开发强度控制目标。盘活闲置低效用地，积极推进存量建设用地开发，切实提高土地利用效率。

（3）健全生态保护应急体系。推进山东管辖渤海海域溢油监视监测系统建设，完善卫星遥感、航空监视、船只巡视等多方位立体船舶溢油监视监测网络，支持海上溢油应急处置设备库建设，提高海上溢油灾害预测预警和应急处置能力。建立溢油事故处置联动协调机制，打击船舶违法排污和船舶大气污染。整合长岛海洋环境监测中心和长岛海洋预报服务站功能，支持长岛渤海海域海洋环境实时在线系统纳入国家海洋中心站建设规划。推动"透明海洋"科技成果集成示范，建立以海洋观测站和浮标为主的海洋灾害观测预报体系。加强风暴潮、地震等气象地质灾害预警预报系统建设。

### 8.3.4 深入探索重点创新制度

（1）探索建立规范的绿色 GDP 核算体系。①率先建立绿色 GDP 核算技术规范。按照国家的相关要求，积极探索构建符合地域实际的绿色 GDP 核算体系，转变唯经济发展的政绩观。结合区域特征，既考虑自然生态的价值，也核算人为努力改善环境质量的价值，同时还要充分考虑社会经济发展质量，将自然生态环境系统和社会经济系统有机结合。逐步完善与国民经济统计体系并行的绿色 GDP 核算体系，并纳入区域统计体系，进一步规范绿色 GDP 核算体系和核算方法等技术支撑体系，积极推进县域绿色 GDP 核算体系技术规范制定。②建立县域绿色 GDP 考核体系。在绿色 GDP 定量核算的基础上，通过建立一个不同时期的地区生态资源价格和社会经济发展质量评价体系，实现区域发展质量变化情况的常态化跟踪评估。基于绿色 GDP 核算，逐步建立体现"绿水青山就是金山银山"理念要求的目标体系、考核办法、奖惩机制，并将考核结果作为评价领导干部政绩、评优和选拔任用干部的重要依据，丰富和完善考核评价体系。

（2）加快推进生态文明建设法治体系建设。①探索生态环保监管执法创新机制。结合山东省机构改革机制，建立综合执法机制，加快形成对辖区生态资源和国土空间资源统一保护管理的体制机制，并按照"集约化、扁平化、法治化"的思路，通过合理整合配置环境执法资源，推动县域生态环境资源统一保护和管理。②完善生态环保监管司法保障机制。探索设立生态环保法院，明确集中专属管辖范围，创新生态资产保全、环境损害专业评估、公益法律援助、举证责任倒置等机制，建立健全生态环境损害赔偿制度，为生态文明建设提供有力保障。

（3）探索建立资源环境承载力监测预警机制。①构建资源环境承载力预警指标体系。结合区域实际，选取土地资源承载力、水资源承载力、生态资源承载力、水环境承载力、大气环境承载力、交通承载力、旅游承载力等指标，科学设计各指标的权重，建立环境承载力预警指标体系。②污染物排放许可和总量控制制度。以环境承载能力为约束，实行排污许可制度及企事业单位污染物排放总量控制制度，严格环境准入和淘汰制度，依法按照总量控制的要求发放排污许可证，把总量控制的要求分解落实到污染源，将排污强度作为新建项目的硬约束指标，有效控制新污染源，实现污染控制从末端治理向源头控制转变。③县级层面“三线一单”编制工作。编制生态保护红线、环境质量底线、资源利用上线和产业准入负面清单，以生态保护红线、环境质量底线、资源利用上线为基础，将长岛行政区域划分为若干个环境管控单元，在一张图上落实生态保护、环境质量目标管理、资源利用管控要求，按照环境管控单元编制产业准入负面清单，构建环境分区管控体系。通过编制“三线一单”，为战略和规划环评落地、项目环评审批提供硬约束，为其他环境管理工作提供空间管控依据。

（4）探索建立“绿水青山就是金山银山”理念社会治理机制。①社会力量参与“绿水青山就是金山银山”实践创新基地建设工作机制。进一步加大扶持力度，培育生态环保类社会组织、志愿组织，逐步建立社会组织参与“绿水青山就是金山银山”实践创新基地建设的引导机制；办好全国海洋生态文明论坛等“绿水青山就是金山银山”实践创新高端论坛，积极承办国内外生态文明相关重要活动和会议。②建立“绿水青山就是金山银山”实践创新基地建设新型智库。积极集聚有代表性的专家、学者、领导及社会各界资源，成立“绿水青山就是金山银山”实践创新基地建设专家咨询委员会，为长岛建设“绿水青山就是金山银山”实践创新基地提供决策咨询、调查研究、专家论证、公众参与、风险评估、合法性审查等服务，定期公布建设进程，推动科学决策。

（5）探索建立科学统一的自然资源资产产权制度和用途管制制度。①建立自然资源资产产权用途管制制度。按照“山水林海城”是一个生命共同体的原则，完善土地用途管制制度，探索建立海、岸、山等生态空间的用途管制制度，明确各类国土空间开发、利用、保护边界，实现能源、水资源按质量分级、梯级利用；严格节能准入制度，实行最严格的土地用途管理、资源节约管理，强化规划，严格审查，禁止不符合用途管理和节约标准的开发活动。②建立健全自然资源有偿使用制度。实施自然资源及其产品价格改革，全面反映市场供求、资源稀缺程度、生态环境损害成本和修复效益；坚持使用资源付费和“谁污染环境、谁破坏生态、谁付费”的原则，加强对岸滩、海域、林地等有形自然资源资产的保护性经营管理，促进自然资源优势向自然资源、社会经济协调优势转化。

（6）探索建立生态文明建设市场化机制。①完善生态环境保护投融资机制。充分发挥公共财政在“绿水青山就是金山银山”实践创新基地建设方面的导向作用，引导和支持各类融资担保机构提供风险担保，实施绿色金融与信贷政策，搭建民间资本参与的生态文明建设平台，引导民间资本积极参与“绿水青山就是金山银山”实践创新基地建设；拓展融资渠道，加大生态环境领域的资金投入，加大对绿色经济、自然生态保护和环境污染治理的政策扶持，着力构建财政、金融、民间资本、保险资金等多种类型资金参与“绿水青山就是金山银山”实践创新基地创建的发展格局。②积极推动环境资源市场化交易。针对自然资源资产的自身特点，发展生态交易市场，探索搭建自然资源、碳汇、节能、排污权等交易平台，探索建立海域使用权流转等机制，推动自然资源资产使用权“资源化”“货币化”“价格化”；加快形成环保市场，推行节能量、碳排放权、排污权等交易制度，积极探索将海洋、森林碳汇纳入长岛碳排放交易体系，形成市场化的碳排放控制与自然资源资产保值增值的良性循环机制。③建立吸引社会资本投入生态环境保护的市场机制。推行环境污染第三方治理，加强环境服务购买单位、环境服务公司、担保公司、金融机构之间的合作，推进生态环境保护、设施建设与运营管理市场化。

（7）探索建立生态文明建设政绩考核制度。①把生态文明建设纳入政绩考核体系。按照“绿水青山就是金山银山”实践创新基地建设的相关要求，体现生态发展、绿色发展的发展导向，建立完善《长岛生态文明建设考核制度》，把“绿水青山就是金山银山”实践创新基地建设作为各单位绩效和领导班子、各部门领导干部勤政考核的重要内容，强化约束性指标考核，进一步完善与勤政考核挂钩的方法，得分作为评定干部年度考核等次和提拔重用的重要依据之一；结合干部勤政建设，推动考核结果的刚性运用，提升政绩考核的科学性、规范化和精细度水平。②建立领导干部任期环保责任终身追究制度。逐步实施县域范围内领导干部任期环保审计制度，科学评价领导干部任职期间自然资源资产开发、利用及保护责任的履行状况，对领导干部违背科学发展要求、造成资源环境生态严重破坏的重大策失误，实行问题追溯和终身责任追究；对履职不力、监管不严、失职渎职的，要依纪依法追究有关人员的监管责任。进一步细化领导干部任期环保审计工作的操作规范和评价标准。积极推进环保审计工作，对选定的经济责任审计项目，把自然资源资产履职情况作为领导干部经济责任审计的一项重要内容，纳入审计实施方案。

# 第9章

# 江西省赣州市崇义县

## 9.1 区域概况

### 9.1.1 区位概况

崇义县隶属赣州市，位于江西省西南边陲，地处东经113°55′—114°38′，北纬25°24′—25°55′。毗邻湘、粤两省，东与南康县接壤，南与大余县和广东省仁化县相交，西与湖南省汝城县、桂东县毗邻，北与上犹县交界。县域总面积2 206.27 $km^2$，东西长约73 km，南北宽约59 km，距赣州市90 km。

在江西省主体功能区规划中，崇义县被定位为限制开发区域（重点生态功能区），是关系全省乃至全国生态安全、在本地区具有较高生态功能价值的区域，主要承担涵养水源、保持水土、维护生物多样性、保障生态安全、发展生态旅游等重要生态功能。

根据《江西省生态保护红线划定方案》，崇义县位于赣西—赣西北山地森林生态屏障主体分布地区，属罗霄山脉水源涵养生态功能区的核心区域，是一个“九分山半分田，半分道路、水面和庄园”的典型山区县（图9-1）。作为赣江（章江）源头保护区、全国重点生态功能区、国家农业综合开发县、国家主体功能区建设试点县，崇义县在江西省域生态屏障中具有重要地位，已列入国家主体功能区建设试点示范名单（南岭山地森林及生物多样性生态功能区）。

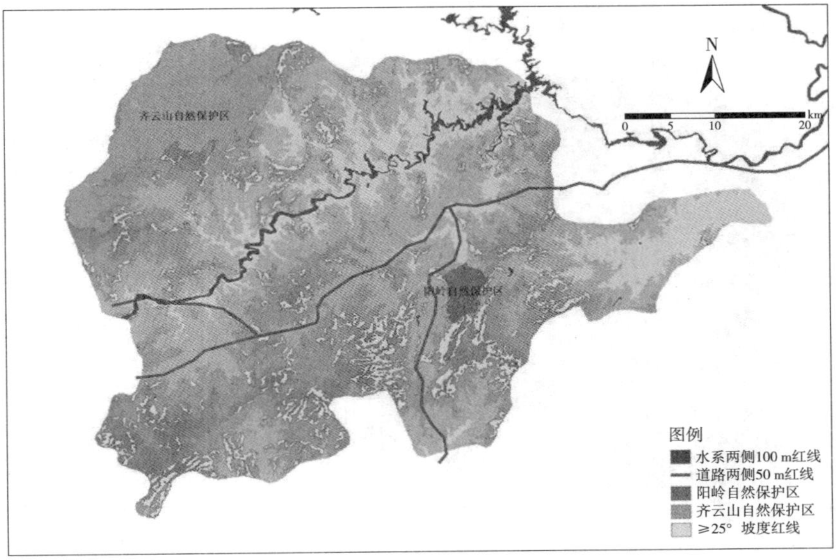


图 9-1 崇义县生态红线划定

## 9.1.2 自然状况

### 9.1.2.1 地形以山地丘陵为主，山脉纵横交错

崇义县属罗霄山脉南段的诸广山脉，境内山脉纵横交错，群峰连绵起伏。县域地形以山地丘陵为主，按地貌特征，全县大致可分为中山、低山、高丘陵、河谷阶地四种类型。山地（海拔 500 m 以上）占土地总面积的 47.67%；高丘（海拔 300～500 m）占 45.06%；低丘及河谷阶地（海拔 300 m 以下）占 7.27%，几乎没有较大面积的盆地和大块平原。地势由西南向东北方向倾斜，中部阳岭海拔 1 259.5 m，北部石牙头海拔 1 333 m，西部诸广山脉主峰齐云山海拔 2 061.3 m，西南花皮山海拔 1 581 m，东北部陡水水库，水域海拔 170 m，东部牛轭潭海拔 140 m，为境内最低点。全县 1 000 m 以上的山峰有 232 座，其中西北部思顺乡的齐云山海拔 2 061.3 m，

为境内最高点，也是江西第二、赣南第一高峰（图 9-2）。

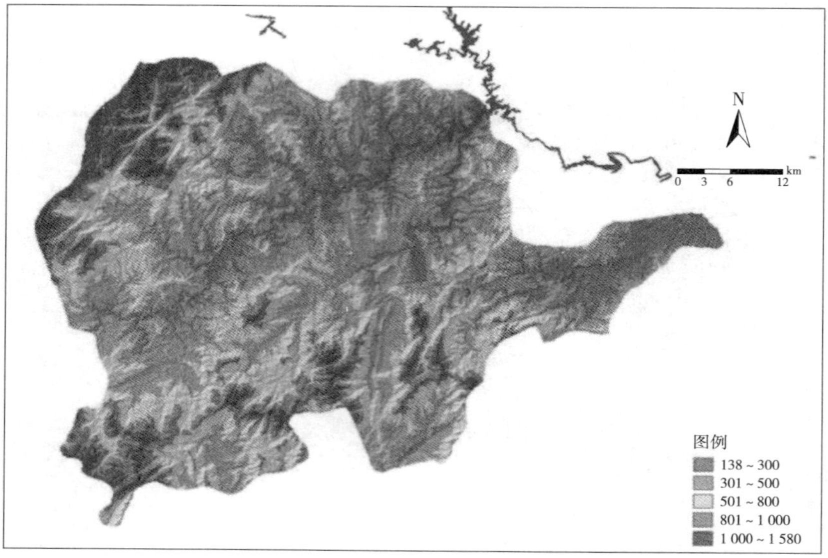


图 9-2　崇义县地势

### 9.1.2.2　气候温润，垂直高度差异显著

崇义县地处中低纬度，属中亚热带季风湿润区。总体气候特征为，冬夏两季盛行季风，全年热量丰富，四季分明，雾日多，日照偏少，雨量充沛，空气湿度大，无霜期长。但由于地形复杂，垂直高度差异大，山上山下，向阳面和背阳面，气候差异十分明显。2018 年全年平均气温 18.6℃，全年降水量 1 781.3 mm。年内降水量分布不均匀，主要受季风和台风的影响，在县内空间分布上，境内西南面高山林立，极易形成暴雨和大暴雨的中心，降雨西多东少，山多丘少；在时间分布上降水集中在 3—6 月，降水量超过年降水量的 50% 以上。崇义地处山区，风向较乱，且静风天气较多，全年偏北风为最多，其次为偏南风。在季节上，冬季多偏北风，盛春多偏南风区域内多年平均风速为 2.3 m/s，最大风速为 17.6 m/s，主导风向 NEN。

#### 9.1.2.3 区域水网密集，流域范围广

崇义的江河属长江流域赣江水系，是章江主要支流上犹江的源头地区。上犹江流域，发源于湖南省，由西南向东北进入崇义县，沿途接纳文英河、上堡河、思顺河、小江等河流来水，在崇义县境内形成陡水湖，最终至赣州市南康区三江乡三江口汇入章江。境内河流以大江、小江、扬眉江为主，文英、上堡、思顺、金坑、聂都、义安、新溪等河次之，累计有大小河流 83 条，其中流域面积大于 20 $km^2$ 的有 30 条，小于 20 $km^2$ 而大于 5 $km^2$ 的有 53 条，总长度 980.9 km，平均河流密度 0.441 $km/km^2$。

陡水湖，又称上犹江水库，地处赣州市上犹县、崇义县境内，湖泊集水面积 2 750 $km^2$。上犹江水库是国家“第一个五年计划”期间 156 个重点工程项目之一，是典型的江河源头区水库型湖泊，也是赣州市境内最大的湖泊（水库）；大江是县境的第一大河流、上犹江水库的主要集水区，境内全长 82.5 km，流经丰州、古亭、麟潭、过埠，汇入上犹江水库；小江为县境第二大河流，是大江的一级支流，发源于县境扬眉镇北部的大嶂山北麓，主河长 67 km，流经关田、古横水，汇入上犹江水库；扬眉江属于章江水系，为县境第三大河流，发源于长龙乡新溪云山北麓，主河长 57 km，流经长龙镇、扬眉镇、龙勾乡，入南康市境，向东汇入章江干流。

### 9.1.3 资源状况

#### 9.1.3.1 水资源充沛，水能丰富

崇义县雨量充沛，溪流纵横，河床比降大，地表水和地下水资源均较丰富。县境年平均径流总量为 225 654 万 $m^3$。水能理念蕴藏量 19.887 9 万 kW，年电能 17.4 亿 kW · h，年均理念密度 90 $W/km^2$。2017 年，地表水资源量 155 400 万 $m^3$，人均水资源量为 8 000 $m^3$，其中，中型水库 2 座，蓄水总量 1 200 万 $m^3$；地下水资源量 43 500 万 $m^3$，地下水全部以降水下渗为主。

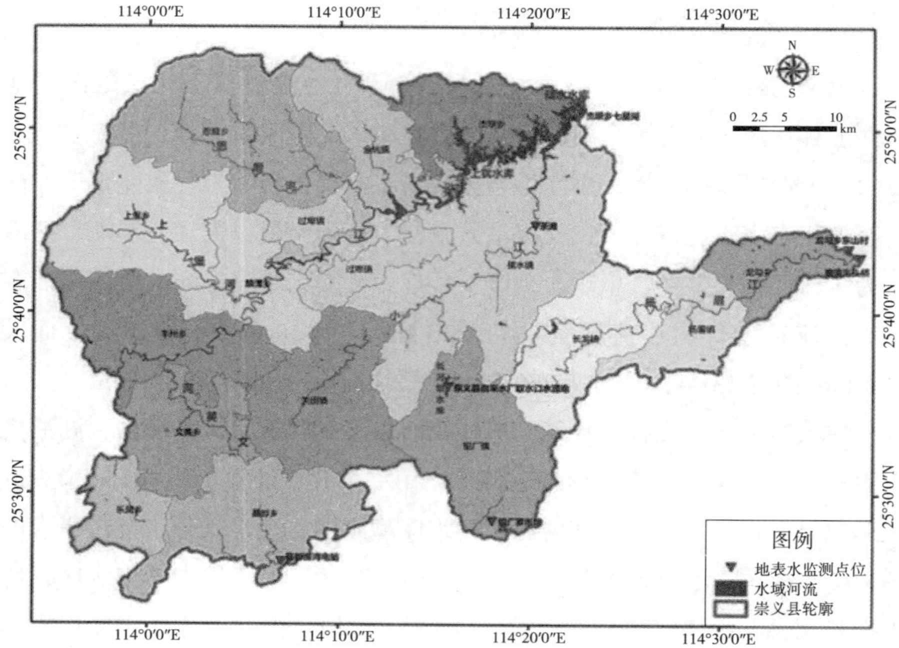


图 9-3 崇义县水系分布

### 9.1.3.2 土地资源以林地为主，土壤类型多样

崇义县行政区划总面积为 2 207.7 $km^2$，林地保有量 269 万亩，湿地保有量 6.06 万亩，耕地保有量 16.93 万亩，基本农田保护面积 14.29 万亩。地带性土壤为红壤和黄壤，受地势地貌的影响，土壤垂直分布特征明显，主要土类有潮土、紫色土、红壤、山地黄壤、山地黄棕壤、山地草甸土，耕作土壤主要为水稻土。

### 9.1.3.3 林业资源丰富，森林覆盖率高

崇义县森林资源非常丰富，是我国南方集体林区 48 个重点林业县之一。林地面积占国土总面积的 89.3%，其中，生态公益林 94 万亩，占林地面积的 34.8%；商品林 175 万亩，每年可提供商品材 20 万 $m^3$、商品竹 1 000 万根。2018 年，森林覆盖率高达 88.3%，约为全国（22.96%）的

3.85 倍，分别高于省、市 25.2 个、12.1 个百分点，以县级为单位，位居全国之最；活立木蓄积量 1 609 万 $m^3$、毛竹 1 亿根，单位林地面积活立木蓄积量高达 89.72 $m^3/hm^2$，人均有林地面积 0.82 $hm^2$，人均活立木蓄积占有量 74.25 $m^3$，均明显高于全国、江西省和赣州市平均水平。已建立 1 个国家级自然保护区（齐云山）、2 个省级自然保护区（阳岭、章江源），成功申报阳明山、陡水湖 2 个国家级森林公园。2018 年县域保护区总面积达 32 983 $hm^2$，占林地面积的 18%，其中，齐云山国家级自然保护区面积 17 105 $hm^2$。

#### 9.1.3.4 动植物资源丰富，林木树种繁多

崇义县属常绿阔叶林生物气候带，气候温暖，适宜各种植物、动物的繁衍。至今保留白垩纪末和第四纪冰期后孑遗的单科单属单种树种银杏。林木树种有 123 科，892 种，有“江西省绿色宝库”之称。其中，国家一级保护树种有银杏、南方红豆杉、伯乐树、水杉、秃杉；国家二级保护树种有长苞铁杉、闽楠、浙江楠、楠木、花榈木、厚朴、野茶树、杜仲、福建柏、观光木、鹅掌楸 11 种；国家三级保护树种有穗花杉、油杉、凹叶厚朴、红花木莲、黄山木兰、天竺桂、沉水樟、半枫荷、白桂木、白辛树、华南栲、青钩栲等 12 种。国家一级保护动物有金钱豹、南方花鹿、蟒、黄腹角雉等；国家二级保护动物有金猫、獐、鹰、猫头鹰、苏门羚、毛冠鹿、山黑鹿、水黑鹿、穿山甲、水獭、小灵猫、大灵猫、白鹇、红腹锦鸡、大鲵等 15 种。

#### 9.1.3.5 矿产资源多样，钨矿资源位居全国前列

崇义县矿产资源丰富，矿种品种多，储量大。现已发现矿种 27 种，有铁、铜、铅、钨、锡、钼、铋、铍、金、银、锂、铷、铯、钽、稀土、铀等金属矿；水晶、冰州石、萤石、瓷土、磷、大理石、花岗石、硅石、石灰岩、白云岩等非金属矿，以及燃料矿煤。查明有资源储量的 16 种，

以钨、煤、锡较为丰富，钨保有储量为15.2万t，在中国县级排名第一，是“世界钨都”的重要组成部分；锡储量为3.5万t；煤储量为1 000万t；硅储量为230万t。

矿产资源区域分布相对集中，综合利用价值高。钨、锡、铜、铅锌探明储量的70%～90%集中分布在县境中部，西南部以萤石、钾长石、硅石等非金属矿产为主。赣州钨矿主要类型之一是石英脉型黑钨矿床，是一种易采、易选、品质优良、有害杂质少的矿种，另一个特点是伴生组分多，除钨外共生、伴生有价金属元素达50多种，主要有铋、钼、铜、锡、锑、铅、锌、金、银等有色金属及重金属，此外，还有铍、锂、铌、钽、铼、硒、碲等稀有金属，并有钇等稀土元素。

### 9.1.4 经济社会状况

#### 9.1.4.1 辖十乡六镇，城镇化率不断提高

崇义县辖横水镇、长龙镇、扬眉镇、铅厂镇、关田镇、过埠镇、聂都乡、文英乡、乐洞乡、丰州乡、龙勾乡、金坑乡、杰坝乡、思顺乡、麟潭乡、上堡乡等6个镇10个乡、124个村、3个居民委员会。

2019年全县户籍总户数64 285户，户籍总人口216 501人，常住总人口193 992人，其中，城镇人口49 184人，乡村人口167 317人，人口自然增长率为4.54‰。城镇人口主要聚集在横水镇、扬眉镇、过埠镇、铅厂镇、长龙镇，常住人口城镇化率由2017年的44.39%增加至2019年的47.61%（图9-4）。

#### 9.1.4.2 经济稳步增长，三产结构不断优化

崇义县经济总量不断增长，发展规模不断扩大。立足发展改革工作主责主业，深入贯彻新发展理念和高质量发展要求，全面落实“发展项目化、产业生态化、建设景区化、服务信息化”战略，突出抓好争资争项统

筹、项目建设管理、生态文明创新、苏区振兴发展、经济运行服务、中心工作推进、机关自身建设等任务，崇义县经济社会发展取得较好的成效。2018年，完成生产总值91.93万元，比2015年增加27.02亿元，年均增长13.87%。主要经济指标实现较快增长，较2015年，财政总收入由10.27亿元增至13.16亿元，增加28.1%；税收收入由7.21亿元增至10.45亿元，增加44.9%；公共预算财政收入由7.15亿元增至8.85亿元，增加23.7%。消费拉动型经济特征进一步增强，社会零售品消费总额由13.62亿元增至17.05亿元，增加25.22%；实际利用外资由1 572万美元增至2 042万美元，增加29.90%。

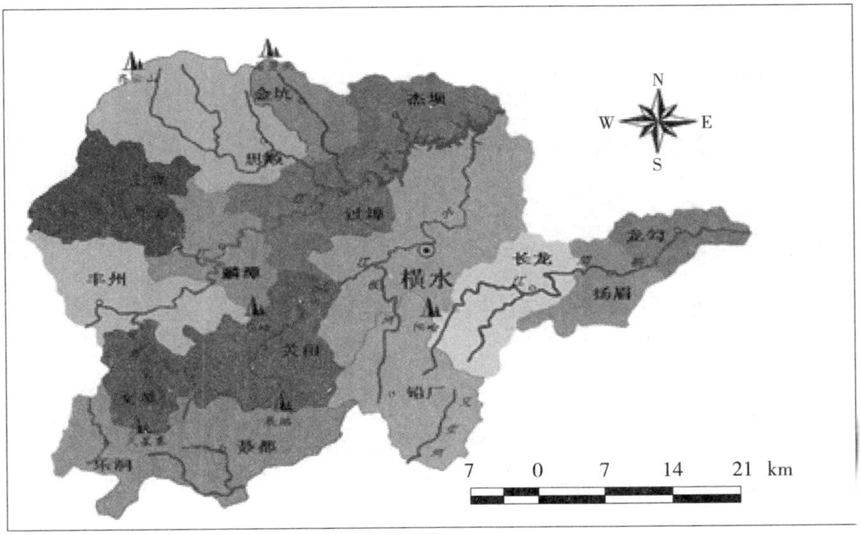

图9-4 崇义县行政区划

经济结构不断优化，发展质量提升。统筹一、二、三产业协同发展，坚持走新型工业化道路、加快发展现代服务业、增强现代农业发展能力，经济发展动力正从传统增长点转向新的增长点。2018年，第一产业完成增加值108 887万元，增长3.6%；第二产业完成增加值441 820万元，增长8.7%；第三产业完成增加值368 627万元，增长14.5%。三次产业结构调整为 11.8：48.1：40.1，较 2015 年，第一产业比重降低 3.2 个百分点，第二产业比重降低 1.7 个百分点，第三产业比重增加 14.9 个百分点（图 9-5）。非公有制经济增加值 614 125 万元，增长 9.4%，占生产总值的比重为 66.8%。工业发展转型升级，主导地位减弱，工业增加值 420 990 万元，占生产总值的比重为 45.8%，规模以上工业总产值、主营业务收入分别由 2015 年的 98.08 亿元、86.88 亿元降至 2018 年的 67.46 亿元、62.42 亿元。第三产业发展增速明显，支撑作用进一步加强。

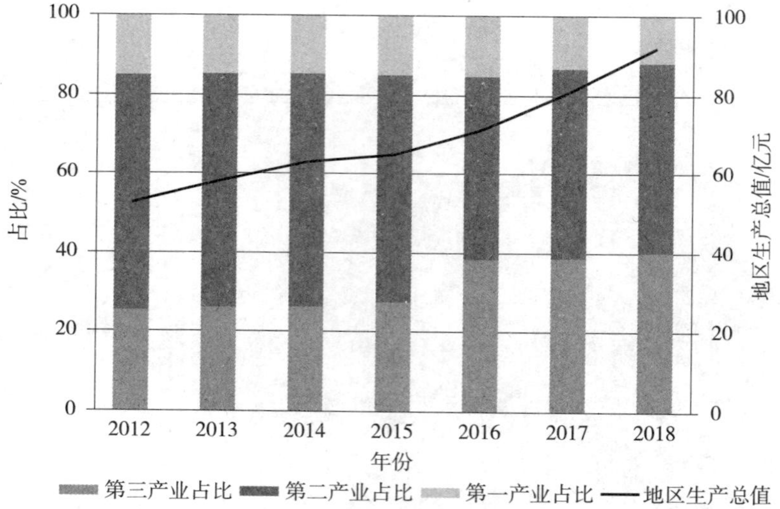


图 9-5　2012—2018 年崇义县地区生产总值情况

资料来源：崇义统计年鉴。

农业经济平稳发展。紧紧围绕“稳粮、优供、增效”，大力实施乡村振兴战略，以农业供给侧结构性改革为主线，以“绿色生态、高产高效、特色精品”为目标，以“扩面积、优结构、提质量、创机制、增效益”为路径，重点推进稻米、果业、油茶等传统产业发展升级，鼓励蔬菜、茶叶、草地畜牧、水产、中药材等高效特色农业产业壮大提升。2018 年农林牧渔业总产值 163 816 万元，较 2017 年同比增长 1.7%，较 2015 年增长

15.64%，年均增长 5.21%，总体增幅减缓。其中，农业产值 66 237 万元，林业产值 61 111 万元，牧业产值 15 565 万元，渔业产值 14 937 万元，农林牧渔服务业产值 5 966 万元。蔬菜产业发展壮大，加大高标准钢架大棚蔬菜基地建设规模，产业规模效益凸显；南酸枣、刺葡萄、笋竹、脐橙、油茶五大特色产业发展迅速，品牌影响力提升，通过“三品一标”认证的产品达 37 个；畜牧业、渔业发展平稳，肉类总产量 8 417 t、水产品总产量 12 104 t；林业生态优势助力经济发展，各类经济林种植面积达 203 730 亩，产量达 57 287 t。

工业经济稳步增长。围绕“两个翻番、三个提升、四个突破”任务，崇义县以园区建设为载体，项目建设为支撑，改造提升传统产业与发展新兴产业并重，着力培育钨矿产业、锂电池、非金属、绿色食品加工等产业体系。工业增加值稳步增长，2018 年，工业增加值较 2017 年增长 9.3%，实现利润总额 27 016.2 万元，工业固定资产投资增长 12.4%。矿业龙头企业“章源钨业”“耀升钨业”贡献突出，支撑作用明显，1—9 月两家企业实现主营业务收入 20.30 亿元，占总量的 46.84%，实现利润 1.50 亿元，占总量的 80.62%。规模以上工业企业共 37 家，其中矿业 24 家，林业 2 家，绿色食品 3 家，其他企业 8 家。园区建设稳步推进，有色金属新材料首位产业规模以上企业主营业务收入占比从 2015 年的 50% 提升到 2018 年的 87.22%，提高 30 个百分点。工业项目建设加快，2018 年新建项目 10 个，续建项目 3 个，锂离子电池生产项目、智能电子芯片及软件设计开发项目、“机器代人”钨机械化智能化改造项目、锂电池高分子聚合物 PPTC 保险装置项目、崇义县高岭土综合开发项目（部分投产）已投产。

服务业支撑作用提升。加快发展现代服务业，加快生产性和生活性服务业互动发展，大力发展现代金融业、电子商务业、现代物流业、商贸流通业、住宿餐饮业、家庭服务业、房地产业等现代服务业重点项目。2018 年，崇义县服务业增加值占 GDP 比重达 40.1%，较 2015 年增加 12.8 个百分点，支撑作用提升显著。14 家规模以上服务业企业实现营业收入

29 130.6 万元，较 2017 年增长 9.0%，其中，道路运输业占比增大，营业收入 6 785.6 万元，同比增长 41.4%，占规模以上服务业总量的 23.3%。全域旅游蓬勃发展，旅游产业集群项目快速推进，乡村生态休闲游知名度增加，旅游影响力全面提升，实现旅游综合收入 22.3 亿元，较 2015 年增长 124.57%。

#### 9.1.4.3 城乡均衡发展，居民收入水平提升

统筹推进城乡发展。以人为核心的新型城镇化，建立健全促进城乡、区域协调发展的长效机制，构建城乡区域优势互补、主体功能定位清晰、国土空间高效利用、人与自然和谐相处的城乡区域发展新格局。居民收入水平提升，城镇居民人均可支配收入由 2015 年的 21 227 元增至 2018 年的 27 257 元，增加 28.4%；农村居民人均可支配收入由 2015 年的 7 633 元增至 2018 年的 10 412 元，增加 36.4%。打造农业产业示范基地，建设产业扶贫基地 170 个，带动贫困户 2 062 户，达成行政村产业扶贫基地全覆盖，实现产业脱贫和农民增收。实施农村环境综合整治项目，开展农村污染源治理，城乡美化、亮化、绿化程度全面提高，乡村面貌焕然一新。

## 9.2 “绿水青山就是金山银山”实践探索成效与问题分析

### 9.2.1 “绿水青山就是金山银山”实践探索进展与成效

崇义县坚持“绿色、生态、宜居”的发展理念和生态县域经济发展道路，优化空间开发格局，发展生态经济，加强生态文明建设，探索绿色制度创新，培育生态文化，按照“发展项目化、产业生态化、建设景区化、服务信息化”的发展思路，全面推进县域经济转型升级，走出一条“把绿水青山变成金山银山”的生态文明发展之路。

#### 9.2.1.1 加强生态环境保护修复治理，生态产品供给能力不断提升

（1）铁腕打赢蓝天保卫。崇义县紧盯扬尘治理、餐厨油烟治理、涉气

企业污染整治、烟花爆竹禁燃禁放、秸秆禁烧等“四尘三烟三气”，开展作业区域覆盖和洒水降尘、燃煤锅炉专项整治、完成 13 家加油站油气回收更新改造、会同县城管大队取缔露天烧烤摊点、督促 386 家餐饮服务经营场所新增油烟净化设施。开展了全县范围内 357 家小“散乱污”企业专项整治行动，其中河道采砂行业已全部整治到位，其他行业整治进展顺利。2018 年 $PM_{2.5}$ 平均质量浓度 30.7 μg/$m^3$，空气质量优良天数达 316 d 以上，优良率 91.33%，超江西省平均水平，环境空气质量状况整体向好。

（2）多措实施碧水保卫。开展县级集中式饮用水水源地排查，成立专项排查整治工作小组，每月定期将问题整改情况进行公示，目前，涉及的 5 个问题已全部整治到位；加快农村饮用水水源地管理工作，开展关田镇等 8 个乡（镇）日供 1 000 t 以上农村饮用水水源地保护区划分的工作，划界立标对全县乡镇饮用水水源地实施源头保护（图 9-6）；加强县城污水处理厂的监督管理，对污水处理厂进水浓度、设施运行情况、污泥去向等实行每月督查制度；开展地下水调查、加油站地下油罐更新改造；科学划定全县畜禽养殖“三区”，全面整治 709 家畜禽养殖场。2018 年，崇义县纳入考核的 3 个省控断面、3 个市控断面水质达标率为 100%，县城集中式饮用水水源水质、地表水Ⅲ类水质标准比例 100%，崇义阳明湖水源被授予“中国好水”优秀水源。

图 9-6　饮用水水源地划界立标

（3）统筹开展净土保卫。开展土壤污染状况详查，核实农用地土壤污染状况详查点位 399 个，筛查土壤疑似污染地块 4 块；开展重金属污染防治，2013 年以来，争取中央重金属污染防治专项资金 2.02 亿元，重点推进 19 个修复治理项目，依法关闭布局不合理、污染环境、不符合安全生产条件的矿山；开展涉重金属污染企业的核查工作，建立企业管理台账，监管土壤污染重点企业，规范危险废物重点企业监管；开展固体废物大排查，全面掌握固废产生企业；组织编制《崇义县土壤污染防治行动计划》，深入推进土壤污染防治工作。生态环境不断向好，2018 年土壤重金属均低于国家限值。

图 9-7　集中式饮用水水源地（阳明湖）违规建筑拆除前后对比

（4）稳步推进农村环境综合整治。紧抓生态环境部对口支援崇义契机，共争取农村环境整治专项资金 7 843 万元，实施农村环境综合整治项目 4 个；共争取阳明湖生态环境保护专项资金 7 501 万元，实施阳明湖农村环境综合整治项目 3 个。崇义县 124 个行政村垃圾处理全覆盖，全面完成禁养区养殖场拆除，限养区和可养区内畜禽养殖场标准化建设治污设施，全县畜禽养殖场粪便综合利用率达 95%，崇义县确立为全国第一批农村生活垃圾分类和资源化利用示范县，麟谭乡两杰村入选第八批“全国一村一品示范村”。

（5）扎实提升全域生态服务功能。统筹开展“山水林田湖草”修复，编制《崇义县山水林田湖草生态保护修复试点工程实施方案》，在开展过埠镇河流生态廊道建设工程、过埠镇农业面源和村镇点源污染治理项目、废弃矿山生态修复工程、崇义县大江流域生态安全调查与评估项目的基础上，继续推进开展小江流域河流生态廊道保护与修复工程、扬眉江流域生态功能提升与重要生态空间生物多样性保护工程，做好从“山岭到水体”的系统保护修复；全面划定生态保护红线，纳入生态保护红线范围占崇义县国土总面积的 50.15%，占比列江西省第 10 名、赣州市第 1 名；保护森林与生物多样性，在 269 万亩林地中区划 94 万亩生态公益林，实行严格保护，积极探索自然资源资产管理体系，自然保护区面积达 44.16 万亩，占林地面积的 16%，是全国唯一一个同时拥有 4 个国家级、2 个省级自然资源资产平台的县，种群数量稳定增长，生物多样性得到了有效保护，森林生态功能不断增强，获评“国家生态文明建设示范县”“县级国家森林城市”“中国天然氧吧”。

**专栏 1　齐云山国家级自然保护区**

齐云山国家级自然保护区位于崇义县思顺乡境内，地处南岭山系与罗霄山脉交会区的诸广山，总面积 17 105 $hm^2$，森林覆盖率高达 97.6%。保护区地处南亚热带和中亚热带过渡区域，区内既有大量保护较为完好的南亚热带植被类型，又是保存比较完整的中国中亚热带东部森林植被类型，常绿阔叶林生长尤为繁茂，是野生动植物理想的栖息繁衍场所和中国中部夏候鸟迁徙的重要通道之一，更是濒危动植物和许多孑遗植物的避难所。保护区内生态系统组成成分复杂，类型丰富，物种相对丰度较高，珍稀和地域性植物群落多，保存有重要的长苞铁杉、福建柏、五列木、天目紫茎、舟柄茶、伯乐树、兰科植物等原生群落，以及分布广、面积大的大果马蹄荷、南岭紫荆、秀柱花等南岭山地特有的植物群落。其中，长苞铁杉总面积 608.5 $hm^2$、总数量超过 27 万株，极为罕见。保护区现已记录高等植物 270 科 1 031 属 2 843 种，占全省高等植物总数的 55.9%；脊椎动物 34 目 101 科 394 种，占全省脊椎动物总数的 46.6%，其中国家重点保护野生植物 17 种、国家重点保护野生动物 50 种。

因此，齐云山保护区对研究物种起源和进化、遗传规律、动植物分类、生物地理学具有很高的科研价值，也是开展科普宣传和教学实习的良好场所。

资料来源：百度百科。

### 9.2.1.2 坚持资源节约和绿色发展，“绿水青山就是金山银山”转化成效逐步显现

（1）大力发展品牌农业。立足生态优势和资源禀赋，确立了“一根藤、一颗枣、一片叶、一根竹（木）、一棚菜、一条鱼、一片林”七篇农业特色产业文章，以南酸枣、刺葡萄、笋竹、脐橙、油茶为主导，鼓励发展蔬菜、茶叶、生态鱼、林下经济等高效特色农业产业。2018 年，新建规模蔬菜基地 16 个共 4 670 亩，完成流转土地 5 035 亩，完成投资 27 530 万元，新增刺葡萄种植基地 35 个 447 亩，建成上线万亩刺葡萄示范带基地。依托丰富的林地资源优势，发展何首乌、茯苓、吴茱萸、黄精、草珊瑚、七叶一枝花等中药材种植，中药材种植面积 3 891 亩，其中百亩以上规模中药材基地 13 个 3 713 亩。目前，崇义县已有“三品一标”生产企业 15 家，通过认证产品 37 个，认证面积 3 484.31 $hm^2$，2018 年崇义县被认定为国家有机食品生产基地建设示范县（试点）。

**专栏 2　崇义县正式列为“国家有机食品生产基地建设示范县”**

2018 年 4 月，环境保护部有机食品发展中心通过现场考察、组织申报材料审查、专家咨询，正式将江西省崇义县列为“国家有机食品生产基地建设示范县（试点）”。崇义县，森林覆盖率高达 88.3%，优良的自然生态系统，纯天然的自然环境，具备了得天独厚的有机产业发展条件，孕育了野生南酸枣林和原生态油茶林。其中野生南酸枣林 20 余万亩，规模居全国之首，有“中国南酸枣之乡”之称，也成就了像江西齐云山食品有限公司这样的知名绿色食品企业。

1992 年齐云山食品有限公司首创“齐云山牌”南酸枣食品，以其自然纯真、野生原味和纯滑柔韧的独特口感深受消费者喜爱，是国内南酸枣生产技术和质量的标杆，产销量在全国遥遥领先。齐云山食品有限公司生产的高纯山茶油同样以其纯天然，“轻脂肪、好身材”，更健康的高纯品质，深受消费者青睐。2017 年，齐云山高纯山茶油通过有机食品认证，并获得了中国森林食品认证。

资料来源：搜狐网。

（2）坚持走一、二、三产业融合的现代农业。规划了“一园两区”绿色生态农业发展模式，实现刺葡萄、南酸枣综合利用，提高附加值，推进

齐云山南酸枣系列产品扩能项目、君子谷刺葡萄生态饮料和饼干加工项目、君子谷“特色农产品生态深加工”等重点项目。同时，结合精准扶贫工作、全域旅游发展路径，打造君子谷现代农业科技示范园（图 9-8）、铅厂—龙勾蔬菜产业现代农业示范区、关田—乐洞林下经济示范区。目前，建有“农业 + 文化”“农业 + 休闲旅游”的省级现代农业示范园 1 家，市级现代农业示范园 3 家。

图 9-8　君子谷现代农业科技示范园

（3）激发林业用地发展潜力。将林业用地划分为生态公益林和商品林两大类型，严管公益林、放活商品林，建设六大类 13 小类的森林经营样板林，采取“更新改造、补植改造、抚育改造、封山育林”等多种改造方式，探索杉木、阔叶等近自然及目标树经营技术等符合本地林情实际的经营理念和技术模式，建成 20 万亩森林经营样板示范林基地。在 2016 年 4 月全国森林经营样板基地建设中期评估会议中，崇义县森林经营样板基地被评为一等建设单位。2018 年，崇义林业股份有限公司预计实现销售收入 7 856 万元，其中森林经营 3 200 万元，红杉木业 4 656 万元；实现利润 846 万元，其中森林经营 1 200 万元，红杉木业 354 万元。

（4）培育精品休闲旅游业。围绕乡村自然生态和历史文化特色，突出“梯田文化”“客家文化”“阳明文化”，打造崇义客家梯田、江西君子谷野果世界、崇义县葫芦洞南酸枣科技示范园等一批休闲农业精品示范点，辐射带动乡村旅游业运转，旅游扶贫效益日益凸显，经赣州市旅游产业领导小组评定，崇义县获评 2018 年“旅游扶贫试验区试点县”，上堡乡水南村获评 2018 年“旅游扶贫实验区示范点”。其中，崇义县客家梯田田园综合体建设项目是以“崇义客家梯田系统”荣膺全球重要农业文化遗产称号为契机，在上堡乡水南村、竹溪村重点打造的休闲旅游产业，共修筑长达 10 km 的由上堡街至核心景区的旅游公路，投资 122 万元兴建 4 个旅游停车场，新建 1 660 m 青石板游步道、800 m 仿生态护栏，美化靓化 16 户客家特色民居（图 9-9、专栏 3）。

图 9-9 崇义客家梯田系统

（5）优化传统工矿业。钨矿产业实现智能转型，不断推动传统钨矿企业智能化、信息化升级，章源钨业入选为国家“绿色工厂”，章源钨业钨制品智能制造（智能工厂）建设项目获评江西省智能制造试点示范项目（图 9-10）。非金属矿产业迅速崛起，在做优钨产业“存量”的同时，持续推进总投资 13 亿元的“1+5”高岭土综合开发项目、总投资 8 亿元的源德矿业硅矿加工项目，不断加快非金属矿精深加工，打造硅矿精深加工产业链，争创全国知名高岭土、硅石矿精深加工基地。锂电池产业集群态势凸显，主动承接沿海发达地区产业转移，规划建设450亩锂电池产业园，着力培育工业经济新增长点，目前在建、投产的企业10家，总投资38亿元，已初步实现锂电池制造产业集聚发展。

### 专栏3 “崇义客家梯田系统”荣膺全球重要农业文化遗产称号

2014年，崇义县委、县政府正式启动客家梯田申遗工作，用了近4年的时间，围绕梯田的“保护、传承、发展”，举全县之力、不余遗力地做活客家梯田“原”字文章。

2017年9月17—19日，联合国粮农组织（FAO）全球重要农业文化遗产（GIAHS）专家咨询小组专家海琳达·欧伊琪一行莅临崇义县开展了为期3天的全球重要农业文化遗产考察评估工作。

2017年9月26日，从联合国粮农组织总部传来消息，经全球重要农业文化遗产科学咨询小组专家投票，原则通过了崇义县申报的“崇义客家梯田系统”全球重要农业文化遗产请求。

2018年2月5日，联合国粮农组织致函我国农业部，确认“中国南方山地稻作梯田系统”入选全球重要农业文化遗产，江西崇义客家梯田作为“中国南方稻作梯田系统”子项目入选全球重要农业文化遗产。

2018年4月19日，“中国南方山地稻作梯田系统”——“崇义客家梯田系统”被正式认定为全球重要农业文化遗产，在意大利罗马接受了联合国粮农组织现场授牌。自此，“崇义客家梯田系统”正式迈出国门、走向世界。

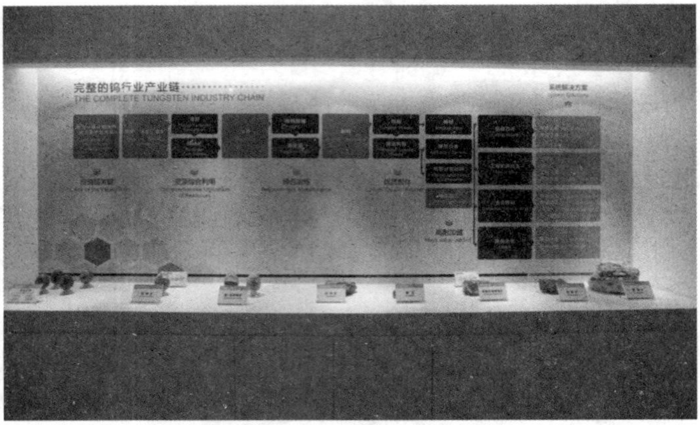


图 9-10　钨行业产业链

（6）积极做好品牌创建工作。鼓励各景区创建生态旅游示范区、特色小镇、田园综合体等品牌。阳明山国家森林公园认定为“江西省生态旅游示范区”“江西省首批低碳旅游示范景区”，君子谷野果世界、龙勾冷杉良田花海影视基地成功创建江西省 3A 级乡村旅游点，冷杉良田花海影视基地获评 2018 年“旅游扶贫实验区示范点”。

### 9.2.1.3　创新体制机制建设，“绿水青山就是金山银山”转化长效保障逐步完善

推动将生态文明建设责任落实情况纳入党政领导班子和领导干部实绩考核评价体系，在 2017 年的年度考核中，生态文明建设暨环境整治分值占比达到 37%。同时，在领导干部自然资源资产离任审计试点的基础上，推动同步开展扬眉镇领导干部自然资源资产离任审计、经济责任审计，出台了《崇义县党政领导干部生态环境损害责任追究实施细则（试行）》，将自然资源资产离任审计结果作为生态环境损害责任追究的重要依据，推动领导干部树立绿色政绩观，切实履行生态文明建设职责。

### 9.2.1.4　推进绿色惠民富民共享，群众获得感幸福感显著提升

（1）依托山区资源优势，推动惠民富民。秉承“生态资源资产化、

生态资产资本化、生态资本产业化”的思路，以产业“绿色化”为突破口，做大绿色增量，改造提升油茶面积 636 $hm^2$，建设刺葡萄、南酸枣、脐橙基地 387.7 $hm^2$，培育竹产业基地 1 483.81 $hm^2$，发展林下经济面积 2 824.92 $hm^2$，实现林业总产值 43.31 亿元，其中农民来自林业的年人均纯收入达到 5 820 元，占年人均纯收入的 62%。林业成了山区林农兴林致富的舞台，林农敢于投入、舍得投入，把山当作田来耕、把林当作菜来种，管好自家的山、看好自家的林已成为自觉行动。

（2）推动通过参与工程建设获取劳务报酬、生态保护补偿等政策增加转移性收入、生态公益性岗位得到稳定工资性收入等途径，助力富民增收，并加大涉林项目整合力度，推广“龙头企业 + 基地 + 贫困户”的林下经济经营模式，引导农户发展订单经济。完善森林生态效益补偿补助机制，核实生态公益林一户一账、组集体信息，生态公益林直接发放到户的补偿标准从 2017 年的 17 元 / 亩提高到 2018 年的 18 元 / 亩，990 户贫困户享受生态公益林补偿资金 34.56 万元。

（3）加强技术培训，围绕刺葡萄、蔬菜、优质稻、养蜂、南酸枣等特色产业对贫困户和农业经营主体开展技术培训。每个行政村、每个农业产业示范基地均落实了 1 名农业技术人员指导产业扶贫工作。君子谷野生水果世界联合中国农业大学、西北农林科技大学、青岛大学等国内高等院校和国外专家，成立了刺葡萄“精准扶贫工作队”，不定期组织专家团队和技术分队下到田间地头开展了现场教学，为广大种植户送去急需的技术服务。利用家庭农场联合会微信群、刺葡萄产业发展微信群、产业扶贫 QQ 群、“12316”短信服务平台等不定期发送农事要点，指导种植户科学种植。

#### 9.2.1.5　培育“绿水青山就是金山银山”生态文化，绿色生活方式深入人心

（1）将浓郁独特的“阳明文化”“竹文化”“梯田文化”融入居民日常娱乐生活中，开展了阳明文化旅游节、万人徒步节、国际湿地日、爱鸟

周、全民义务植树、树木认建认养等活动，着力加强生态文明宣传教育，传播生态文化和生态理念，倡导人与自然的和谐，提升民众参与度、知晓度和满意度，使公众对生态文明建设的支持率和满意度达到 95% 以上，市民幸福指数不断增长。推动将生态文明教育纳入干部教育，向 6 批次“2018 年崇义县科级干部学习贯彻十九大精神集中轮训班”增设“生态课”。

（2）“君子谷‘绿水青山就是金山银山’理念实践与探索”被列入江西省推进国家生态文明试验区建设部省恳谈会议典型经验材料，崇义县森林质量提升、生态保护扶贫典型经验分别在“首届国家生态文明试验区建设（江西）论坛暨生态文明建设技术推介会”、生态文明贵阳国际论坛 2018 年会——“绿水青山就是金山银山”实践创新主题论坛会议上得到宣传推广。

## 9.2.2 存在的主要问题

### 9.2.2.1 生态环境保护仍需进一步加强

（1）矿山环境问题突出。崇义县矿产资源丰富，其中钨矿资源尤为丰富，在以小江流域上游为集中区的采矿区，由于历史上开采工艺、矿产管理等方面的问题，大量含有重金属的废渣、尾矿、尾砂没有得到妥善处理，重金属通过雨水淋溶等方式污染土壤，对地表水、地下水造成污染，也会通过饮用、接触、生物富集等方式危害人体健康。

（2）流域水污染问题尚未完全解决。崇义县位于罗霄山脉水源涵养功能区的核心区和赣江（章江）的源头，崇义县境内的水源水质关系到赣江下游城市的饮用水安全，目前在大江和小江流域，还存在着工业点源污染分散、总量难以控制、城镇农村生活面源污染处置能力不足等问题，对本区域及下游城市居民饮用水均构成不同程度的威胁。

（3）污水和垃圾处理亟须完善。边远农村依然存在垃圾和污水处理设施建设未覆盖的问题，目前，约有 50 个村尚未完成集中式生活污水处理设施建设，2 378 户边远农户还在自行处理垃圾，亟须确立边远农户污水和垃圾处理办法，实现无害化处理。对于建成的污水和垃圾处理设施，目前，崇义县政府每年需投入约1 000万元保障农村生活垃圾处理正常运行，同时已建成的23座污水处理设施每年所需的设施运维费用由县政府承担，县财政支出压力较大，导致部分污水处理设施难以正常运行。

（4）植被结构不合理，生态功能低下。崇义县属山地、丘陵地区，水土保持、水源涵养和生物多样性保护形势严峻，目前营造最多的是生态效益差的人工针叶纯林，如马尾松林、杉木林等，人工纯林树种单一，植被结构不合理，植被对土壤的保护作用得不到全面释放，无法很好地防止水土的流失，还会导致地力衰退、土壤退化、生物多样性降低、生态灾害发生频率增加等诸多问题。

### 9.2.2.2 绿色产业提质增效仍存在薄弱环节

（1）生态产品生产服务整体不足，品牌影响力有限。虽然崇义县刺葡萄、冬笋、南酸枣、茶叶、脐橙、高山梯田大米、野生山林产品等特色生态产品多，但是产品精深加工不足，产业化链条短，产品附加值低，标准化生产水平不高，尚未建立生态产品产业市场渠道，市场知晓率较低，还没有打造出特别有影响力的县域品牌。

（2）支撑绿色产业提质升级的基础条件还不完善，资金、技术、人才等高端要素积累比较薄弱。“吃、住、行、游、购、娱”六要素配套项目分散、细致、综合性强，需要广泛协调联络部门单位、实施主体，且缺乏旅游行业专业人才，在各旅游要素配套项目实施过程中略显乏力，进度相对缓慢。上堡客家梯田、君子谷野果世界、阳明山国家森林公园、过埠客家水镇等旅游产业扶贫项目建设虽已全面展开，但当前创新利益联结方式不够丰富，带动效益尚弱。

### 9.2.2.3 绿色生产生活方式仍需进一步培育

对客家民俗、历史沿革、典故传说、祖训家规、农耕文化、春牛文化、梯田文化深入挖掘、发扬和推广力度不够，传统文化与生态文化相结合的活动相对较少，没有深入生活、改变公众思维和生活方式。生活方式和消费意识仍需转变，政府、企业等办公场所尚未形成良好的生态办公方式，生态消费方式意识淡薄，对废弃物分类回收利用不足，节水节能行为意识均需加强，绿色出行尚未成为自觉行为。生态文明全民教育体系亟待建立，宣传教育手段和媒介需扩大，新媒体的利用不足。

#### 9.2.2.4 “绿水青山就是金山银山”转化体制机制有待完善

体现生态文明的目标体系、考核办法、奖惩机制尚不完善，资源消耗、环境损害和生态效应尚未纳入经济社会发展评价体系。尚未形成政府与市场、公众良好分工的体制机制，环境经济制度未能充分发挥在生态环境资源配置中的决定性作用，资源环境有偿使用、生态环境损害赔偿等相关制度尚不健全，流域生态补偿制度仍缺少资金使用管理的相关办法和实施细则，社会资本参与生态环保投资的积极性较低。

## 9.3 重点任务

### 9.3.1 加强自然生态空间管控，守好绿水青山

#### 9.3.1.1 突出主体功能定位，严格落实红线保护措施

（1）严格落实主体功能区划，加强生态空间管控。落实江西省对崇义县主体功能区建设的总体要求，以资源能源承载能力和环境容量为基本依据，着力引导人口和经济在国土空间上的合理聚集。基于维护区域生态安全的需要，开展生态安全基线调查。强化“一廊”——大江生态廊道的环境污染综合控制和生态修复。推动“九区”——大江源头水源涵养水质保护功能区、大江上游水土保持与农业环境保护功能区、大江下游水质保护

与水土保持功能区、齐云山地生物多样性与农业环境保护功能区、小江上游水源涵养与水质保护功能区、小江下游水质与生活环境保护功能区、扬眉江流域农业环境保护与水土保持功能区、义安河长河流域水质与水源涵养功能区、聂都河流域水源涵养与水质保护功能区的水源涵养与水质保护、水土保持与生物多样性保护。加强“多点”——齐云山自然保护区、阳岭国家森林公园、杰坝七星湖景区、上堡客家梯田等生态功能恢复，促进区域生态稳定与协调平衡。到 2021 年，基本形成以“一廊九区多点”为核心的生态空间格局，维护区域生态安全。

（2）严格监管生态保护红线，建立完善管控体系。按照《江西省生态保护红线方案》中划定的崇义县生态保护红线，重点加强对保障崇义县、赣州市、江西省乃至国家生态安全具有重要意义的森林、湿地、水库、河流、湖泊、自然保护区、水源涵养地等生态资源、生态空间的保护，确保生态功能不降低、面积不减少、性质不改变。强化生态保护红线监管长效机制，建立资源环境承载能力监测预警机制，完善与红线管控相适应的准入制度，建立生态保护红线监管平台，加强统计监测能力建设。到 2021 年，基本形成源头严防、过程严管的生态保护红线管控制度体系。

#### 9.3.1.2 提高生态产品供给能力，保值增值自然资本

（1）强化森林资源管护，精准提升林木资源质量。培育壮大森林资源总量，大力推进“山水林田湖草”生态修复工程，实施重点防护林、重点公益林、天然阔叶林管护，推进退耕还林、退果还林、低质低效林改造。计划到 2021 年，林草覆盖率达到 88% 以上。推进国家林业科技示范园区和集体林业综合改革试验示范区建设，实施大径材及乡土珍贵树种培育工程，建设国家木材战略储备基地。加强森林资源保护工作，加强法治宣传教育，增强群众保护森林资源的责任意识；加强林业执法力度，严厉打击各类破坏森林和野生动物资源的违法犯罪行为；严防严控森林火灾和病虫害，制定完善应急体系，落实森林防火、重大林业有害生物防治目标责

任。计划到2021年，生态环境状况指数（EI）稳定保持在85以上，单位国土面积生态系统生产总值稳定提高。

（2）加强自然湿地修复，建设健康湿地系统。完善湿地保护政策措施，提高自然湿地面积所占的比例，提升湿地生态功能，加强湿地自然保护区、湿地公园、湿地保护小区建设，确保湿地保有量不降低。开展生态安全基线调查，以崇义阳明湖国家湿地公园为重点实施调查，全面掌握湿地生态系统状态、服务功能等基本信息。加强湿地修复，有序开展生态护坡建设以及植物景观生态系建设，实施源头河流湿地——大江河口湿地、七星码头湿地、小江河口湿地的生态恢复与保育，逐步恢复自然湿地生境和湿地生态功能。

（3）加强自然保护区管理，提高生物多样性保护水平。加强自然保护区体系建设，整合资源和队伍成立管理机构，全面提升自然保护区建设管理水平。加大建设力度，推进自然保护区生物廊道建设，建立生物物种资源基因库，加强珍稀野生动物原地保护，创评中国候鸟之乡。扩大森林、河流、湿地等自然生态系统保护面积，维护生物多样性和植物原生态，恢复和增强生态服务功能。强化自然保护保护区管控，涉及生物多样性保护的区域禁止开发与保护无关的建设活动。开展生物多样性综合调查与评估，建立生物多样性监测、预警体系，加强对濒危动植物种和古树名木的拯救与保护，强化外来有害入侵物种、转基因生物和病原微生物的生态安全管理。计划到2021年，实现自然生态空间面积不减少，受保护地区占国土面积比例达到51%，物种丰富度稳定提高。

（4）推动水土流失治理，创建国家级水土保持示范园。针对部分区域水土流失严重的问题，开展水土流失形成机制及治理技术研究。科学实施小流域综合治理工程，水土流失综合治理与废弃矿山修复、生态保护红线划定等协同推进，工程措施和生物措施并举，推进流域水土保持综合防治。建立县、乡、村多级水土保持综合管护体系，加强水土流失综合治理。

## 9.3.2　推进生态环境保护和治理，厚植绿水青山本底

### 9.3.2.1　深入实施大气污染防治行动计划，打赢蓝天保卫战

（1）大力推进燃煤污染综合治理。加快调整优化能源消费结构，加强清洁能源供应和利用，推进天然气管道建设，加快开发新能源，统筹风能资源和项目布局，积极发展光伏发电，提高桶装天然气、风电、水电等其他清洁能源消费占比，推进煤炭集中使用和非电煤清洁利用，严厉打击违规销售、使用散煤行为，到 2020 年，实现煤炭占能源消费总量比重进一步降低，天然气占一次能源消费比重逐年提高，不断提高风电、光伏等其他清洁能源消费占比，风电装机规模达到 210 万 kW 以上，光伏发电装机规模达到国家下达的建设目标。深化燃煤锅炉治理，分类实施燃煤锅炉淘汰或清洁能源改造整治，全面启动工业园区内企业锅炉煤改电、煤改气等清洁能源改造工作，到 2020 年年底，淘汰 10 t/h 及以下燃煤锅炉，中心城区 35 t/h 及以下燃煤锅炉基本完成清洁能源替代。

（2）深入开展工业废气污染防治。结合化解过剩产能、节能减排和企业兼并重组，按照县城功能分区以及县城规划调整，深入实施污染企业退城进郊，加快实施污染企业搬迁改造，推动能耗高、排放大的企业整体或部分重污染工序向有资源优势、环境容量允许的地区转移或退城进园，依法关停不符合产业政策要求的落后产能和“僵尸企业”以及环境风险、安全隐患突出而又无法搬迁或转型的企业，到 2020 年年底前基本完成主城区污染企业搬迁改造任务。加快推进有色冶炼企业规范化整治，促进工业污染源全面达标整治，开展工业炉窑摸底调查，开展 VOCs 重点排放企业综合整治示范，推进挥发性有机物治理，加强工艺过程管理，提高 VOCs 无组织废气收集率，加强末端治理，推广先进污染治理工艺、设备，加强重点企业的执法监管，到 2020 年，实现各类废气工业污染源稳定达标排放。重点整治城县交界区域、工业集聚区、农村“散乱污”工业企业（场所）。

（3）加快推动交通领域污染整治。严格执行国家现行新车准入标准，严格规范机动车尾气排放检测，推进开展柴油货车超标排放专项治理，加强成品油市场监督管理，严格规范成品油流通秩序，严控低于国Ⅴ标准车用汽油、柴油销售，依法严厉查处销售不合格的油品。严格机动车排污监管，严控黑烟车污染，加快推进遥感监测网络平台建设，用好机动车排污监管平台，强化大数据分析，构建“天地车人”一体化排放监控系统，到2020年，全面完成遥感监测及网络监控平台建设。加强非道路移动机械监管，依法划定并公布高排放非道路移动机械禁用区，加强监督检查，禁止超标排放工程机械使用。加快推广使用新能源汽车，完善充电桩、加气站点等基础设施建设，加强政策性引导措施，采取便利上牌、完善推广应用补贴等措施鼓励个人购买新能源汽车，加快推行绿色出行，重点实施公共交通设施、充换电站（桩）、步行和自行车交通设施、公共自行车系统建设等项目。

（4）强化扬尘污染综合整治。综合整治城市扬尘，加强施工工地扬尘污染控制，严格按照“六必须”“六不准”规范管理施工工地，创新监管手段，建成区规模以上施工工地实行视频在线监控设施，实施远程监管，到2020年，完成过程全覆盖、管理全方位、责任全链条的施工扬尘治理体系构建。加强道路扬尘污染控制，规范渣土运输车辆管理，对有机动车辆通行的简易土路实施硬化改造，持续深入展开“洗城行动”，按照“全面动员、全民参与、全域覆盖”的要求，广泛发动群众，实行门前保洁责任制，强化城区路面养护、保洁，逐步加大机械化等低尘作业方式和环卫专业冲洗的力度和频度，减少道路二次扬尘，污染天气适当增加道路冲洗保洁频次，确保清洁全覆盖。

（5）全面推进城乡大气污染源治理。强化农作物秸秆综合利用，实现秸秆的资源化、商品化，促进资源节约、环境保护和农民增收，到2020年，基本形成秸秆还田和多元利用的格局，秸秆综合利用率达到95%以上。严格露天禁烧管控，严格禁止露天焚烧行为，加强对生活垃圾和建筑垃圾焚烧监管，全面落实农作物秸秆、生活垃圾、枯枝落叶杂草和建筑垃圾等露天禁烧要求，全面落实城区范围及关联区域全年禁止燃放烟花爆竹要求，从严审批“炼山”造林行为，积极指导采用粉碎（削片）等方式处理疫木。严格规范餐饮油烟治理，开展专项整治行动全面治理餐饮油烟污染，重点治理餐饮场所不安装油烟净化设施、设施不正常运行问题。统筹做好餐饮服务业发展空间规划及日常管理，统一规划现有的餐饮业的经营区域，实施油烟管道、下水管道等必要基础设施的统一改造，确保油烟废气达标排放。加大监管执法力度，县城城区依法禁止露天烧烤。

#### 9.3.2.2 严格落实水污染防治行动计划，打好碧水攻坚战

（1）强化水污染总量减排。加快推动结构减排，全面排查、集中整治各流域非法、装备水平低、环保设施差的小型工矿企业，淘汰落后产能；制定严格的水污染排放标准，着力推进工矿企业废水、废渣等污染源综合治理；严格环境准入，杜绝高污染、强后遗症、低附加值、不利于产业结构调整的项目在崇义县落户启动，从源头控制污染产生，严控新增污染。加快推动工程减排，加强城乡污染协同治理，加快推进工业园区（古亭小区）集中式污水处理设施以及大型工矿企业污水处理设施建设，推动企业达标排放；完善城乡污水配套管网，完成杰坝乡、横水镇、过埠镇等12个乡镇的污水设施建设，推动乡镇农村污水达标排放。加快推动管理减排，坚持环境设施建设与运营并重，强化城区污水处理厂、长河坝污水处理站的日常运营，加强对县域污水处理设施的监督管理，特别加强城镇和农村污水处理设施运行过程的监管力度，完善激励机制，提高污水处理效率。推进流域重金属污染综合防治。加大落后产能淘汰力度，强制关停崇义县重点防控区域内产业规模小、产能落后、环保手续不健全、重金属污染严重、环境信誉差、环境风险高的企业。严格执行钨、铅、锌等重金属行业准入条件，严控新增产能规模与工艺设备，推动企业实施清洁生产和风险防控措施，严格监管有色金属废水达标排放。开展小江、扬眉江重金

属污染调查和风险评估，分期、分级、分区实施污染农田、历史遗留场地和重要河段重金属污染修复。推进河道两岸边坡加固工程，建设滨河绿化带，构筑河流生态廊道，防止水力冲击作用导致堤岸重金属污染物析出。

（2）加强重点流域综合整治。持续加大流域综合整治力度，持续开展阳明湖生态环境治理与保护工作，加强小江、扬眉江流域环境综合整治，推动流域范围内的大型工矿企业污水处理设施建设与升级改造，安装监控装置，督促企业达标排放；完成流域河道清理、污水管网改造完善等项目；实施河堤矿渣清运与处理、河堤自然生态构建与护坡以及河堤植被修复，加快推进扬眉江流域河流生态廊道保护与修复工程，完成扬眉江流域重点河段河道清淤与生态护坡工程。加快推进崇义县大江流域过埠镇生态功能提升与综合整治工程，完成过埠镇河流生态廊道保护修复、流域农业面源和村镇点源污染治理工程、水土流失综合治理工程、大江流域生态安全调查与评估等项目。

（3）全面保障饮用水安全。持续推进饮用水水源地保护区规范化整治，依法清除饮用水保护区范围内的违法建筑和排污口。加快推进农村饮用水水源保护区整治，提升供水工程水质检测设施装备水平和检测能力，加强农村饮水工程的水源及水厂水质检测和监测。完善饮用水水源地环境应急机制和能力，加快推进紫泉石水库和阳岭水库应急水源地建设，解决备用水源不足问题，加强饮用水安全监管，持续推进地下水污染防治，全面开展地下水污染状况普查工作，推进地下水资源保护执法检查，严格地下饮用水水源保护区环境准入标准，加强周围工业污染源、垃圾填埋场及加油站等风险源管理，督促矿山开采区、垃圾填埋场等区域进行必要的防渗处理，报废矿井、钻井、取水井应实施封井回填，加强环境风险防范。确保到 2021 年，集中式饮用水水源水质达标率达到 100%，地下水水质达到或优于Ⅲ类水的比例稳定提高。

（4）加强流域水质管理。深入实施“湖长制”“河长制”，严格落实河湖水域空间管控，强化河湖环境管理保护，严格管控湖区围网养殖、网箱养殖、商业经营等活动。全面推进章江源头区水生态环境保护工作，禁止向源头保护区超标排放。持续开展良好水体生态环境保护工作，对江河源头及现状水质达到或优于Ⅲ类的江河湖库开展生态环境安全调查和评估，加强河湖水生态监测、保护和修复，实施环湖生态防护林、水源涵养林、水土保持林、湖滨湿地及绿化带等工程建设，确保到2021年地表水水质优于Ⅲ类水的比例大于90%。

#### 9.3.2.3 着力推进土壤污染防治行动计划，打好净土持久战

（1）全面推进土壤环境质量调查。在已开展的土壤环境质量试点监测以及耕地土壤环境质量调查的基础上，全面开展土壤环境质量调查，土壤环境质量调查工作扩大范围至全崇义县范围内，全面会诊土壤污染现状，摸清土壤污染状况和污染程度，对土壤环境质量进行评价。科学划分已确定的耕地和集中式饮用水水源地等土壤环境保护优先区域的农用地土壤环境质量等级，建立重要农产品产地土壤环境质量档案，禁止在耕地和集中式饮用水水源地等优先区域内新建有色金属、皮革制品、石油煤炭、化工医药、铅蓄电池制造等项目。

（2）强化污染土壤管理力度。开展耕地土壤环境监测和农产品质量检测，将污染严重且难以修复的耕地划定为农产品禁止生产区域，对已被污染的耕地实施分类管理，采取农艺调控、种植业结构调整、土壤污染治理与修复等措施，确保耕地安全利用。已被污染地块改变用途或变更使用权的，按照有关规定开展土壤环境风险评估，并对土壤环境进行治理修复，未开展风险评估或土壤环境质量不能满足建设用地要求的，有关部门不得核发土地使用证和施工许可证。经评估认定对人体健康有严重影响的污染地块，要采取措施防止污染扩散，治理达标前不得用于住宅开发。以新增工业用地为重点，建立土壤环境强制调查评估与备案制度。到2021年，受污染耕地安全利用率、污染地块安全利用率均达到95%。

（3）加强土壤重金属综合治理。加快开展土壤重金属污染普查工作，

明晰重金属重点污染源、污染面积、污染种类和污染程度，划分重金属污染风险等级，分期、分级、分区开展重金属污染治理工作。加强尾矿综合防控，对停用废弃尾矿库、废渣库，按照安全、环保等法规强制闭库，未按期完成治理的，不具备安全生产条件和超设计能力排放、超量储存的尾矿库要依法关停，加快开展尾矿重金属回收与场地修复工程，降低最终堆存尾矿中重金属的含量，并对清理后的场地进行植被种树、复垦覆绿。

（4）严格控制新增土壤污染。严格环境准入，防止新建项目对土壤造成新的污染。定期对排放重金属、有机污染物的工矿企业以及污水、垃圾、危险废物等处理设施的周边土壤进行监测，造成污染的要限期予以治理。规范处理污水处理厂污泥，完善垃圾处理设施防渗措施，加强对非正规垃圾处理场所的综合整治。以保护耕地和饮用水水源地土壤环境、严格控制新增土壤污染和提升土壤环境保护监督管理能力为重点，有针对性地开展保护和治理。控制农业面源污染，严禁施用高毒、禁限用农药，大力推广绿色防控技术和专业化统防统治，科学施用化肥，提高肥效、减少施用量，禁止使用重金属等有毒有害物质超标的肥料。

（5）加快增强土壤环境风险防控。强化土壤整治与修复，加大环境执法和污染治理力度，确保企业达标排放。强化重点区域土壤污染防治，加大对小江、扬眉江流域等历史遗留重金属污染区域的治理力度，实施独立工矿区改造搬迁、采煤沉陷区综合治理、历史遗留废弃矿山和国有老矿山地质环境恢复治理工程，依法关闭布局不合理、污染环境、不符合安全生产条件的矿山，强化尾矿库管控，提升土壤质量。加快推进小江流域、扬眉江流域污染农田土壤修复工程，实现对已污染土地的治理，削减存量。

#### 9.3.2.4 推动实施乡村振兴战略，扎实推进美丽乡村建设

（1）深入开展农村环境综合整治。以改善村容村貌、优化人居环境、保护利用农村自然生态为重点，有规划、有步骤、有顺序的全面推进村庄环境综合整治。大力实施农村清洁工程，全面推进改水、改路、改厨、改

厕、改栏，改善农村人居环境。大力实施开展农村环境连片综合整治工程，重点完成关田镇、横水镇、上堡乡、扬眉镇等重点乡镇以及环陡水湖周围乡镇的农村污水处理工程。在村级建设生活污水收集与处理系统，改善污水管网基础设施，实现农村污水处理全覆盖。大力推进沼气、秸秆、太阳能等清洁能源开发利用，因地制宜地开展农村生态景观建设，开展农村环境保护宣传教育，提高农民环保意识，指导村镇达到生态村镇目标，开展体制机制创新，探索建立长效运行机制。到2020年，全面完成自然村庄整治任务，乡村达到“环境整洁村”标准，实现农村卫生厕所普及率达到90%以上，生活垃圾清运率达到100%，无害化处理率达到95%以上，生活污水处理率达到100%。

（2）持续推进农业面源污染防治。加强种植业面源污染防治，加快转变农业发展方式，推进农业结构调整，治理种植业面源污染。持续开展种植业、测土配方施肥工程，实施化肥、农药使用量负增长行动，到2021年，实现化肥施用量零增长、农药使用量减量化。开展面源氮磷流失生态拦截沟渠塘工程，降低污染物入河率。争取农田残膜回收示范，开展地膜回收网点和废旧地膜加工能力建设，推进废弃农膜回收与资源化利用。推进农村畜禽养殖污染治理示范工程，推动崇义县畜禽业规模化养殖和生态养殖，推进崇义县农村规模化畜禽养殖企业治理示范工程建设和规模化养殖场（小区）设施改造，确保污染物达标排放。

（3）积极开展乡村景观建设。在尊重自然规律的基础上，依据崇义县民风、民俗，并结合时代发展要求，因地制宜创造丰富多彩、个性鲜明的乡村风貌，大力开展公共活动空间景观改造，保证公共活动空间的开放性、和谐性、凝聚性，增强居民的归属感和认同感。加强村庄道路景观设计、水域景观改造、村庄绿化等建设工作，采取新造、补植、封育等措施，优化美化森林景观，特别是公路沿线沿河两侧的绿化景观带改造，提高生态效益和生态景观。

（4）全力打造特色乡村。推行简便易行的乡村规划，结合特色产业、生态环境、民俗文化等资源，错位扶持发展一批生态靓镇、旅游旺镇、体育小镇、工业强镇、农业大镇和商贸重镇，因地制宜打造一批美丽宜居型村庄、生态节能型村庄、产业发展型村庄和乡村旅游特色示范村，建设一批管理有序、服务完善、文明祥和、乡风浓郁的新型农村社区、农民新村、和谐新居。持续加大圩镇整治力度，重点优化过埠镇、扬眉镇、关田镇等中心圩镇发展环境，发挥中心圩镇对周边乡镇、周围农村的辐射带动作用。

## 9.3.3 推进绿色高质量发展“点绿成金”

### 9.3.3.1 深化农业产业化经营，培育生态农业新业态

（1）加强高标准农田建设，推动农产品扩容提质。通过“改种”“改水”“改土”“改制”“改肥”“改技”等措施，加强农田水利设施建设，加快中低产田改造，提升耕地质量，建设高标准农田，推进农业产业结构调整。到 2021 年，建设高标准农田 2 万亩。积极开发和推广多功能、智能化、经济型农业装备设施，努力提高农机化水平以“绿色生态、高产高效、特色精品”为目标，以“扩面积、优结构、提质量、创机制、增效益”为路径，以规模经营主体为依托，重点打造蔬菜、高山有机大米、特色水果、中药材、生态鱼等高效农业产业，实现农业质量提升与数量扩增“双赢”。创建国家有机产品认证示范基地，到 2021 年，新增农业类驰名商标、江西名牌农产品 5 个以上，无公害、绿色、有机农产品发展到 20 个以上，地理标志产品 1 个以上，绿色、有机农产品产值占农业总产值比重稳定提高。

（2）加快绿色有机农业示范园建设，推广生态种养模式。依托崇义县的资源优势、产业优势，基本建成一批规划布局合理、生产要素聚集、设施装备先进、科技水平领先、经营机制完善、辐射带动明显，并通过江西省认定的现代农业示范园区，重点推进刺葡萄、脐橙、茶园、南酸枣现代

农业示范园建设。争取到 2021 年，国家级、省级农业龙头企业达到 10 家以上，农民专业合作社达到 560 家以上。大力推广绿肥种植和商品有机肥使用，加快推广应用物理防虫设备（杀虫灯、防虫网等）、生物农药及高效低毒环境友好型农药等病虫害绿色防控技术。推广使用可降解农膜，采用新型节水灌溉设备及方法，到 2021 年农田灌溉水有效利用系数稳步降低。全面推广以“猪—沼—果（菜、鱼）”等为代表的生态种养模式，鼓励和扶持低能耗、零排放、资源节约型的养殖方式，提升农业相关废弃物的资源化利用水平。创新产业多元结合发展，培植农业新业态。创新农村电商模式，发展“新零售”等业态，推进农产品电商物流配送和综合服务网络建设，建立符合电商行业及消费需求的农产品供给体系。支持新型农业经营主体积极对接电商平台，开设地方特色馆，开展崇义绿色食品推介活动和“齐云山”“君子谷”网络促销。推广“龙头企业 + 合作社 + 基地 + 农户”组织模式，加快推进建设家庭农场、休闲农庄、农家乐、民宿等休闲观光农业示范项目，打造田园综合体，积极创建国家级现代农业庄园。推动科技、人文等元素融入农业，稳步发展体验农业、创意农业、光伏农业等新业态，鼓励发展工厂化、立体化等高科技农业。大力发展农村新兴服务业，鼓励发展农业生产租赁、众筹合作等多种形式的互助共享经济，积极探索农产品个性化定制服务、会展农业、农业众筹等新型业态。

#### 9.3.3.2 推动生态产业化和产业生态化，加快经济转型升级

（1）提升农业产业价值链，实现农产品转化增值。发挥农村一、二、三产业融合发展的乘数效应，推动农业发展价值倍增。实施农产品加工业提升行动，支持发展农产品、林产品、水产品深加工和农村特色加工业，创建一批农产品精深加工示范基地，提升加工转化增值率和副产物综合利用水平，实现农产品多层次、多环节转化增值。打造集农业种植、精深加工、休闲旅游、智慧服务于一体的刺葡萄农业科技示范园及建成 6 万亩高标准南酸枣基地。鼓励农业龙头企业和农产品加工领军企业向优势产区和

关键物流节点集聚，建设原料基地和加工基地，加快形成一批农产品加工优势产业集群隆起带。支持开展农产品生产加工、综合利用技术研究与示范，形成一批推动价值提升的关键技术和特色产品。

（2）全面发展林产工业，提升林产工业发展水平。大力发展林下培育改良经济，建设林下产品种养基地。扶持花卉苗木产业，重点发展桂花、罗汉松、南方红豆杉、竹柏、杜鹃和竹根艺盆景等品种，实现林下经济产品规模培育集中连片生产。大力发展活性炭、细木工板、高档竹木家具、竹质工程材料、木质复合材料、竹纤维等高附加值竹木产品。依托丰富的竹、木资源，创新工业设计，提升工艺水平，生产中高端竹、木产品，服务珠三角、海西经济区。积极开发“互联网 +”定制家具、木竹工艺品等应用型产品，运用信息化、现代化手段加快实施杉木园艺、红木家具、杉木家具等重大林产品精深加工和经济流通项目，建设竹产业园、生物基活性炭循环经济产业园，打造全国林产品精深加工基地。力争到 2021 年，林业总产值超过 50 亿元。

（3）大力发展食品工业，打响绿色食品品牌。加强绿色食品产业生态化改造，重点扶持刺葡萄、南酸枣等优势产业，加快绿色食品产业发展。改进南酸枣系列食品、君子谷食品和饮料、刺葡萄深加工产业化技术创新集成与示范、农产品果肉生态食品深加工，推进“君子谷”等系列品牌争创中国驰名商标和地理标志商标。加快高山有机大米精深加工、竹笋精深加工、高山有机茶开发、高产油茶开发与加工、高山有机蔬菜种植与加工，打响“高山、有机、富硒”品牌，统筹培育脐橙、油茶、茶叶、笋竹等特色产业。力争到 2021 年，实现食品业总产值超过 30 亿元，生态加工业产值占工业总产值比重稳步提高。

（4）推进矿业多元化发展，推进绿色矿山试点示范。推动以钨及有色金属新材料为主的首位产业转型升级，支持章源钨业实施矿山智能改造，促进章源钨业、耀升钨业持续向高端新兴材料发展。积极发展非金属矿业，打造高岭土、硅矿精深加工基地，促进高岭土“1+5”联盟合作向纵深发展，争取打造全国第三大高岭土精深加工基地，从“一矿独大”转向多元化发展。矿山企业按照相关规定采取生态恢复措施，大力提高矿山采选工艺技术和装备水平，支持鼓励废渣钨等二次资源回收加工，提高开采回采率和选矿回收率，提升矿山废渣综合利用水平，合理高效利用矿业资源，推动矿产资源可持续开发利用，推进绿色矿山发展示范区建设。力争到 2021 年，建成一批国家级和省级绿色矿山示范试点单位，推进 8 个废弃矿山复垦复绿，建设 4 个绿色矿山示范试点，实现矿业总产值超过 150 亿元。

（5）提升高新技术支撑力，助力经济高质量发展。引进南昌大学食品工程专家团队，在崇义县设立相关研发合作机构，推动食品工业迈向中高端。严格执行食品行业标准，建立健全原料种植、加工生产、包装运输和销售食用等全过程的质量安全监管体系，创建国家农产品质量安全示范县。积极引进、推广和研发低碳技术，合理规划能源分配管理，对传统工业体系进行改造和升级，强化节能减排力度，实现清洁生产。力争到 2021 年，单位地区生产总值能耗不大于 0.7 t 标准煤 / 万元，单位地区生产总值用水量不超过 70 $m^3$/ 万元。加强有色金属资源高效开发利用技术研究和有色金属冶炼工艺技术的优化、升级，对生产工艺、生产环节等进行智能化改造，提升工业智能化水平，提高生产过程自动化控制水平。鼓励有条件的开展智能工厂试点或数字化车间试点，推动生产模式从产品制造向产品服务转变，营销模式从提供设备向提供咨询设计、项目承接、工程施工、仓储物流、系统维护和管理运营等系统集成总承包服务转变，引领推行绿色循环生产模式，力争到 2021 年规模以上工业的增加值达到 50 亿元，实现工业的高质量发展。

#### 9.3.3.3 强化产业集群，创新生态服务业业态模式

（1）推动产业融合发展，打造健康服务产业集群。大力发展以商贸、旅游为代表的生活服务业，激活农村市场，提高各类产品的竞争力。突出发展生产服务业，推进电子商务和现代金融产业，加快物流建设，提高商

务服务水平。稳步发展民生服务业，推动森林旅游业与康养服务业融合发展，加快构建“7+2+1”全域旅游格局。“7”，即阳明山、上堡梯田、阳明湖国家湿地公园、君子谷野生水果世界、齐云山、聂都溶洞、茶滩温泉等七大景区；“2”，即以亲水为主题的过埠镇和以亲山为主题的铅厂镇两大特色小镇；“1”，即一个景区县城，建设“宜居宜业宜游、生态环境一流、林竹花色并茂、文明开放包容”县城。全力打造“健康崇义”，以“康养”为统领，以游养、医养两条主线为特色，有机耦合阳明文化、旅游观光、体育健身、休闲农业、全龄健康、康复养老等产业，科学有序推进健康养生、文化创意、游学教育、特色小镇、美丽乡村、体育赛事、休闲度假、工（矿）业体验与旅游产业的多元融合发展，打造一批森林旅游康养示范基地，打造健康服务产业集群。

（2）提倡健康生活理念，培育市场需求型服务产品体系。重点围绕医、食、住、行、康、乐、养等要素，全面培育壮大健康养生新产业。完善保健理疗、养老护理等配套服务，积极引进国内外知名企业，大力开发老年专用系列绿色食品，培育一批崇义特色养生保健产品。引进赣南医学院等医学高等教育机构设立研发服务中心，加快特色农产品、中药材技术研发，开发药食同源特色养生餐饮产品。开展茶、竹等提取天然物生产保健品、化妆品、药膳等高品质产品研发，推进养生服务与美容、抗衰老等新市场需求的产品开发。加快旅游产品创新开发，重点打造自然生态、客家风俗、红色文化、多彩乡村等系列旅游产品，满足旅游市场多样化需求。到 2021 年，实现年接待游客 400 万人次，旅游综合收入超过 50 亿元，生态旅游收入占服务业总产值比重稳步提高。

（3）推动服务业提档升级，创新“生态化信息管理”新模式。加快服务业基础设施建设，推进智慧公共服务平台建设。对接国际化服务管理体系，创新个性化旅游、物流、交易等服务，提高服务产业国际化、现代化、市场化水平。探索推进服务公司实体化、旅游景区资本化、交易资产证券化。建设“一镇一品、一村一景”工程，发展休闲服务业，构建乡村精品旅游体系，实现提档升级，到2021年建成1个国家乡村旅游度假试验区、1个国家5A级旅游景区。拓展绿色环保的服务产业链，延伸市场利润增长点。创新健康服务模式，加强服务业新技术研发推广和应用，完善服务网络，积极探索建设崇义县健康生态大数据管理新模式。

### 9.3.4 培育生态文化品牌，强化宣传教育

#### 9.3.4.1 发掘生态文化价值，打造“绿水青山就是金山银山”文化品牌

深入研究推进乡土文化，提升崇义县生态文化底蕴。深入挖掘阳明文化、红色文化、客家文化等文化资源中的生态思想和生态元素，明确其对“绿水青山就是金山银山”基地建设的推动作用。依托平茶寮碑阳明主题公园、阳明展览馆、阳明书院和知行公园形成阳明文化旅游主题线路，推广“知行合一、致良知”阳明文化，形成“阳明之城、王学圣地”品牌。追寻老一辈无产阶级革命家的光辉足迹，重点修护上堡整训旧址、思顺彭德怀旧居等红色文化文物场所。依托“非遗”金字招牌，深入挖掘竹洞畲族山歌、舞春牛、三节龙、九狮拜象、上堡梯田习俗、东庄纸制作艺术、黄姜豆腐制作艺术，马子灯、纸扎等民间传统文化，形成一批符合地域乡土特色的生态文化符号，营造地域生态文化氛围，化解现代生活需求与乡土文化保护的矛盾，实现人与自然和谐共处。

#### 9.3.4.2 加强“绿水青山就是金山银山”理念宣传教育，营造全民参与氛围

以“崇义县博物馆”“崇义县人民广场”等环保文化教育展示场馆为载体，发挥电视台、广播电台新闻媒体宣传阵地作用，利用网络、手机等新兴媒体，扩大“绿水青山就是金山银山”理念宣传范围。每年围绕世界环境日、世界地球日、国际生物多样性日等主题日，开展生态文化主题宣传活动。将“绿水青山就是金山银山”基地建设作为干部教育培训的重要

内容，加强党政机关干部“绿水青山就是金山银山”理念培训，提高行政机关生态文明认识水平。引导学校和学生社团组织中小学生开展“绿水青山就是金山银山”基地教育实践活动，在中小学生中全面开展节约用水、垃圾分类、爱护草木的生态文明素质教育。建设“绿水青山就是金山银山”基地建设的宣教基地，普及青少年“绿水青山就是金山银山”基地理念。积极培育环保类志愿组织，加强人才队伍建设，发挥志愿者协会等公益组织的引领带头作用。全面营造“绿水青山就是金山银山”建设的舆论氛围，让建设生态家园成为人人参与的自觉行动。

### 9.3.5 建立健全体制机制，推动“绿水青山就是金山银山”长效转化

#### 9.3.5.1 建立目标责任制和评估机制

制定“绿水青山就是金山银山”实践创新基地建设年度计划，由县政府与相关责任单位、乡镇（社区、街道）签订目标责任书，建立责任人清单，明确工作目标、工作任务、时间节点，建立部门间协调联动机制，相互配合、形成合力，共抓重点任务和工程项目，共同推进生态文明建设和“绿水青山就是金山银山”实践创新基地建设。开展生态系统生产总值（GEP）核算，研究归纳总结典型经验模式。依据“绿水青山就是金山银山指数”指标体系，率先开展“绿水青山就是金山银山指数”评估，衡量“绿水青山就是金山银山”建设情况。

#### 9.3.5.2 探索环境治理和生态保护市场化机制

探索区域内水资源确权登记和水权交易流转的模式，因地制宜地探索崇义县各乡镇间、流域上下游、行业间、用水户间等多种形式的水权交易流转方式。结合江西省排污交易相关技术规范和推进实施方案，探索建立崇义排污权交易制度，加大排污权交易的组织机构和监管能力建设。探索

建立碳排放统计和监测体系，积极参与江西省碳排放权交易市场建设工作，运用经济手段推动节能减排。完善“崇义绿色生态板块”股权市场服务平台，以县域金融工程改革为契机，推动地区产业和县域金融体系之间有效搭建，推动绿色金融服务实体经济，助力产业转型升级，构建县域绿色发展格局。

#### 9.3.5.3 建立健全生态补偿制度

科学界定生态保护者与受益者权利义务，加快形成生态损害者赔偿、受益者付费、保护者得到合理补偿的运行机制。进一步探索建立农业发展的生态补偿机制，建立健全对畜禽粪便、秸秆、有机生活垃圾资源化利用的鼓励扶持政策。积极争取对自然保护区的财政专项补助政策，加大对自然保护区财力转移支付力度。完善乡镇水环境跨界断面补偿制度，建立健全分类补偿与分档补助相结合的森林生态效益补偿机制，在国家标准的基础上，加大地方财政的投入力度，逐步提高地区生态公益林的补偿标准。

#### 9.3.5.4 推进生态环境治理机制创新

健全“统一监管、分工负责”的监管体系，建立部门联动执法和区域联防联控工作机制，完善网格化精细化监管体系，加强生态环境保护监管。充分利用物联网、大数据、云计算等先进技术手段，建立天地一体、上下协同、信息共享的崇义智慧环保系统，在生态环境立体监测、环境信息综合分析、生态预测预警、评估等方面，具备精准高效实施环境治理的能力。建立垃圾分类处理系统，创新垃圾收集管理工作机制。创新环保督察，形成问题发现、整改落实、信息反馈、责任追究、举一反三,五个方面无缝对接的整改机制。

### 9.3.6 总结凝练经验模式，打通“绿水青山就是金山银山”转化通道

#### 9.3.6.1 “一山、一湖、一谷、一居、一梯田”

推动景区升级改造，打造“一山（阳明山）、一湖（阳明湖）、一谷（养生谷）、一居（合一山居）、一梯田（上堡梯田）”的旅游产业“五个一”集群模式。对外招商阳明山景区开发项目，引进绿地、宝能、华侨城等开发集团洽谈并派驻团队，规划建设目前全国最大的阳明文化主题公园；有序推进君子谷景区改造提升；开工建设过埠特色小镇、合一山居；完成上堡梯田核心景区土地、房屋征收并挂牌招商，发挥核心景区的引领带动效应。

#### 9.3.6.2 “一山、一湖、一园、一馆、一院、一碑”

推动实施“旅游+文化”模式，建设提升“一山（阳明山）、一湖（阳明湖）、一园（知行公园）、一馆（王阳明展馆）、一院（阳明书院）、一碑（平茶寮碑）”阳明主题文化产业“六个一”集群模式。对外免费开放王阳明展馆、阳明书院、平茶寮碑主题公园；承办中国明史学会年会暨首届阳明文化国际论坛；举办阳明文化旅游节系列活动，全力打造“阳明”主题文化品牌。

# 第 10 章

# 云南省红河州元阳县哈尼梯田遗产区

## 10.1 区域概况

### 10.1.1 区位概况

元阳梯田，位于云南省元阳县的哀牢山南部，是哈尼族人世世代代留下的杰作。元阳梯田是红河哈尼梯田的核心区。红河哈尼梯田是以哈尼族为主的各族人民利用特殊地理气候同垦共创的梯田农耕文明奇观，规模宏大，气势磅礴。元阳哈尼族开垦的梯田随山势地形变化，坡缓地大则开垦大田，坡陡地小则开垦小田，甚至沟边坎下石隙也开田，因而梯田大者有数亩，小者仅有簸箕大，往往一坡就有成千上万亩。

红河哈尼梯田位于云南南部，遍布于红河州元阳、红河、金平、绿春四县，总面积约为 100 万亩，仅元阳县境内就有 17 万亩梯田。元阳梯田是哈尼族人一千三百多年来生生不息地“雕刻”的山水田园风光画。2013 年（癸巳年）6 月 22 日在第 37 届世界遗产大会上红河哈尼梯田被成功列入世界遗产名录，成为中国第 45 处世界遗产，使中国超越西班牙成为第二大世界遗产国，仅次于意大利。

元阳地处亚热带和温带，是哀牢山夹缝中的一座县城。元阳哈尼族梯田之所以如此壮丽和独特，首先是大自然特殊地理结构所造成的。元阳位于云南省南部，而云南省地形分布的特点是西北高、南部低，从滇西北的中甸、丽江经大理、楚雄到滇南的思茅、版纳、红河、文山，海拔渐渐下降，形成了滇西北高海拔地区常年无夏的寒温带、寒带气候类型和滇南低海拔地区全年无冬的亚热带、热带气候类型。

从滇西北到滇南，随着海拔下降，立体气候越来越显著，降水量也越来越大。全省降水量最大的就是红河南岸哈尼族聚居地区，降水量竟达到年均 1 397.6 mm，相应的稻作农耕越来越密集，旱地耕作越来越少。这就使从滇西北的怒江、澜沧江、长江水系到滇南江河水系流域，梯田稻作文化越来越发达，并最终在红河南岸哀牢山南段哈尼族地区形成全省、全国最集中、最发达的梯田稻作区的地理构成环境。

图 10-1　元阳哈尼梯田

## 10.1.2　气候特征

哀牢山特定的地形、气候等自然条件也决定了元阳哈尼梯田必然形成壮丽、独特的奇观。元阳的地貌特征是山高谷深、沟壑纵横，多为切割中山地类型，即县内众山在亿万年中被红河、藤条江水系深度切割，中部突起，两侧低下，鸟瞰全境，山地连绵，层峦叠嶂，地形呈“V”形发育，高下之间，壮观异常。

境内最低海拔为 144 m，最高海拔为 2 939.6 m，海拔高差 2 795.6 m。县内气候多属亚热带季风类型，但因地形复杂差悬殊，立体气候突出。

河坝区年均气温为 25 ℃，最高气温为 42 ℃，高山区年均气温为 11.6℃，两区温差达 13.4℃。在由河坝经下半山、上半山到高山区的行程中，要经历热带、温带、寒带的变化，正所谓“一山分四季，十里不同天”。

河坝峡谷因其酷热干旱素称“干热河谷区”，高山区因温度低、降雨量大称为“阴湿高寒区”。河坝区蒸发量大，高山区云雾密度大、降雨丰富。境内以红河、藤条江两大干流为主的水系共有支流 29 条，总长 700 km，水资源总量为 26.9 亿 $m^3$，其中地表水为 20.81 亿 $m^3$，地下水为 6.09 亿 $m^3$，可利用水资源为 1.47 亿 $m^3$。

## 10.2 “绿水青山就是金山银山”实践探索成效与问题分析

### 10.2.1 “绿水青山就是金山银山”实践探索进展与成效

生态环境保护工作扎实、成效明显、生态环境质量优良、环境优美、具有典型性和代表性。

当地党委和政府高度重视哈尼梯田生态环境保护，通过对哈尼梯田“四素同构”循环生态系统的保护，完成植树造林 25.6 万亩，沼气池 9 959 户、节能改灶 1 410 户，推广太阳能热水器 6 000 台，治理水土流失面积 74.67 $km^2$，遗产区森林覆盖率达 67%。新建和加固小型坝塘 16 个，扩建改造沟渠 105 条，实施农村饮水安全工程 82 件，解决了遗产区水田灌溉及 5 万余人的安全饮水问题，水利化程度达到 39%。完成哈尼小镇和 60 个村庄环境综合整治工作，建成生活垃圾热解站 4 座，垃圾无害化处理实现全覆盖，畜禽粪便、生活污水得到有效处置，遗产区麻栗寨水源水质达到Ⅱ类以上，哈尼小镇被列入国际水平特色小镇创建名录，箐口、阿者科、垭口、大鱼塘列入中国传统村落目录，确保了传统民居的完整性和真实性。同时，在遗产区大力推广沼气、节能灶、太阳能等新能源替代项目，逐步减少薪柴砍伐，保护森林资源，也有效地保护了哈尼梯田周边的生态环境，形成了森林在上，村寨居中，梯田在下，水系贯穿其中，构成了森林、村寨、梯田、水系的“四素同构”的循环农业生态系统，较好地处理了人与自然、人与人以及人与自身的关系，彰显了“天人合一”的文化内涵，具有典型性和代表性。

在依托生态资源发展生态经济、推动绿色发展方面具有良好基础，具有探索“绿水青山就是金山银山”实践路径的典型做法和经验。

在生态环境保护的基础上，当地党委和政府始终坚持“保护是基础、发展是条件”和“保护性开发、利用性保护”的原则，以保护和促进梯田区水稻产业提质增效为核心，以农业发展项目为抓手，不断加大梯田区水稻产业扶持力度，抓实水稻高产示范创建、红米产业培植、稻鱼鸭综合种养模式推广等各项工作，积极探索新型扶贫模式和旅游扶贫模式，全力推广“稻鱼鸭”综合生态种养模式，打造梯田红米品牌和梯田文化旅游品牌，拓宽农民增收渠道，打好打赢哈尼梯田遗产区保护利用和遗产区群众精准脱贫攻坚战，形成乡村振兴与脱贫攻坚统筹谋划，共同推进的哈尼梯田遗产区保护利用长效机制，实现哈尼梯田保护利用的科学性和可持续性，促进梯田遗产区群众增收致富，初步形成了一套“绿水青山就是金山银山”实践路径的典型做法和经验，在依托生态资源发展生态经济、推动绿色发展方面具有良好基础。

以生态环境保护带动经济社会发展水平和质量明显提升、人均收入明显提高、生态保护与经济发展同步推进，绿水青山与金山银山互促共进成效明显。

当地党委和政府按照“政府引导、村组管理、适当扶持、示范带动”

的思路，世博元阳公司每年按照门票收入的 30% 提取扶持资金，扶持遗产区群众发展生产。对种粮农户实行良种补贴、农资综合补贴等政策性补贴，提高群众种粮积极性，让梯田的主人自觉保护梯田，元阳县累计发放良种补贴 299 万元，农资综合补贴 1 993 万元，耕地保护补贴 2 546 万元。此外，除每年按照国家政策对公益林进行补偿以外，还积极向国家文物局争取传统村落和传统民居修缮资金 1.2 亿元，对遗产区 18 个传统村落及民居进行了修缮；并积极争取传统民居保护资金，对 5 个申遗重点村挂牌保护的传统民居给予每户每年 900 元补助。在守护“绿水青山”的同时，大力推广“稻鱼鸭”综合种养模式，不但增加了当地农户的经济收入，还可有效地抑制梯田杂草生长，增加土壤有机质含量，减少化肥、农药用量，形成生态良性循环，绿水青山与金山银山互促共进成效明显。

地方党委和政府重视环境保护工作，对当地生态经济发展有统筹规划。

当地党委和政府高度重视哈尼梯田的保护与生态建设工程，红河州委、州政府成立了元阳县哈尼梯田管委会，管委会主任由县人民政府县长兼任，先后颁布了《红河哈尼梯田保护管理条例》《红河哈尼梯田保护管理条例实施办法》《红河哈尼梯田文化景观村庄民居保护管理办法》《关于加强世界遗产红河哈尼梯田保护管理的决定》等法规与指导性文件，全力保护哈尼梯田原真性、完整性和系统性。为深入践行“绿水青山就是金山银山”发展理念，元阳县制定实施了《红河哈尼梯田世界遗产地生态旅游发展规划》《元阳县稻鱼鸭绿色高产高效综合种养模式发展规划》《红河哈尼梯田元阳核心区保护利用总体规划》《元阳县哈尼梯田旅游区发展战略研究》等一系列专项发展规划，全面统筹哈尼梯田的生态经济发展，为探索和丰富“绿水青山就是金山银山”的实践路径和典型经验提供了坚强保障。

### 10.2.2 存在的主要问题

梯田旅游快速发展，给哈尼梯田带来发展机遇的同时，也给哈尼梯田保护带来巨大压力，尤其对“森林、村寨、梯田、水系”四素同构生态系统及当地传统文化带来强大冲击，遗产区群众受外来思想文化影响大，谋生方式不断多元化，成为社会舆论、多种利益和矛盾的聚集点。哈尼梯田的保护与利用面临诸多困难和问题：一是耕种梯田投入大，农户种田积极性不高。二是传统民居保护压力大，农耕技术面临断代失传，以梯田为轴心的传统文化面临断层。三是齐抓共管的机制体制有待完善，转化示范带动作用不强。

## 10.3 重点任务

### 10.3.1 生态保护优先，坚决留住哈尼梯田绿水青山

（1）完善哈尼梯田管理规划。划定哈尼梯田遗产区“森林、村寨、梯田、水系”生态景观保护红线，列出哈尼梯田遗产区保护利用负面清单，修改完善《红河哈尼梯田世界文化遗产区保护管理工作实施细则》，贯彻《元阳哈尼梯田旅游区发展战略研究》修编《村庄规划》，充分挖掘和展示哈尼梯田文化内涵，发展哈尼梯田经济、文化、旅游等产业，让保护及发展成果惠及群众、改善民生。

（2）保护哈尼梯田“四素同构”体系。一是加强森林植被保护。推进新一轮退耕还林、荒山造林、补植补种等营造“绿色水库”工程，加大哈尼梯田生态功能区和东、西观音山自然保护区保护管理力度，确保遗产区林草覆盖率达 70% 以上。二是加强传统村落保护。完善遗产区村庄规划，加强对传统村落的保护和控制，探索设立传统民居保护专项基金，对挂牌保护的 1 602 间传统民居进行奖补，保持传统民居风貌、建造方式和民族文化，恢复和延续真实性、完整性。三是加强稻作系统保护。严格按照《世界遗产公约》要求，严格建设用地审批制度，认真落实补贴政策，提高群众保护梯田、耕作梯田的积极性，确保梯田性质不改变、面积

不缩减、土地不闲置。四是加强梯田水系保护。加大对遗产区水利基础设施建设的投入力度，改善灌溉条件，修缮坝达、多依树、老虎嘴三大片区的水利设施，确保遗产区梯田灌溉用水。同时，传承好延续千年的木刻分水法、赶沟人等民间水资源管理办法，积极探索补助机制，确保遗产区内每条沟渠和水源有专人巡视、管护，切实提高对沟渠、水系的保护管理力度。

（3）传承哈尼梯田农耕文化。建立哈尼梯田文化传承人培育机制，充分挖掘哈尼梯田传统文化资源，全力培养哈尼梯田文化传承人，保护传承非物质文化遗产。实施哈尼古歌、哈尼四季生产调等传承行动，实现《哈尼古歌》室内、室外常态化演出并推向市场。深入挖掘哈尼梯田农耕文化，打造“开秧门”“新米节”“长街古宴”等实景农耕文化节系列活动品牌。

（4）开展遗产区人居环境综合整治。根据《云南省红河哈尼族彝族自治州哈尼梯田保护管理条例》，制定遗产区综合整治方案，开展遗产区人居环境综合整治，实施“两污”设施建设，建立健全综合整治长效机制，规范生产生活秩序，全面提升人居环境，营造成生态宜居、生产发展、秩序井然、治理有效、留住乡愁的世界文化遗产区人居环境。

### 10.3.2 探索创新机制，科学管理哈尼梯田绿水青山

（1）建立保护管理机制。一是设立哈尼梯田保护管理专项基金，建立景区门票和旅游开发收益反哺机制，每年从现行门票收入中划出30%作为遗产保护基金，用于遗产地居民农业生产补助、村庄民房修缮和遗产区保护经费。二是建立联合调研机制。组建哈尼梯田保护专家委员会，建立“智囊团”和“专家库”，定期或不定期邀请中央、省、州等专家学者到哈尼梯田开展调研，为梯田保护建言献策。

（2）建立生态补偿机制。一是探索建立传统民居保护机制。严格执行《红河哈尼梯田文化景观村庄民居保护管理办法》《红河哈尼族传统民

居保护修缮和环境治理导则》，对传统村落及民居进行保护和原生态修复，逐步恢复传统民居风貌。探索设立传统民居保护专项基金，持续推进遗产区传统民居挂牌保护工作，兑现相关费用及补贴，提高村民修缮和保护传统民居的积极性和主动性。二是探索梯田奖补机制。严格执行《基本农田保护条例》，层层签订《基本农田保护目标责任书》，夯实县、乡镇、村委会、村组、农户五级保护管理基本农田体系。在贯彻落实农资综合补贴等政策性补贴的基础上，积极探索梯田奖补机制，切实提高群众收入，提升群众护田、种粮的积极性，实现梯田保护管理工作常态化、制度化、规范化。三是探索"赶沟人"补助机制。在保护区内，完善并推行"赶沟人"制度，确保遗产区内每条沟渠和水源有专人巡视、管护，切实提高对沟渠、水源的保护管理力度。

### 10.3.3 发展梯田产业，科技助力哈尼梯田

（1）推广"稻鱼鸭"模式。深入实施梯田红米计划，全面推广哈尼梯田"稻鱼鸭"综合种养模式，全力推进"稻鱼鸭"产业园和绿色食品产业园，提高梯田农副产品经济附加值。以土地流转、合作股份等形式，成立哈尼梯田农产品购销合作社，大力发展农村合作股份经济，对梯田红米、梯田鱼、梯田鸭、鸭蛋等进行统购统销，带动村集体和群众增收。

（2）培育新型职业农民。加快"互联网＋"产业发展，实现线上线下全产业链体系发展。探索建立小农户发展与村集体经济、市场经营主体利益联结的最佳机制，着力培养梯田种植专业合作社、龙头企业和专业化农民队伍，积极发展"农业＋旅游""农业＋互联网""农业＋生态"等新业态，构建哈尼梯田特色产业绿色发展新体系，实现生态美、产业兴、百姓富的有机统一。

（3）发展乡村旅游业。围绕"农耕体验、民族美食、传统民居、文化传承"等基地建设，以增加农民就业、提高收入为目标，大力扶持乡村旅游发展，深入推进阿者科旅游发展计划，着力打造"一村一品""一村一

特色”“一村一基地”的发展格局。一是加强特色民宿建设。围绕“一心多点”的乡村休闲旅游发展格局，以民宿经营户、农家乐、民宿特色村为重点，建设一批规模化、标准化、特色化的农家餐饮和精品特色民宿，着力促进集乡村、乡土、乡愁、乡风于一体的民宿经济快速发展。二是开展经营村庄试点，充分利用遗产区传统村落、传统民居资源优势，建立乡村旅游发展合作社，引导村民发展特色农产品，乡村民俗体验、开心田园等体验式、参与式乡村旅游项目，让百姓在保护传统民居中受益，实现“共建、共管、共享”村庄经营管理模式。

（4）加强旅游商品产销。依托千年哈尼梯田农耕文化，加大招商引资力度，引导和扶持文创公司、农产品加工企业，充分挖掘哈尼族彝族民族刺绣文化和梯田农耕文化，着力开发以民族刺绣为主的生活用品，以梯田红米、茶叶、梯田风光为元素的旅游产品，采取“公司＋合作社＋基地”的发展模式，发展文化旅游产品和衍生品，带动群众增收致富。

## 10.3.4 夯实基础设施，着力打造转型升级示范

（1）夯实旅游基础设施。一是抓好旅游配套设施建设。加快推进元阳民用机场和元江至蔓耗、绿春至元阳、建水（个旧）至元阳高速公路建设，实施爱伍公路、大鱼塘至沙拉托机场连接线等项目，抓好旅游厕所、停车场、观景台建设。到2020年，建成生态停车位2 000个、星级卫生公厕20个、星级酒店15家。二是深入实施哈尼梯田小镇建设，努力打造人与自然和谐发展的宜居家园、乡村振兴的农耕示范、文化旅游知名品牌、绿色发展示范。三是完成哈尼梯田世界文化遗产管理展示中心建设，实现哈尼梯田农耕文化展示、梯田管理监测、文物陈列、非物质文化遗产传承展示和文献保存。

（2）抓好旅游景区创建示范。加大资金投入，进一步完善景区各项配套设施，严格产品质量标准，完善交通标识和旅游公共信息导向系统，引导旅游企业向标准化、品牌化方向发展，到2020年创建为国家5A级旅

游景区、全国哈尼梯田文化旅游知名品牌创建示范区和省级全域旅游示范区。

### 10.3.5 强化宣传教育，提升干部群众素质能力

（1）加强遗产区群众宣传教育。开展梯田保护进校园、梯田保护进村庄活动，积极宣传《红河哈尼梯田保护管理办法》《红河哈尼梯田保护管理条例》等系列法律法规，从在校学生、当地干部群众、外来旅游者等群体入手，抓好宣传教育，提高村庄、梯田的保护意识。

（2）创建遗产区民族团结示范。一是加强遗产区基层党建工作。充分发挥基层党组织的引领作用，在哈尼梯田遗产区构建“1+2+N”（“1+2+N”党建引领促脱贫模式即：党支部 + 村小组、村民理事会 + 梯田保护组、矛盾纠纷调处组、环境卫生整治组、妇女儿童保护组、红白理事组、产业发展组）党建引领促脱贫模式，进一步提高遗产区基层党建工作质量，为实现遗产区梯田保护利用提供坚强的组织保证。二是创建民族团结示范景区。通过采取张贴宣传画、制作墙体永久性标语、展示宣传板画、上街咨询、发放知识读本等多种形式，进一步营造民族团结进步的浓厚氛围，把世界文化遗产哈尼梯田景区打造成梯田保护利用和民族团结进步示范区。

（3）组织开展遗产区干部群众培训。一是加强农耕技术培训。完善遗产区产业扶持政策，对农村进行产业扶持，建立群众服务运营机制，鼓励和支持外出农民工返乡创业，通过开展农技知识、农耕技能、饮食服务等系列培训，使当地群众转换身份成为景区服务人员。二是加强组织培训。大力开展干部群众培训工作，不断提高各级干部管理、运营世界文化遗产的能力，提高各族群众认知、认同遗产价值的能力，强化干部群众共建、共管、共享哈尼梯田世界文化遗产的自觉性、主动性。

## 10.4 千年哈尼梯田践行“绿水青山就是金山银山”绿色生态发展模式

元阳县委、政府高度重视生态文明建设，深入贯彻落实习近平生态文明思想和习近平总书记考察云南重要讲话精神，始终坚持创新、协调、绿色、开放、共享的发展理念和“五位一体”总体布局，充分利用遗产文化赋予哈尼梯田强大的生命力，以维护森林、村寨、梯田、水系“四素同构”循环生态系统为重点，按照“生态兴农、农兴文旅、以旅带商、以商促农”的发展思路，全力打造哈尼梯田绿色生态品牌和文化旅游品牌，大力实施“一产助推旅游、二产服从生态、三产激活全局”生态模式，初步走出一条具有元阳哈尼梯田保护开发、规范建设、科学利用的可持续发展之路。

### 10.4.1 加强生态环境保护，坚决守护“绿水青山”

推进哈尼梯田森林保护恢复。严格保护梯田周边森林资源，实施新一轮退耕还林、荒山造林、封山育林、森林抚育等工程，开展东西观音山林区综合整治，东西观音山被列入省级自然保护区，累计实施遗产区生态植被恢复 25.6 万亩，治理水土流失面积 74.67 $km^2$，在遗产区公路两侧义务种植树 153.9 km，对国有公益林、自营生态林实行补贴政策，投入生态治理及修复的国家退耕还林项目补助资金 1.5 亿元。大力推广节能灶、太阳能等新能源替代项目，节能改灶 1 410 户，推广太阳能热水器 6 000 台，逐步减少薪柴砍伐，保护森林资源，有效地保护哈尼梯田周边的生态环境。

抓好传统村寨保护与管理。按照《红河哈尼梯田文化景观村庄民居保护管理办法》《红河哈尼族传统民居保护修缮和环境治理导则》，结合地域特点、民族特征和文化特色，对传统村落的民居、水井、古树、祭祀房、议事场所等具有文化价值、历史价值的聚落空间进行保护和修复，把美丽宜居乡村建设与传统民居保护相融合，严格执行传统民居建设审批制度，严格控制房屋层数、建筑面积、民俗风貌，逐步恢复传统民居，投资6.6亿元实施了哈尼梯田小镇和遗产区传统村落提升改造，对遗产区1 602户传统民居实行挂牌保护，对阿者科等5个重点村164户传统民居户均每年补助900元维护费。

守住稻作梯田红线产业发展。严格执行《基本农田保护条例》，层层签订《基本农田保护目标责任书》，明确县级、乡镇、村寨的权责，强化乡、村级对资源、生态环境保护管理的主体责任，促进了哈尼梯田保护管理合理化、规范化。累计投入2 224万元实施“稻鱼鸭”综合种养示范3.2万亩，实现“一水多用、一田多收、一户多业”的综合效益。根据地势、海拔、温湿度、土质等不同情况进行不同品种稻谷的试验推广，不断优化稻谷品种和提升产量，增加粮农的经济收入。坚持“生态兴农、农兴文旅、以旅带商、以商促农”的原则，结合精准扶贫，鼓励遗产区农户开办农家客栈，提供交通运输、餐饮服务等；同时，开发以梯田红米、梯田鱼、梯田鸭蛋等为主的农特产品，以及以刺绣、银器饰品为主的民族民间工艺品，拓展提高梯田的多种功能和价值。对种粮农户实行购销补贴、农资综合补贴等政策性补贴，提高群众种粮积极性，让梯田的主人自觉保护梯田。

重视哈尼梯田水系维护。加快推进东观音山水库、中央财政小型农田水利项目建设，投资7 027万元新建和加固小型坝塘16个，修缮扩建哈尼梯田灌溉沟渠105条，实施农村饮水安全工程82件，解决了遗产区水田灌溉及安全饮水问题。实施引水沟渠和蓄水工程，通过修建供水连通工程、蓄水工程、五小水利工程等水利项目，增加梯田旱季供水量。同时，在村规民约中充实水源管理相关内容，并沿用“赶沟人”“守林人”“木刻分水法”“水力冲肥法”等民间水资源管理办法，确保哈尼梯田永不缺水，造就“人工蓄水库”。

开展人居环境综合整治。着力实施城乡人居环境提升工程，在遗产区扎实开展“七改三清”和“六治”（治乱、治脏、治污、治违、治堵、治教）综合整治，投入 1 370 万元集中开展哈尼梯田景区综合整治 22 次，拆除“两违”建筑 303 栋，面积 23 762 $m^2$，依法整顿清理公路沿线占道的标识标牌 24 个，新建生活垃圾热解站 4 座，完成 15 个村寨生活污水人工湿地处理设施建设，在箐口游客服务中心、3 个景区建成化粪池，并在景区旅游客栈、酒店、农家乐集聚片区安装污水处理系统，建成旱改水厕所 75 座，持续改善遗产区旅游环境。

## 10.4.2　着力培育生态产业，有效变成“金山银山”

打造“稻鱼鸭”综合生态种养模式。坚持在保护中利用、在开发中保护哈尼梯田，成立由县长任组长，相关部门为成员的“稻鱼鸭”综合种养模式领导小组，制定了《元阳县“稻鱼鸭”绿色高产高效综合种养模式发展规划（2017—2020 年）》，引导农户推行“稻鱼鸭”综合种养模式，支持新型经营主体以保底价进行收购和销售，让贫困群众在生态综合种养中增加群众收入。元阳县与国家杂粮加工技术研发中心（北京）等龙头企业合作培育出优质红米稻种和优质鸭苗，对建档立卡贫困户给予免费发放鱼苗 240 t、鸭苗 50 万只。县粮食购销有限公司以 7 元 /kg 的保底价收购红米稻谷，40 元 /kg 的保底价收购梯田鱼、2 元 / 枚的保底价收购梯田鸭蛋，带动农户发展红米种植 9 万亩，使 2.8 万户农户实现增收，其中贫困户 1.2 万户。积极参加农产品展销、梯田文化展示、电商销售等多种平台，线上线下联合，推动梯田红米品牌化营销。目前已研发出萌芽红糙米、萌芽留胚红米、胚芽精致红米等高端消费产品，主要销往北京、上海、重庆等地，与 40 多家企业建立了产品购销合作伙伴，线上销售也日益升温。

打造哈尼梯田红米品牌。元阳县将电子商务作为精准扶贫的重要举措，依托世界文化遗产千年哈尼梯田中生长的红米，借助“互联网 + 梯田红米”销售模式，搭建“六大平台”，精准帮扶贫困群众促农增收。党委和政府推动建电商平台，解决梯田红米销售问题，通过“请进来”与“走出去”相结合的方式，与云南龙润集团、杭州有赞科技签订了电商扶贫合作协议，打造电商扶贫县域平台，运营有赞商城平台、元阳商城及App、微信公众平台、全员微小店等分销代理平台。在梯田红米的种植中，以梯田红米种植户为主体，成立梯田红米专业合作社，通过与县粮食购销有限公司合作，大力发展合作经济，形成“电商公司+县粮食购销有限公司+专业合作社+农户”的电商扶贫新模式。制定了梯田红米发展规划、梯田红米种植标准等系列规范性文件，依托县粮食购销有限公司将梯田红米作为电商销售产品进行打造，注册了“阿波红呢”和“元阳红梯田红米”等系列商标，开展有机认证，形成了哈尼梯田红米产品的系列品牌。同时，建成了全国第一条留胚红米生产线，目前已有红糙米、留胚红米、精制红米、水碾米四种产品，成功推出红米糊、红米茶、红米酒等系列产品，正积极研发红米牙膏、红米洗发露等红米日化产品，形成了规范化、产业化、品牌化的电商销售产品。借助梯田红米销售平台，与有赞公司开展深度合作，构建县粮食购销有限公司、梯田云科技股份有限公司、杭州有赞3户企业精准帮扶不少于2 000户建档立卡贫困户销售梯田红米增收致富的“3+2 000”精准扶贫合作模式助推脱贫攻坚。与阿里巴巴集团开展精准扶贫合作，构建了阿里巴巴集团帮助1 000户建档立卡贫困户销售梯田红米的农村淘宝“1+1 000”电商精准扶贫新模式，与味道网（北京）科技有限公司等大农业服务平台合作，将农业与特色农产品、旅游等多产业融合，推动农村电商发展。充分利用“元阳商城”电商销售平台，带动了更多小电商平台公司销售梯田红米，形成了电商大平台带动电商小平台销售梯田红米的电商扶贫新模式。

打造哈尼梯田文旅品牌。围绕“哈尼特色、5A景区、中国一流、世界知名”的总体目标，按照《元阳县旅游发展总体规划》《元阳县旅游产业发展三年行动计划》，启动全域旅游规划、国家5A级景区创建、“全国哈尼梯田文化旅游知名品牌创建示范区”筹建和国家生态旅游示范区创建工作，实施“一镇六村”“美丽家园”和传统村落改造等旅游基础建设和“一部手机游云南”元阳板块运营，制定了《元阳县乡村旅游工作方案》，县政府对农家乐示范户每户给予10万元以内无息借款扶持，对农家旅馆示范户每户给予8万元以内的无息借款扶持，全县已发展乡村客栈、农家餐馆230户，旅游特色村11个，建成了一批具有民族特色的乡村客栈，有效带动乡村旅游的快速发展。打造文化旅游产品，国家交响乐团红河州创作实践基地落户哈尼梯田小镇，《哈尼交响·欢乐新春》专场音乐会在国家大剧院音乐厅成功上演并进行全球巡演，“开秧门”“哈尼四季生产调”“哈尼古歌”等已成为哈尼梯田文化体现。依托哈尼梯田资源环境、田园景观、农业生态、农家生活和乡村风情风貌，大力推进集多种文化交流、多元化健康消费、高原特色农业、庄园文化旅游于一体的综合示范，形成了“梯田旅游 + 休闲农业”的经济雏形，元阳哈尼梯田被推选为“2014年中国美丽田园”。休闲度假、旅游观光、养生养老和农耕体验成为繁荣哈尼山寨、富裕哈尼人民的新兴产业，中外游客纷纷慕名而至，促进梯田农业产业的融合发展和转型升级。

### 10.4.3 探索产业融合升级模式，延伸“金山银山”

探索新型经营模式，提高梯田综合效益。积极探索遗产区土地流转经营合作新模式，采取“公司 + 合作社 + 农户 + 基地”的经营模式进行经营权流转，在保持流转农户承包权人和耕种性质不变基础上，优化农业生态提质增效，打造、提升、扩容红米产业，通过对老虎嘴片区960亩梯田进行土地承包经营权流转示范带动，深入推进“稻鱼鸭”综合种养模式，建设梯田生态鱼和畜禽繁育基地，发展生态渔业和养殖业，助推生态综合农业健康发展。同时，推进“互联网 + 特色农业”和品牌强农工程，加强农村电商公共服务平台建设、农产品系列品牌培育，让梯田生态食品走出大山。开发以梯田红米、蛋、鱼、茶等为主的特色礼品，以哈尼蘸水鸡、豆豉、香粑等为主的特色生态食品，以梯田文化作品、民族乐器、民间歌舞等为主的旅游文化产品，提高世界文化遗产的社会效益和经济效益，培育贫困户自身发展脱贫能力，实现“输血式扶贫”向“造血式扶贫”模式的转变。

探索旅游扶贫模式，力推特色产业脱贫。积极探索乡村旅游开发模式，科学合理分配旅游经济收益；引导、扶持和鼓励农民从单一的传统农业生产模式向多种经营发展模式转变，从传统居住型方式向开发经营型方式转变，引导群众利用自有资源，大力发展乡村客栈餐馆、农特产品、手工艺品等旅游产业经营服务。重点打造了阿者科、垭口、哈尼梯田小镇等传统村落。走“以旅带商、以商促农”的路子，引进专业策划团队，对哈尼梯田旅游线路、重要景区、农家饭店、小型客栈、当地特产等梯田系列产品进行设计包装，突出农耕文化、地域特征，推进旅游商品经营专业户、旅游商品生产专业村建设。深入挖掘民族民间传统文化节，搜集整理山歌、酒歌、民族乐器等民间文化元素，抓好《哈尼哈吧》《哈尼四季生产调》《农耕礼俗》《长街宴》等国家级非物质文化遗产项目的保护和开发。结合遗产日活动开展非物质文化遗产进校园、非物质文化遗产传承人代表座谈会、保护哈尼梯田义务植树等系列活动。依托“长街宴”“哈尼古歌”“乐作舞”“开秧门”等文化活动，重点策划打造具有文化性、生活性、趣味性的民族歌舞和主题节庆，拓展文化市场，发展民族文艺演艺产业及文化品牌，《哈尼古歌》先后到北京、上海、广州成功展演。2015 年 5—11 月《哈尼古歌》走出国门，在意大利米兰世博会上成功演出。在哈尼梯田小镇举办了开秧门、长街宴等文化节庆活动。

### 10.4.4 坚持创新体制机制，共享“绿水青山”

健全哈尼梯田管理机构。为切实加强哈尼梯田保护管理工作，州级于 2007 年 8 月成立红河州哈尼梯田管理局，2014 年更名为红河州世界遗产管理局，2015 年成立以州长为主任的红河哈尼梯田保护管理委员会；元阳县于 2008 年 5 月成立元阳县哈尼梯田管理局，2016 年 4 月升格为世界遗产哈尼梯田元阳管理委员会（副处级单位），管委会主任由县人民政府县长兼任，设1名专职副主任，研究制定了《议事规则》，并与责任部门签订《目标责任书》，明确管委会、乡镇、村寨的权责，强化乡镇对资源环境及周边生态环境的保护管理主体责任，促进了哈尼梯田保护管理合理化、规范化、科学化。

不断加强法律法规建设。州委、州政府先后颁布实施了《红河哈尼梯田保护管理条例》《红河哈尼梯田保护管理条例实施办法》《关于加强世界遗产红河哈尼梯田保护管理的决定》等法规与指导性文件。元阳县出台了《红河哈尼梯田保护管理规划》《红河哈尼族传统民居保护修缮和环境治理导则》《红河哈尼梯田文化景观村庄民居保护管理办法》，编制了《红河哈尼梯田世界遗产地生态旅游发展规划》《红河哈尼梯田世界遗产地解说与展示系统专项规划》等一系列规范性文件，为哈尼梯田的保护提供了执法依据和法律保障。

不断完善哈尼梯田保护投入机制。按照“政府引导、村组管理、适当扶持、示范带动”的思路，遗产区景区开发的世博元阳公司每年按照门票收入的30%提取扶持资金，扶持遗产区群众发展生产。对种粮农户实行良种补贴、农资综合补贴等政策性补贴，提高群众种粮积极性，让梯田的主人自觉保护梯田，元阳县累计发放良种补贴299万元，农资综合补贴1 993万元，耕地保护补贴2 546万元。此外，除每年按照国家政策对公益林进行补偿以外，还积极向国家文物局争取传统村落和传统民居修缮资金1.2亿元，对遗产区18个传统村落及民居进行了修缮；并积极争取传统民居保护资金，对5个申遗重点村挂牌保护的传统民居给予每户每年900元补助。

元阳哈尼梯田在践行“绿水青山就是金山银山”实践中，依托哈尼梯田世界文化遗产这一世界级品牌，正确处理经济社会发展与文化遗产保护的关系，坚持梯田保护与群众增收并重、乡村振兴与脱贫攻坚并重、政府主导与群众参与并重、政府投入与社会投入并重，大力实施“一产助推旅游、二产服从生态、三产激活全局”生态模式，坚决打好打赢哈尼梯田遗产区保护利用和遗产区群众精准脱贫攻坚战，形成乡村振兴与脱贫攻坚统筹谋划、共同推进的哈尼梯田遗产区保护利用长效机制，在哈尼梯田生态环境持续改善的同时实现哈尼梯田保护利用的科学性和可持续性，促进梯田遗产区群众增收致富。

## 10.4.5 哈尼梯田“绿水青山就是金山银山”转化成效

### 10.4.5.1 生态环境质量明显改善

哈尼梯田“四素同构”循环生态系统实现良性循环。遗产区治理水土流失面积 74.67 $km^2$，水源林面积逐年增加，林草覆盖率达到 67%；坚决守住 7 万亩稻田红线，通过推广“稻鱼鸭”综合种养模式，实现“一水多用、一田多收、一户多业”的综合效益。村寨传统民居风貌保持完整性和真实性，哈尼梯田小镇被列入国际水平特色小镇创建名录，箐口、阿者科、垭口、大鱼塘列入中国传统村落目录；农田水利设施和灌溉沟渠逐步完善，沟渠水系畅通，水利化程度达到 39%；哈尼梯田遗产区形成了森林在上，村寨居中，梯田在下，水系贯穿其中，构成了森林、村寨、梯田、水系“四素同构”的循环农业生态系统，较好地处理了人与自然、人与人以及人与自身的关系，彰显了“天人合一”的文化内涵。

哈尼梯田遗产区人居环境持续改善。完成 60 个村庄环境综合整治，建成生活垃圾热解站 4 座和 15 个村寨生活污水人工湿地处理设施建设，在景区旅游客栈、酒店、农家乐集聚片区安装污水处理系统，建成旱改水厕所 75 座，垃圾无害化处理实现全覆盖，畜禽粪便、生活污水得到有效处置，人居环境持续改善。同时，在遗产区大力推广“稻鱼鸭”综合种养模式，不但增加了当地农户的经济收入，还可有效抑制梯田杂草生长，增加土壤有机质含量，减少化肥、农药用量，形成生态良性循环，绿水青山与金山银山互促共进成效明显。

### 10.4.5.2　绿色惠民品牌逐渐形成

“稻鱼鸭”综合种养模式初见成效。通过推广“稻鱼鸭”综合种养模式，培育壮大新型经营主体提高梯田产业链组织化程度，构建梯田特色产业绿色发展体系，群众护田、种粮、爱山的生态意识不断提高，耕作梯田的生产效率和产出效益逐步提升，有效地实现了经济、生态、社会综合效益的最大化。据统计，“稻鱼鸭”模式可实现亩产值 1.1 万元，扣除亩生产成本 4 460 元，亩产值 6 540 元，比单种水稻亩产值 2 500 元增收 4 000 元。从 2016 年到目前为止，元阳县累计投入 2 000 余万元，在 7 个乡镇发展“稻鱼鸭”综合种养模式示范区 13 片 2 万亩，涉及农户 7 320 户，带动周边农户发展“稻鱼鸭”3 万亩，示范区亩产值达 10 174.2 元，辐射带动区亩产值达 8 095 元，亩产值由单纯种植水稻不到 2 000 元提高到万元以上。

哈尼梯田红米生态品牌逐渐形成。以梯田红米种植户为主体，将梯田红米作为电商销售产品进行打造，注册了“阿波红呢”和“元阳红梯田红米”等系列商标，元阳梯田红米有机转化认证和元阳梯田红米有机转化产品认证，两个有机认证类别形成了哈尼梯田红米的产品系列品牌。积极参加农产品展销、梯田文化展示、电商销售等多种平台，线上线下联合，推动梯田红米品牌化营销，与 40 多家企业建立了产品购销合作伙伴，线上销售也日益升温。截至目前，元阳县 39 008 户建档立卡户中，种植梯田红米有 12 000 多户。2016 年县粮食购销公司收购红谷子 253 万 kg，加工销售 156.7 万 kg，受益建档立卡户 1 200 户。2017 年元阳县粮食购销公司收购红谷子 284.5 万 kg，加工销售 176.4 万 kg，受益建档立卡户 2 883 户。2018 年元阳县粮食购销公司收购红谷子 268 万 kg，加工销售 166.2 万 kg，受益建档立卡户 3 000 户。2016 年全县有电商销售平台 4 个，销售红米店铺 239 家，销售 30.28 万 kg，帮扶扶贫户 1 650 多户。2017 年元阳县有电商销售平台 4 个，销售红米店铺 2 683 家，销售 29.5 万 kg，帮扶扶贫户 3 000 多户。2018 年元阳县有电销售平台 4 个，销售红米店铺 2 683 家，销售 38.8 万 kg，帮扶扶贫户 3 000 多户。通过梯田红米的电商销售，梯田红米的知名度越来越高，不仅使扶贫实现了精准化，也使产业实现了标准化，形成了稳定的销售网络和线上线下共同推进的电商销售大平台，促进了一、二、三产业融合发展，为推进贫困县发展产业精准扶贫奠定了基础。

哈尼梯田旅游促进农民增收。元阳县发展旅游业带动其他产业发展，越来越多的人参与旅游，从事旅游方面的工作，酒店、客栈农家乐等涉旅企业逐渐兴起，提高了全县就业率，通过旅游群众收入有所增加，遗产区参与旅游开发的人数逐年增加。2013 年全县乡村客栈农家乐发展至 85 户，旅游从业人数为 510 人，到 2017 年，通过加大扶持力度支持具有开展乡村客栈条件的农户发展客栈农家乐，全县酒店、宾馆、乡村客栈共计 446 家，房间 6 702 个，床位 12 309 个，从业人员 2 207 名。其中，遗产区乡村客栈农家乐 266 家，从业人员 1 007 名。2017 年全县旅游从业人数 2 810 人，本地就业总数为 20 082 人，旅游从业人数占就业总数的 14%；年游客接待人次达到本地常住人口数量 8 倍；当地农民旅游收入 1 211 元，占人均收入的 17%；旅游税收占地方财政税收的 10.22%。2013—2017 年，元阳县共接待旅游人数 934.53 万人次，旅游收入 133.33 亿元；旅游人数及收入呈逐年增长趋势。其中，梯田遗产区共接待游客 481.11 万人次，旅游收入 75.2 亿元，景区门票收入 1 435.34 万元。

#### 10.4.5.3 产业融合升级初见成效

哈尼梯田农业产业开发持续升温。作为哈尼梯田的主角，绿色、生态、养生的特色优质梯田红米在哈尼梯田成功申遗带动下声名鹊起，越来越受到国内外市场的青睐。元阳县委、县政府把“红米”作为“红河九红”优质特色农产品之一重点打造，把梯田红米产业作为南部山区“六个百万亩”优势产业之一培育建设，大力推广梯田红米优质稻生产、无公害种植和“订单粮食”，着力打造梯田绿色生态品牌。一批农特产品开发企业通过“公司＋农户”的模式，组建梯田红米生产合作社，带动农户发展优质稻种植近20万亩，红米产业呈现持续发展壮大之势。

哈尼梯田农产品产业链进一步延伸。在壮大主导产业的基础上，鼓励、引导和扶持企业大力开展品牌包装，着力开发哈尼梯田红米、梯田茶、稻鸭蛋等生态农产品。依托元阳县粮食购销公司等企业，以哈尼梯田红米为主打品牌，推动梯田系列农产品实现了精深加工，推进粮食产业化进程，形成了红糙米、留胚红米、精制红米、水碾米四种品系，研究开发红米糊、红米茶、红米黄酒、红米啤酒、红米白酒等系列产品，开发红米酱油、红米醋等附加产品，开发红米牙膏、红米香皂、红米洗发露、红米沐浴露等日化产品，年加工梯田红米1万t以上，大大延伸了梯田红米的产业链条，提升了产品的附加值。

哈尼梯田文旅交融有效推动。依托哈尼梯田资源环境、田园景观、农业生态、农家生活和乡村风情风貌，通过举办哈尼族开秧节、哈尼十月年、哈尼长街古宴、梯田文化旅游节等大型活动，全面展示民族民间节庆、歌舞、工艺、娱乐方式、饮食等习俗和风情，打造独具地域特色的民族文化旅游项目，农耕文化得到了有效地传承和保护，大力推进集多种文化交流、多元化健康消费、高原特色农业、庄园文化旅游于一体的综合示范，形成了“梯田旅游＋休闲农业”的经济雏形，元阳哈尼梯田被推选为“2014年中国美丽田园”。休闲度假、旅游观光、养生养老和农耕体验成为繁荣哈尼山寨、富裕哈尼人民的新兴产业，中外游客纷纷慕名而至，促进了梯田文旅产业的融合发展和转型升级。

#### 10.4.5.4 利益共享机制初步显现

元阳县按照“政府引导、村组管理、适当扶持、示范带动”的思路，世博元阳公司每年按照门票收入的30%提取扶持资金，扶持遗产区群众发展生产，招收吸纳当地村民就业。积极探索乡村旅游开发模式，让原住民主动融入乡村旅游开发，形成景区带村、企业扶村互促互进的利益共享机制，提高农民梯田保护利用积极性，形成共建、共管、共享的良好氛围。元阳县成功打造了以哈尼梯田小镇为中心，辐射带动箐口、黄草岭、大鱼塘、全福庄等周边村寨的“一心多点”乡村旅游圈，遗产区共发展乡村客栈 266 家，直接带动就业 5 000 余人，间接带动 10 000 余人，实现经营收入 3 000 余万元。

# 第11章

# 内蒙古杭锦旗库布齐沙漠亿利生态示范区

## 11.1　区域概况

库布齐沙漠，蒙古语中意为“弓上之弦”，是中国第七大沙漠，总面积约为1.39万$km^2$，东西长365 km，南北宽约40 km，最宽处可达65 km，最窄处10～20 km，主体位于内蒙古鄂尔多斯市杭锦旗境内，占全旗国土总面积的53%。30年前，库布齐沙漠腹部地区寸草不生、荒无人烟，风蚀沙埋十分严重，被喻为生命禁区，不可治理的“死亡之海”。库布齐沙漠突出表现为“五缺、两少、一泛滥”，即缺植被、缺公路、缺医疗、缺通信、缺教育；农牧民收入少，降水少；沙尘暴泛滥。杭锦旗库布齐沙漠恶劣的环境导致地区生产要素贫弱、产业基础薄弱、社会文化积弱，曾是国家扶贫开发工作重点旗县，全旗财政收入不足400万元，沙区农牧民年人均收入不足400元。

库布齐沙漠是内蒙古乃至全国沙漠化和水土流失较为严重的地区之一。库布齐的生态状况不仅关系本地区发展，也关系华北、西北乃至全国的生态安全。库布齐恶劣的生态环境制约着地区经济社会发展，更是当地农牧民贫困的根源，沙区既是生态脆弱区，又是深度贫困地区，既是生态建设主战场，也是脱贫攻坚的重点难点地区，生活在库布齐沙漠的农牧民，受尽了沙漠困扰，改善生态与发展经济的任务十分繁重。曾经全旗仅有的一家企业——杭锦旗盐场也坐落在沙漠深处，产品运输需要绕行

300 多 km。

为改变这一恶劣的生态环境，杭锦旗党委、旗政府将生态建设作为全旗最大的基础建设和民生工程来抓，大力推进祖国北疆生态安全屏障建设，库布齐沙漠区域生态环境明显改善，生态资源逐步恢复，沙区经济不断发展，治理面积达 6 000 多 $km^2$，绿化面积达 3 200 多 $km^2$，1/3 的沙漠得到治理，实现了由“沙逼人退”到“绿进沙退”的历史性转变。全旗植被覆盖度由 2002 年的 16.2% 增加到 2018 年的 53%。杭锦旗党委、旗政府倾力支持企业规模化、系统化、产业化治沙绿化，发展沙漠生态工业、生态光伏、生态健康、生态旅游和生态农牧业等沙漠生态循环经济产业，通过生态产业的导入带动沙区农牧民创业就业、脱贫致富，沙区贫困人口年均收入从不到 400 元增长到目前的 1.4 万元，实现了生态效益、经济效益和社会效益的有机统一，被联合国确认为“全球生态经济示范区”（图 11-1）。

图 11-1　内蒙古自治区杭锦旗库布齐沙漠亿利生态示范区

# 11.2 “绿水青山就是金山银山”实践探索成效与问题分析

## 11.2.1 “绿水青山就是金山银山”实践探索进展与成效

2019 年以来，在各级党委、政府的坚强领导下，在社会各界的倾力支持下，杭锦旗库布齐沙漠亿利生态示范区“绿水青山就是金山银山”实践创新基地进一步提升了生态环境治理水平、绿色产业发展层次及精神文化内蕴厚度。

沙漠治理向高质量水平发展。2019 年，亿利集团积极创新治沙科技，对生态治理区进行植被质量精准提升，种植了胡杨 7 万株，治理面积增加 3 000 多亩。通过技术研发和科技创新，建立了森林防火监测系统，气象监测系统，并定期利用无人机技术对原有生态保护区实施病虫害防治，实现生态保护区精准管护。同时，建设了库布齐生态生物多样性馆，进一步丰富了库布齐生态生物多样性。

库布齐的产业层次再上新台阶。亿利集团从沙漠绿色经济产业出发，逐步形成了一、二、三产业融合发展的循环经济体系。一是农业治沙，种植沙漠土豆 1 万亩，高端有机果蔬 230 多亩。二是工业治沙，利用工业废渣和农作物秸秆等生物质，发展土壤改良剂、复混肥、有机肥料等制造业，库布齐肥料产业实现了智慧化生产。三是能源治沙，2019 年 12 月 8 日，库布齐沙漠生态太阳能治沙发电综合示范项目三期工程 200 MW 光伏治沙项目按照年初计划顺利并网发电，库布齐沙漠光伏治沙项目总规模达到 710 MW，实现治沙面积 7 万亩，完成投资近 50 亿元，预计年发电量 12.5 亿 kW · h，实现年销售收入 9.2 亿元。四是文旅治沙，依托大漠风光，挖掘蒙元文化，大规模发展沙漠旅游，2019 年接待游客超过 20 万人次。

库布齐的国际影响力进一步提升。2019 年，亿利资源集团承办了第七届库布齐国际沙漠论坛，在论坛秘书处和各部门、各单位的共同努力下，第七届库布齐国际沙漠论坛开出了新高度。习近平总书记向第七届库布齐国际沙漠论坛发来贺信，再次肯定库布齐沙漠治理为国际社会治理环境生态、落实2030可持续发展议程提供了中国经验，赋予了库布齐新的历史使命。联合国秘书长及蒙古国、埃及、沙特阿拉伯等多国政要出席论坛或发来贺信。

党建扶贫工作取得新成效。亿利集团党委持续推进“党建惠民生”工程，党建扶贫工作获得了广泛认可，先后入选鄂尔多斯市、内蒙古自治区、国务院扶贫办、中宣部、中组部、中央党校、教育部、国家林草局的先进典型案例。其中，库布齐治沙案例入选践行习近平生态文明思想典型案例，库布齐“绿水青山就是金山银山”基地案例入选中组部党员领导干部培训教材，亿利集团党建案例入选中宣部《新时代民营企业思想政治工作创新案例选编》。

筹建“绿水青山就是金山银山”学院，开展生态文明培训教育。与各级党委政府、企事业单位、大中小学校和自然教育机构深入合作，共建库布齐“绿水青山就是金山银山”生态文明实践教育基地。先后协调全国工商联、国家林草局等部门，开展了多次企业家培训与党政干部交流培训会。与清华大学、南开大学等高校合作，组织大小研学活动20多次。与鄂尔多斯市、巴彦淖尔市、包头市等周边地区的中小学合作开展中小学学生生态研学教育，3万多名中小学学生前来库布齐“绿水青山就是金山银山”基地接受了生态文明教育。目前，在库布齐沙漠亿利生态示范区建设“绿水青山就是金山银山”学院已经具备了条件。

### 11.2.2 经验启示

荒漠化是地球的顽疾，在“一带一路”沿线的60多个国家和地区，10多亿人口饱受沙漠之困。中国的荒漠化和沙化土地占国土面积的45%，全国近35%的贫困县、近30%的贫困人口分布在西北沙区。库布齐沙漠地区认真落实新发展理念，坚定不移地把保护生态环境放到突出的战略位置，坚持保护与发展并重、保护优先的发展思路，深入持久地推进生态文明建设，不断加大治理力度，大力发展沙漠绿色经济，创造了巨大的生态财富，成为“世界治沙看中国，中国治沙看库布齐”的样板和典范，实现了从“黄色沙漠”到“绿洲银行”的蜕变，形成了一个可复制、可推广、可持续的治沙模式。

#### 11.2.2.1 认清形势是前提，走出了一条经济和生态融合发展绿色之路

对家园的眷恋，对绿色的向往，对青山绿水、蓝天白云的追求，是库布齐沙漠地区党委、政府和群众、企业最朴素的向往和追求。库布齐沙区历届党委、政府深刻认识到沙漠治理的特殊重要性，深刻认识到库布齐地区生态系统的极端脆弱性，直面荒漠化和沙化土地集中、危害严重的客观现实，把经济社会发展同生态文明建设统筹起来，切实担负起生态环境保护建设的政治责任，一任接着一任干，一张蓝图绘到底，组织动员各方力量协同发力推进生态文明建设，坚持以生态工程为抓手，以社会参与为重点，组织实施各类生态工程的基础上，强化政策引导，促进了资金、技术、劳动力等生产要素向沙漠治理开发集聚，在漫长曲折的生态建设道路上，走出了一条经济发展和生态文明建设全面融合的绿色发展新路子。

#### 11.2.2.2 科学规划是基础，提升了沙漠治理的科学性和可操作性

库布齐沙区党委、政府坚持以总体规划统领发展和建设大局，充分发挥规划的指导性作用，坚持分步实施、循序推进的整体建设进程，结合农牧业经济“三区”发展规划、生态环境规划和土地利用规划，根据当地条件形成了系统化、规模化治沙的理念，提出了“一带三区”规划，即沙漠绿化带和生态保护区、生态过渡区、生态开发区，因地制宜确定建设重点，依托国家重点生态建设工程，实行分类指导、分区治理，坚持规模化、系统化、综合化规划沙漠生态治理、修复，确保了规划的科学性和可操作性。

### 11.2.2.3 政策支持是保障，构建了党委政府主导、全社会参与、多元化投资格局

“一花独放不是春，百花齐放春满园”。库布齐治沙践行了“共同建设美丽中国”的全民行动观。各级党委、政府政策的支持是库布齐沙漠治理成功的重要保证，没有强有力的政策保障，沙漠治理可以说是天方夜谭，当地党委、政府始终铭记习近平总书记考察内蒙古自治区时提出的“内蒙古要大胆先试，积极推进生态文明制度建设和改革”的指示精神，在稳定公共财政投资的基础上，深化改革创新，以政策支持为根本，理顺企业投入、群众参与的体制机制，推动生态治理社会化，打通了体制机制障碍，逐步构筑起了支持荒漠化防治的政策体系，构建荒漠化防治的可持续长效机制。

### 11.2.2.4 资金投入是关键，实现了地方兴业、生态增效的沙漠绿色经济模式

库布齐沙漠治理的成效，是党的十九大提出的“构建政府为主导、企业为主体、社会组织和公众共同参与的环境治理体系”的成功样板。库布齐沙区党委、政府高度重视对生态文明建设的投入，除足额拨付国家生态重点工程的配套资金以外，旗财政每年都要安排专项资金用于生态文明建设，在资金的管理上，采取单设账户，严格落实专户存储、专款专用和封闭运行制。在党委、政府的大力倡导和政策支持下，本土企业突破防沙、治沙单纯公益性投入的传统思维，创造性地将生态与产业相结合，将生态治理与企业发展相结合，构建以企业为主导的生态投入，以建设机制为抓手，吸引、鼓励社会力量积极投入治沙造林生态文明建设，变沙漠问题为沙漠机遇，开创生态经济化、经济生态化发展模式。同时，不断完善林权抵押、贴息贷款、税费减免、返还植被恢复费、免收育林基金及税收先征后补和森林保险等一系列优惠政策和措施。仅2010年以来，来自龙头企业和农牧民的生态文明建设投入规模就达到30多亿元，有效缓解了政府

投入压力。

#### 11.2.2.5 精神力量是动力，创造了共建共享、绿富齐增的生态文明成果

库布齐治沙践行习近平生态文明思想“良好生态环境是最普惠的民生福祉”的重要理念，多年来的治沙实践中逐步形成并发扬了“守望相助、百折不挠、科学创新、绿富同兴”的库布齐沙漠治理精神。库布齐精神蕴含着改变生存处境和发展命运的坚定情怀和意志，与当代中国形成的众多精神相映生辉，这是一种原生动力，引领着库布齐治沙与绿色发展实践走向成功。①守望相助。库布齐沙区蒙汉各族干部群众始终牢记习近平总书记“守望相助”的殷殷嘱托，齐心协力坚守自己的生产生活家园、筑牢祖国北疆生态安全屏障。②百折不挠。库布齐沙区各族干部群众始终弘扬习近平总书记点赞的“吃苦耐劳、一往无前的蒙古马精神”，至诚无间、愈挫愈奋，一次次夺取了沙漠治理的胜利。③科学创新。库布齐沙区的广大人民群众尊重自然、尊重规律，从实践中总结经验，提炼科学治沙方法，创新治沙技术，并进行大规模推广。④绿富同兴。库布齐地区广大人民群众既是沙漠治理最广泛的参与者、最坚定的支持者，更是最直接的受益者。世代居住在库布齐沙漠腹地的牧民，随着沙漠治理、生态修复工程的实施，搬到集中新建的牧民新村开起了牧家乐，搞起了沙漠旅游，收入逐年增多。库布齐沙漠治理模式不仅在浑善达克、乌兰布和、腾格里、塔克拉玛干等各大沙漠，在新疆、西藏、青海、甘肃、云南、贵州、河北、吉林等全国各大沙区成功落地，而且已经成功走入沙特阿拉伯、蒙古国等“一带一路”参与国家和地区，与全世界荒漠化地区分享成功经验。中国为防治荒漠化开出了“中国药方”，为实现土地退化零增长这个“世界目标”提供了“中国方案”，为推进人类可持续发展贡献了“中国经验”（图 11-2）。

图 11-2　亿利东方学校

## 11.3　从“黄色沙漠”到“绿洲银行”蜕变的库布齐经验

库布齐治沙关键是践行“绿水青山就是金山银山”理念。库布齐在习近平生态文明思想的引领下，找到了“生态、经济、民生”的利益平衡点，政府、企业、群众形成了紧密的治沙利益共同体，探索出“党委政府政策性主导、社会产业化投资、农牧民市场化参与、科技持续化创新”四轮驱动的“库布齐沙漠治理模式”，实现了多方互惠共赢。

### 11.3.1　坚持党委政府主导，不断构筑沙漠治理支持性政策体系

沙漠生态修复投资大、周期长、见效慢，没有强大的思想引领，没有系统的政策性体系支持，库布齐治沙就会半途而废，就不可能坚持到今天，更不可能实现绿富同兴。

面对库布齐沙患，内蒙古自治区坚决构筑祖国北疆绿色生态安全屏障，坚持以社会化的方式推进沙漠治理，加强政策引导，实施奖补机制，充分调动企业、群众等各方面力量参与荒漠化治理；鄂尔多斯市委、市政府坚持“绿色大市”战略，大力实施禁牧、休牧等政策，在全国率先在农区、半农半牧区和牧区的国家重点生态工程区和生态恶化地区实行全年禁牧，其余地区实行 4—6 月休牧，休牧结束后以草定畜，同时推行舍饲圈养，并出台实行“五荒到户、谁造谁有、长期不变、允许继承”，为社会力量多元化参与生态建设创造了有利的政策环境；杭锦旗推行“掏钱买活树”的约束机制和“以补代造”“以奖代投”等激励机制，鼓励、引导企业、农牧民通过承包、入股、租赁以及投工投劳等方式参与防沙治沙，撬动全社会共同参与治理。

党的十八大以来，荒漠化治理工作进入新的阶段。当地始终坚持以生态优先、保护优先、自然修复为主的方针和“山水林田湖草沙”是生命共同体的系统思想，扎实推进重点区域的生态修复与治理，依托国家重点生态工程，大力发展地方生态工程，统筹推进水土保持、国土、水利等工程，形成了国家和地方各类工程多轮驱动促进沙区生态持续改善的局面，不断提高沙区生态承载力。在原有政策的基础上，先后出台一系列政策措施，在发展沙产业、生态移民、禁牧休牧、林权流转、生态基础设施建设方面给予了企业和群众直接支持，有效促进了资金、技术、劳动力等生产要素向生态领域聚集，实现了“三个转变”，即防沙治沙主体由国家和集体为主导全社会参与、多元化投资转变，由注重生态保护与建设工程向科技创新支撑综合防治转变，由单纯注重生态效益向生态效益、经济效益、社会效益协同共进转变。按照“由近及远”“由易及难”的原则，扎实推进“三北”防护林体系一期、二期、三期、四期、五期工程，退耕还林工程，天然林资源保护工程，日元贷款项目等国家林业重点工程和项目，在库布齐沙漠累计实施面积近 1 200 万亩；在库布齐沙漠地区内建成自治区级自然保护区 4 个；在全国率先实行优化发展区、限制发展区、禁止发展区“三区规划”政策，统筹推进十大孔兑综合治理等水土保持重点工程，黄河二期防洪、重要支流治理等水利工程；转变农牧业发展方式，推动草原畜牧业由天然放牧向舍饲、半舍饲转变，推动种植业由粗放式耕作向为养而种、以种促养、以养增收转变，推动农牧民向优势地区集聚，向二、三产业转移，有力地促进了库布齐沙漠地区自然修复。

### 11.3.2 坚持产业化经营，着力构建沙漠治理多元化投入机制

库布齐刚开始治沙时虽然取得了一定的成效，但没有从根本上解决生态环境问题，主要原因还是没有形成规模，没有形成系统。沙漠绿色生态建设需要投入大量的资金，仅靠政府单方面的投资是远远不够的，且当地政府财政收入不能支撑巨大的投入，破解资金问题成为最大的难题。

没有资金怎么办？当地立足于解决生态治理的可持续性问题，不断探索沙漠治理新路子，引入社会企业资本，用产业化的思路指导生态建设，把防沙治沙与产业发展有机结合起来，解决了“钱从哪里来”“利从哪里得”“如何可持续”的问题。同时，在库布齐沙漠生态治理中，彻底转变了“撒胡椒面”式的投入模式，注重打好资金投入的组合拳，建立了“多渠道进水、一个龙头放水”的项目整合机制和“各炒一盘菜、共办一桌席”的政府、银行、企业协作机制。采取项目带动，统筹捆绑涉农涉牧项目，实施林业生态项目 404.41 万亩、草原生态建设项目 170 万亩、河湖连通项目向库布齐沙漠引入黄河凌汛水 6 300 万 $m^3$，治理面积 5.4 万亩，累计实施生态建设治理面积 579.81 万亩，投资 10.4 亿元。引入社会资本，依托国家和地方生态工程，在开展系统化、规模化、产业化沙漠治理的基础上，大力发展沙漠生态产业，逐步创造出生态修复、生态牧业、生态健康、生态旅游、生态光伏、生态工业“六位一体”与一、二、三产业融合发展的生态产业体系。通过土地流转、农牧民入股、企业承包、专业合作组织经营等形式，积极调动企业和社会力量参与生态建设，实现治理生态向经营生态转变。引进亿利、伊泰等 10 多家企业参与生态建设，累计投

资近 50 亿元，涉及基础设施建设、草原围封、人工造林、飞播封沙等多个方面，走出了一条规模化、产业化的治沙之路。按照“绿起来与富起来相结合、生态与生存相结合、产业与扶贫相结合”的发展形势，树立“向沙要绿、向绿要地、向天要水、向光要电”的发展理念，探索“治沙、生态、产业、扶贫”四轮平衡驱动的可持续发展之路，形成了独特的沙漠生态经济学。在亿利、伊泰等龙头企业的带动下，参与治沙和沙产业开发的企业数量达到了 80 多家，培育了自治区级林业产业化重点龙头企业 14 家、国家林业重点龙头企业 2 家，“反弹琵琶，逆向拉动”，有效地解决了生态治理的可持续性问题，库布齐沙尘天气明显减少，降水量显著增多，生物多样性大幅恢复（图 11-3）。

图 11-3　库布齐生态光伏

### 11.3.3　平台化、多元化治沙，充分调动农牧民市场化参与沙漠治理积极性

饱受沙漠之困、沙化之苦、沙尘之扰的库布齐沙区人民，起初治沙纯粹是为了生存。然而，沙漠阻隔着人们对外界的认知，且大多数农牧民思

想得不到解放、比较保守，认为沙漠只会带来困扰，更不可能带来经济收入，动员农牧民市场化参与沙漠治理成为一大难题。当地党委、政府深入践行全社会共同建设美丽中国的全民行动，积极鼓励引导广大农牧民通过植树造林、发展特色种植养殖项目等渠道，融入治沙和生态产业链条，实现在治沙中致富、在致富中治沙。

（1）生态移民挪穷窝，转方式。亿利 30 年先后投资 5 000 多万元，在库布齐和西藏山南高山和沙漠地区建设了汉蒙藏四个生态移民村，共帮扶贫困户 373 户共 1 000 多人。1996 年库布齐盐海子新村、2006 年库布齐道图新村、2016 年库布齐杭锦淖尔新村和 2017 年开建的西藏扎囊新村，让贫困户从沙漠走出来，成为技术工人、养殖户、种植户、旅游户、餐饮服务户、民工联队长、小老板等“七种身份”的新时代的农牧民。

（2）生态产业破穷业、利长远。采用一、二、三产业融合发展的方式推动脱贫。“一产扶贫”主要是生态种养殖业扶贫。先后流转农牧民土地 150 多万亩，农牧民入股土地 90 多万亩。一是以甘草为代表的中药材种植扶贫。推行了企业提供种苗、技术服务和订单收购的“三到户”甘草产业扶贫。2017 年以来带动库布齐周边 5 个乡镇 12 个嘎查村种植甘草 65 万亩，带动 5 500 多人受益。这种模式同步在新疆、甘肃和内蒙古的阿拉善推行。二是推行了“公司 + 专业合作社 + 养殖农户”的养殖扶贫模式。把沙漠灌木种植平茬与肉牛、肉羊舍饲养殖结合在一起，带动 517 户农牧民实行标准化养殖和规模化种植，人均收入超过 2 万元。2016 年，无偿投入 700 多万元，向杭锦旗全部国家级贫困户（1 219 户，3 058 人）每户捐赠 10 只基础母畜，进行集约化养殖，2018 年又投入 148 万元继续帮扶了杭锦旗新增的 171 户贫困户；2020 年，携手当地政府为独贵塔拉镇杭锦淖尔村、永兴村、道图嘎查的 19 户异地搬迁贫困户发放了基础母羊 200 只实施养殖产业扶贫。三是组建民工联队就业扶贫。依托亿利在全国 20 多个省（区、市）实施的生态修复工程，组建有组织、有专业能力、有考核体系、有党小组的治沙民工联队 232 支共 6 000 多人，输出劳务治沙、种树、种草、种药材，实现了“一人打工，一户脱贫”的目标。

“二产扶贫”主要是贫困户参与工业园区和光伏产业建设和运营扶贫。库布齐生态工业循环经济园区直接解决贫困家庭子女就业 315 人。库布齐已建成的光伏产业，在建设工程中通过租用沙地、工程发包、劳务外包等方式，带动 5 170 人致富。2017 年，亿利又全面实施“光伏组件清洗 + 板下种植养护”精准扶贫工程，带动 57 户贫困户脱贫。每个贫困户平均承包 4 MW 光伏组件清洗和板下种植，1 500～2 000 元 /MW，每年清洗 4 次，平均每户可增收 3.5 万元。该项扶贫工作采用“滚动扶贫”的方式，让已脱贫户及时退出，同时选配未脱贫户进行帮扶。

“三产扶贫”主要是通过旅游产业扶贫。亿利利用库布齐沙漠公园旅游业，带动周边 1 303 户农牧民发展起家庭旅馆、餐饮、民族手工业、沙漠越野等服务业。

（3）生态教育扶贫扶志扶智拔穷根。针对沙漠地区教育条件薄弱状况，亿利捐资 1.2 亿元在库布齐沙漠地区建设了集幼儿园、小学、初中、职业高中为一体的全日制亿利东方学校，在校师生规模 1 300 多人。每年还提供 100 万元的“奖教奖学”专项基金，用于教师和学生的奖励以及贫困学生的助学。同时成立了“农牧民党校和培训学校”，每年培训近 4 000 名农牧民。

2018 年，在全国工商联和中国光彩基金会的号召下，亿利设立了 1.2 亿元“光彩亿利生态职业教育专项基金”，启动了亿利生态职业教育与就业扶贫行动，计划三年资助内蒙古鄂尔多斯、西藏山南、云南昭通、青海海北、四川凉山州等地的 3 万名职业类贫困学生和青壮年贫困户完成生态职业教育和技能培训，并引导就业创业，脱贫致富（图 11-4）。

通过不断探索、一代接着一代治理，沙漠区的农牧民思想观念转变了，重新认识了沙漠，也不再害怕沙漠，知道了沙漠不仅可以治理、利用，而且还可以致富，是资源，是机遇。同时，生产生活方式也发生了转变，由过去的散居游牧、靠天吃饭转变为多种方式就业。生态改善、经济发展促进了民族团结、社会和谐。

同时，当地大力推动全民义务植树规范化、基地化、科学化和制度化，大力建设库布齐沙漠公园建设试点和全国生态文明教育示范区，形成了“大种树、年年种、人人种”的植树造林良好氛围。亿利集团与蚂蚁金服合作，吸引全国支付宝用户群体参与库布齐治沙行动，研发手机移动端App，通过“互联网+公益”的模式动员全社会参与库布齐植树治沙事业。

根据联合国2017年发布的《中国库布齐生态财富报告》，库布齐亿利集团30年治沙创造了5 000多亿元生态财富，其中80%属于社会效益。超过10万人脱贫受益，人均年收入从不到400元增长到1.5万元。

图 11-4　道图嘎查亿利新村

## 11.3.4　注重治沙科技创新，不断提升沙漠科学治理水平

沙漠治理仅投入人力、物力、财力远远不够，沙区恶劣的环境给生态恢复带来极大的困难，往往栽进去的树苗、播进去的草籽成活率很低，成活后也因受到风沙的侵蚀而无法存活。传统的治理方式受到挑战，治沙科技创新成为当务之急。

为此，当地坚持尊重科学、顺应自然，运用现代化手段提高生态治理成效，不断开展科技攻关、技术引导，根据库布齐沙漠沙化土地类型和自然、社会、经济条件，坚持“先易后难、由近及远、锁边切割、分区治理、整体推进”的治理原则，采取“南围北堵中切割”的治理措施，对库布齐沙漠南、北两个边缘，一方面，结合农牧业经济“三区”发展规划，在生态严重退化、不具备农牧业生产条件的区域，实施人口集中转移、退耕、禁牧、封育等措施，增强生态自我修复能力；另一方面，在立地条件较好的区域，采取人工造林、飞播造林等方式，建设乔、灌、草结合的锁边林带，形成生物阻隔带。对库布齐沙漠中部，在沙漠腹地水土条件较好的丘间低地和湖库周边，采取点缀治理的方式，开展人工造林种草，建设沙漠绿岛；在孔兑两岸利用沟川的水分条件，营造护堤林、护岸林、阻沙林带；在库布齐沙漠境内修建了多条穿沙公路，将沙漠切割成块状进行分区治理，通过在公路两侧设置沙障、人工种树种草等措施，建成一道道绿色生态屏障，有效控制了沙漠扩展趋势。

在库布齐沙漠治理长期实践中，治沙技术不断推陈出新，提出了“锁住四周、渗透腹部、以路划区、分块治理、科技支撑、产业拉动”的治沙方略和“路、电、水、讯、网、绿”组合治沙方针，沙治到哪里，路就修到哪里，水、电、讯就通到哪里，建立了“乔、灌、草（甘草）”相结合的立体生态治理体系，探索创新了 100 多项沙漠生态技术成果，研发了 1 000 多种耐寒、耐旱、耐盐碱的植物种子和 100 多种“沙漠生态工艺包”，建成了我国西部最大的沙生灌木及珍稀濒危植物种质资源库，建立了旱地节水现代农业示范中心、生态大数据示范中心、智慧生态光伏示范中心和与联合国环境规划署共建的“一带一路”沙漠绿色经济创新中心等一系列世界先进的示范中心。这些世界领先的治沙科学方法和技术成果，极大地提高了防沙治沙的效率和质量，成本大幅降低，实现从分散治理到统一规划，从传统方法到科学化治理的根本转变，为荒漠化治理提供了一整套科学解决方案。